新型测报工具试验研究报告

全国农业技术推广服务中心　编

中国农业出版社

图书在版编目（CIP）数据

新型测报工具试验研究报告/全国农业技术推广服
务中心编 . —北京：中国农业出版社，2017.6
　　ISBN 978-7-109-23010-1

　　Ⅰ. ①新… Ⅱ. ①全… Ⅲ. ①病虫害预测预报—研究
报告 Ⅳ. ①S431

中国版本图书馆 CIP 数据核字（2017）第 125386 号

中国农业出版社出版
（北京市朝阳区麦子店街 18 号楼）
（邮政编码 100125）
策划编辑　阎莎莎　张洪光
文字编辑　宋美仙

中国农业出版社印刷厂印刷　新华书店北京发行所发行
2017 年 6 月第 1 版　2017 年 6 月北京第 1 次印刷

开本：880mm×1230mm 1/16　印张：13
字数：400 千字
定价：68.00 元
（凡本版图书出现印刷、装订错误，请向出版社发行部调换）

《新型测报工具试验研究报告》

编 辑 委 员 会

前　　言

近年来，农业部种植业管理司和全国农业技术推广服务中心高度重视新型测报工具的研究开发和推广应用工作，连续多年组织召开全国新型测报工具研发应用工作会议、举办新型测报工具应用技术培训班，积极组织开展新型测报工具试验、示范工作。在种植业管理司和全国农业技术推广服务中心的策划推动下，在各省级植保机构和相关企业的大力配合下，成功研发和推出了一批自动化、智能化程度高的新型测报工具，为加快测报工具更新换代、推进现代植保体系建设奠定了基础。

目前，通过试验、示范比较成熟的新型测报工具主要有3类：一是病虫害监控物联网。河南佳多科工贸有限责任公司研发的农林病虫害远程监控物联网，包括农田小气候信息采集、远程实时监控、虫情信息采集等系统，实现了通过手机端和电脑端都能操控的功能，已在河南、江苏、广东、甘肃、新疆等16个省份100多个县（区）安装试用，初步实现了重大病虫害远程可视化实时监控。二是害虫性诱实时监控系统。宁波纽康、北京依科曼、浙江大学重点在害虫诱捕器、性诱剂、昆虫行为、自动计数等方面逐渐解决了关键技术，并开发了昆虫性诱智能测报系统，有望在部分重大害虫监测预警中发挥重要作用。三是田间病虫情自动采集设备。北京汇思君达、北京金禾天成、北京天创大地、西北农林科技大学等开发的马铃薯晚疫病实时预警系统、小麦赤霉病预报器、小虫体自动计数仪、高空测报灯等系统和设备，经过多年研发，实用性逐步提高，显著提升了田间病虫发生数据采集的自动化水平，为促进测报工具更新换代奠定了基础。为加强试验、示范工作总结，促进技术交流和推广应用，我们从2014—2016年各地的试验报告中筛选了43篇编辑成册，以供各级植保人员参阅。

今后，全国农业技术推广服务中心将一如既往，大力推动新型测报工具的研究开发和推广应用，将其作为构建现代植保体系的重要抓手，不断提升病虫测报装备水平，利用现代科技和信息化的手段破解测报人手不足和调查任务艰巨之间的矛盾。希望各地积极争取项目和经费支持，根据工作需要，在植物保护工程、农业技术推广服务体系等项目建设中，因地制宜，大胆推广应用农林病虫害监控物联网、害虫性诱自动计数系统、远程实时监控系统、移动采集终端等通过试验证明技术成熟的新型产品。希望相关研发企业加快开发速度，多推出一些先进实用的新型测报工具。同时希望大家共同努力，借助新一轮植保工程等项目的实施，促进测报工具更新换代，全面提升重大病虫害监测预警能力，为保障国家粮食安全做出应有的贡献。

编　者

2017年2月

目　　录

前言

第一章　测报物联网试验报告……………………………………………………………………（1）

农林病虫自动测控物联网系统（ATCSP）对四川省三台县6种主要鳞翅目害虫

　监测效果的评价 ……………… 万宣伍　叶香平　彭丽华　王胜　马利　张国芝　封传红（2）

佳多ATCSP物联网系统在害虫测报中的应用试验初报

　…………………………………………… 李忠彩　邓金奇　李先喆　何行建　邓丽芬（7）

2016年西宁地区麦穗夜蛾诱集试验报告 ……… 张剑　李育静　朱宝莲　杨占彪　徐元宁（14）

粮棉果混作区不同害虫对不同波长光源的反应分析 ………………… 张巧丽　崔彦　李秀芹（20）

天津市新型测报工具试验示范工作现状与思考 ……………… 叶少锋　张硕　张上林　李林（26）

第二章　昆虫性诱智能测报系统试验报告………………………………………………………（31）

性诱剂在河北省5种玉米主要害虫测报上的应用 … 刘莉　李景玉　张小龙　张巧丽　尚秀梅（32）

赛扑星昆虫性诱电子智能测报系统应用报告 ………………… 刘麦丰　朱军生　于玲雅（38）

昆虫性诱电子智能测报系统监测应用试验 ……… 张小龙　张艳刚　李虎群　解丽娜　李红宇（42）

稻纵卷叶螟性诱剂应用于测报效果分析 …………………………… 朱凤　王德江　朱龙粉（46）

2016年科尔沁区测报灯和诱捕器诱捕农业害虫分析 ………………… 张海勃　麻海龙　孔祥杰（49）

2015年黏虫标准化诱集监测试验小结 ……………… 梅爱中　李瑛　邰德良　戚小勇　李锌（57）

小地老虎标准化性诱监测器监测效果浅析……… 刘媛　杨明进　姬宇翔　马瑞　杨旭峰　吴平（61）

浙江省水稻害虫性诱剂自动监测的探索与研究 …………………………………………………

　…………………………………… 谢子正　许渭根　张晨光　金亮　曹婷婷　李国钧（65）

昆虫性诱电子测报系统在四川省对水稻二化螟监测效果评价 ……………………………………

　…………………………………… 万宣伍　彭成林　陈霞　王胜　马利　张国芝　封传红（70）

2016年红塔区害虫远程实时监测系统试验总结 ………………… 杨莲　代玉华　合梅　赵艳梅（74）

2016年泸西县果实蝇监测与防控技术探讨 ……………………………………………… 金丽红（80）

2016年三都县害虫新型性诱自动监测工具试验报告 ………… 艾祯仙　白明琼　刘燕　赵安黔（86）

夜蛾类通用型性诱监测器监测二点委夜蛾应用试验……… 陈哲　王丽川　张秋兰　张燕　刘莉（89）

赛扑星、闪迅监测黏虫、玉米螟试验报告 …………………………………… 郑余良　张宝强（93）

昆虫性诱测报工具在伊金霍洛旗测报上应用的效果……… 李耀祯　赵汗春　斯日古楞　王予达（97）

小菜蛾性诱剂测报诱芯的筛选试验研究 ………………… 李利平　焦军　王俊英　王俊生　乜雪雷（100）

第三章　害虫远程实时监测系统试验报告………………………………………………………（103）

闪迅远程实时监测系统对斜纹夜蛾远程实时监测试验 …………………………………………

　………………………… 罗文辉　刘芹　舒成星　刘先辉　刘昌敏　郭瑞光　马文斌（104）

科尔沁右翼前旗新型测报工具使用现状及思考 ………………… 王坤　李鑫杰　汪丽军　安晓宇（109）

闪迅害虫远程实时监测系统对蔬菜斜纹夜蛾性诱监测应用初报 ………………………………

　………………………………………………… 彭卫兵　夏凤　马晓静　高宗仙（112）

闪迅远程实时监测系统在甜菜夜蛾中的应用……………………… 俞懿　黄珏　陆圣杰（116）

广东惠阳应用闪讯害虫远程实时监测系统监测斜纹夜蛾试验效果 ······························

······································· 黄德超　张永梅　钟宝玉（120）

2016年闪讯斜纹夜蛾远程实时监测系统性诱监测试验初报 ························

································· 李忠彩　邓金奇　李先喆　何行建　邓丽芬（125）

新型测报系统使用效果初探 ···················· 刘海茹　孙洪忠　李楠　张利（129）

病虫害数字化监测预警技术应用 ················ 邢振彪　高常军　王丽芬（134）

达拉特旗害虫性诱监测工具试验及示范项目总结 ···························

·················· 贾改琴　任艳　周慧玲　李文连　王丽春　李平（138）

重大害虫远程实时监测系统诱测玉米螟效果初报 ·········· 李华　罗国君　李绍杰　宫瑞杰（143）

基于性诱的闪讯害虫远程实时监测系统在玉米螟监测预警中的应用浅析 ·····················

·················· 金白乙拉　包春花　陈丽芳　海礼平（149）

闪讯害虫远程实时监测系统监测小菜蛾、斜纹夜蛾试验 ·················· 宁锦程（155）

玉米螟远程实时监测系统监测结果试验总结 ·········· 邱廷艳　梁锐　宫瑞杰（158）

闪讯害虫远程实时监测系统监测黏虫试验初报 ·················· 于凤艳（163）

2016年闪讯害虫远程实时监测系统监测水稻二化螟试验总结 ·········· 张恒伟　何剑（166）

洛南县闪讯害虫性诱自动化监测试验研究 ·········· 杨慧霞　梁晓青　冀菊梅（169）

第四章　其他新型测报工具试验报告 ··································· （173）

马铃薯晚疫病监测物联网应用初报 ················ 高强　杜仲龙　魏鹏（174）

马铃薯晚疫病远程监测设备的应用实践 ·········· 潘鹤梅　储成文　郑辉　张晓梅　张旬丽（179）

上海地区高空测报灯监测迁飞性害虫试验结果初报 ···························

·················· 沈慧梅　武向文　郭玉人　卫勤　何吉　王华　曹云（182）

高空测报灯监测玉米田3种主要害虫效果研究 ·········· 尚秀梅　卫雅斌（188）

高空测报灯监测黏虫等迁飞性害虫试验情况报告 ·········· 贺春娟　刘凤　尹冰　解国丽（193）

2016年高空测报灯监测黏虫等迁飞性害虫试验总结 ·················· 魏敏（198）

第一章

测报物联网试验报告

农林病虫自动测控物联网系统（ATCSP）对四川省三台县 6 种主要鳞翅目害虫监测效果的评价

万宣伍[1] 叶香平[2] 彭丽华[2] 王胜[1] 马利[1] 张国芝[1] 封传红[1]

（1. 四川省农业厅植物保护站 成都 610041；

2. 四川省三台县农业局植保植检站 三台 621100）

摘要： 为评估农林病虫自动测控物联网系统（ATCSP）在四川省的应用价值，2016 年 5～8 月在四川省三台县开展了利用 ATCSP 监测小菜蛾、二化螟、三化螟、玉米螟、大螟、稻纵卷叶螟等 6 种鳞翅目害虫的试验。通过对比 ATCSP 远程监测成虫数量与实际诱集数量的差异、分析两者间的相关性、比较远程监测害虫田间为害情况与人工调查的差异发现，ATCSP 远程监测的成虫数量与实际诱集数量差异较小、相关性高，但远程监测田间为害情况与人工调查差异较大，认为 ATCSP 对提高病虫监测预警能力有重要作用。

关键词： 害虫；物联网；远程监测

近年来，物联网技术在农业自动化节水灌溉、农产品质量安全追溯、农产品储运管理、农业资源与生态环境监测等方面应用广泛，并逐步开始应用于农作物病虫害远程监测。农林病虫自动测控物联网系统（ATCSP）由安置在田间的高清摄像头、田间小气候自动观测仪、自动虫情测报灯、孢子捕捉仪等组成。技术人员可在电脑或手机客户端上通过互联网对农作物长势、病虫害发生情况、灯下害虫诱集数量及田间相对湿度、温度等病虫害发生关键影响因子进行实时监测。目前，该系统处于试验示范阶段，监测效果还需要大量田间试验验证。为评价 ATCSP 在四川省的应用价值，摸索该系统的田间使用技术，2016 年在四川省三台县开展了利用 ATCSP 监测主要鳞翅目害虫的试验，以期为该系统的推广应用提供科学依据。

1 材料与方法

1.1 试验设备

四川省三台县农林病虫自动测控物联网系统（ATCSP）由安置在田间的高清摄像头、小气候观测仪、自动虫情测报灯及放置在室内的数据处理服务器组成。

1.2 试验地点和时间

ATCSP 安装于三台县农作物病虫系统观测场内，种植水稻、玉米、蔬菜等当地当季主要农作物。观测场位于三台县主要粮食产区，远离城区和公路，周边无高大建筑物遮挡和人工光源干扰。试验时间为 2016 年 5 月 1 日至 8 月 31 日。

1.3 监测对象

水稻二化螟、水稻三化螟、小菜蛾、玉米螟、大螟和稻纵卷叶螟等 6 种在三台县为害较重的鳞翅目害虫。

1.4　试验方法

下载 ATCSP 系统中自动虫情测报灯每日拍摄的所有照片，对照片中的监测对象进行识别，分类计数；收集自动虫情测报灯每天清理出来的害虫，按种类分类计数；对比远程监测的害虫数量和实际诱集量的差别。

分别利用高清摄像头和人工调查病虫观测场内水稻螟害率和玉米螟害率，对比两种调查方法之间螟害率的差异。其中水稻螟害率分别于 2016 年 6 月 15 日（返青分蘖期）、7 月 15 日（孕穗期）和 8 月 15 日（灌浆期）进行调查，高清摄像头调查 600 株，人工调查 50 丛；玉米螟害率分别于 5 月 25 日（小喇叭口期）、6 月 10 日（大喇叭口期）和 7 月 25 日（灌浆末期）进行，高清摄像头和人工各调查 100 株。

2　结果与分析

2.1　ATCSP 远程监测害虫的准确率

5 月 1 日至 8 月 31 日利用 ATCSP 传输的自动虫情灯下的照片，共监测到小菜蛾 5 053 头、二化螟 248 头、三化螟 58 头、大螟 12 头、玉米螟 51 头、稻纵卷叶螟 74 头。与实际诱集量相比，在虫量较小的情况下，远程监测的误差相对较大；在虫量较大的情况下，远程监测的误差相对较小（表 1）。如虫量较小的大螟和三化螟远程监测的误差率分别为 0.2 和 0.302，而虫量较大的二化螟和小菜蛾远程监测的误差率在 0.1 以内。对 6 种鳞翅目害虫 5～8 月逐月监测情况分析发现，远程监测数量小于实际监测的数量，存在漏记的现象。

表 1　远程监测害虫数量与实际诱集量

监测时间	小菜蛾（头）		二化螟（头）		三化螟（头）		大螟（头）		玉米螟（头）		稻纵卷叶螟（头）	
	远程	实际	远程	实际	远程	实际	远程	实际	远程	实际	远程	实际
5 月	1 996	2 118	0	0	3	4	5	4	24	25	0	0
6 月	1 215	1 312	1	1	5	4	1	1	7	8	14	13
7 月	1 746	1 813	24	25	12	14	5	5	19	17	58	62
8 月	96	147	223	230	38	61	1	0	1	0	2	1
总计	5 053	5 390	248	256	58	83	12	10	51	50	74	80
远程/实际	0.937		0.968		0.698		1.200		1.02		0.925	

2.2　ATCSP 远程监测害虫发生动态与实际发生动态的差异

对 5 月 1 日至 8 月 31 日 6 种鳞翅目害虫逐日远程监测数量与实际监测数量相关性的分析发现，远程监测与实际监测的相关性都在 0.9 以上，表明远程监测呈现的害虫发生动态与害虫在田间的实际发生动态高度一致（表 2）。从监测动态图上也可发现，远程监测的高峰期与实际诱集的高峰一致，表明尽管远程监测和实际诱集的害虫数量存在差异，但通过远程监测的成虫高峰结合气象条件和害虫发育历期来推测产卵高峰期、孵化高峰期是可行的（图 1 至图 6）。

表 2　逐日远程监测害虫数量与实际监测数量的相关性

监测对象	小菜蛾	二化螟	三化螟	大螟	玉米螟	稻纵卷叶螟
相关系数（R）	0.996	0.998	0.926	0.920	0.969	0.958

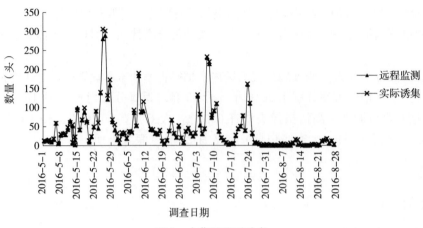

图 1　小菜蛾监测动态

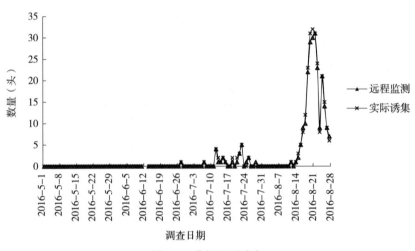

图 2　二化螟监测动态

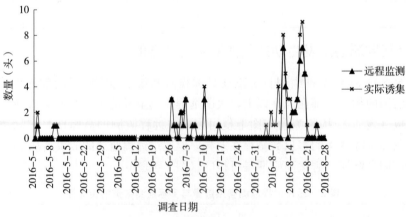

图 3　三化螟监测动态

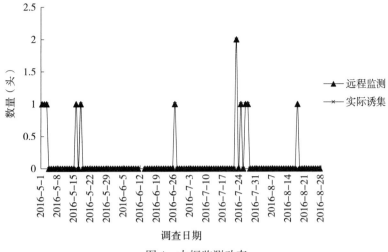

图 4　大螟监测动态

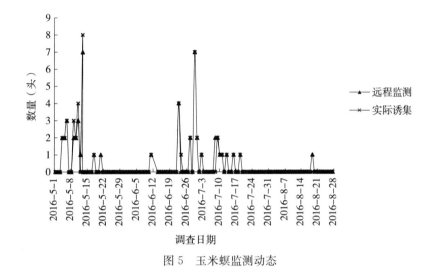

图 5　玉米螟监测动态

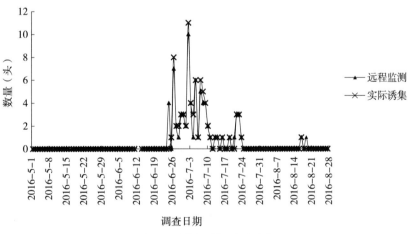

图 6　稻纵卷叶螟监测动态

2.3　ATCSP 远程监测田间为害情况与人工调查的差异

高清摄像头于 6 月 15 日、7 月 15 日和 8 月 15 日调查 600 株水稻的螟害率分别为 0.3%、0.1% 和 0.1%；人工同时调查 813、831 和 698 株，螟害率分别为 0.74%、0.96% 和 0.72%。高清摄像头于 5 月 25 日、6 月 10 日和 7 月 25 日调查 100 株玉米的螟害率分别为 6%、8% 和 7%，人工同时调查的螟害率分别为 6%、7% 和 18%。两种监测方式调查的螟害率差异明显（表 3）。

表 3　2016 年远程监测与人工监测螟害率

作物	调查时间	监测方式	螟害率
水稻	6 月 15 日	远程	0.3%
	6 月 15 日	人工	0.74%
	7 月 15 日	远程	0.1%
	7 月 15 日	人工	0.96%
	8 月 15 日	远程	0.1%
	8 月 15 日	人工	0.72%
玉米	5 月 25 日	远程	6%
	5 月 25 日	人工	8%
	6 月 10 日	远程	7%
	6 月 10 日	人工	6%
	7 月 25 日	远程	7%
	7 月 25 日	人工	18%

3　结论与讨论

通过 2016 年 5～8 月在四川省三台县的试验发现，利用 ATCSP 远程监测鳞翅目害虫成虫发生动态与实际诱集动态高度一致。害虫远程监测使病虫测报人员从每天或每 7d 查 1 次灯下虫量的繁杂的劳动中解放出来，同时通过实时传输图片，极大地提高了病虫监测预警的反应速度，具有很高的应用价值。但目前害虫的识别还非常依赖病虫测报人员的经验，一般测报技术人员很难通过照片判断害虫种类。由于害虫在镜头下姿态不一，照片中侧翻或仰卧的害虫由于关键识别特征未拍摄到则更难识别。另外，在害虫发生的高峰期，由于拍摄周期内进虫量大，镜头下同种害虫甚至多种害虫相互重叠，给识别和计数带来很大困难。2016 年 5 月下旬至 6 月上旬四川省三台县蜀柏毒蛾暴发，大量成虫进入自动虫情测报灯，造成监测对象计数困难。目前自动虫情测报灯的摄像头的分辨率满足中大型昆虫的识别需要，但对于小菜蛾之类的小型昆虫，照片放大后不能清晰地观察到关键识别特征。为进一步提高实用性，ATCSP 的自动虫情测报灯还需在软件和硬件两方面进行改进。硬件方面提高摄像头清晰度以满足小型昆虫的监测需要；软件方面利用先拍照后对焦技术以满足不同类型昆虫监测的需要，同时允许用户对拍照间隔周期进行自由调整，满足害虫不同发生阶段的监测需要。未来害虫远程监测应以自动识别和自动分类计数为重点，真正实现智能化、自动化。

利用 ATCSP 配置的高清摄像头对田间为害情况的监测试验表明，远程监测与人工监测的差异较大。水稻螟虫和玉米螟在田间的不均匀分布、高清摄像头对作物下部观测能力有限等是造成差异的主要因素。水稻螟虫和玉米螟在田间呈嵌纹分布，高清摄像头调查与人工调查选择的植株不一致，导致调查结果差异。水稻螟虫从稻株中下部开始为害，利用高清摄像头对稻株中下部进行观察存在一定困难，特别是在水稻封行以后，高清摄像头就只能观察到水稻冠层，造成远程监测和人工调查差异较大。增加田间高清摄像头的数量、加强摄像头的清晰度、设置不同高度的摄像头甚至是可以深入田间的探头式摄像头，通过多角度、全方位的观察或许可以实现田间害虫为害情况的实时监测。

参考文献

黄冲，刘万才，2015. 试论物联网技术在农作物重大病虫害监测预警中的应用前景 [J]. 中国植保导刊，35（10）：55-60.

刘万才，刘杰，钟天润，2015. 新型测报工具研发应用进展与发展建议 [J]. 中国植保导刊，35（8）：40-42.

张凌云，薛飞，2011. 物联网技术在农业中的应用 [J]. 广东农业科学，38（16）：146-149.

佳多 ATCSP 物联网系统在害虫测报中的应用试验初报

李忠彩　邓金奇　李先喆　何行建　邓丽芬

（湖南省汉寿县植保植检站　汉寿 415900）

摘要： 为了加快推进农作物重大病虫害监测预警信息化进程，验证和改进现代监测工具，2016 年对佳多 ATCSP 物联网系统进行了试验性应用。试验表明，物联网系统对提高农作物病虫害监测预警信息化水平、提高害虫监测质量和预报水平，减轻劳动强度等具有重要意义。

关键词： 物联网；预测预报；预警信息化

为开发先进实用的现代化监测工具，研究虫情信息实时监测、自动记载和远程传输技术，进一步推进农作物重大病虫害监测预警信息化进程，不断提高害虫监测质量和预报水平，根据全国农业技术推广服务中心 2016 年新型测报工具试验示范工作部署和湖南省植保植检站的安排，在汉寿县岩汪湖镇水果山村开展了佳多 ATCSP 物联网系统试验，现将试验结果报告如下：

1　试验条件与材料

1.1　试验地点和作物

试验地点设在汉寿县岩汪湖镇水果山村，海拔高度 31.9m，111°57′E，28°55′N，试验点主要栽培作物是双季水稻，水田面积约 22hm²。

1.2　监测害虫

稻纵卷叶螟、稻螟蛉、稻飞虱。

1.3　试验期间气象条件

试验时间为 2016 年 4 月 8 日至 9 月 27 日，试验期 173d。试验期间日平均气温为 25.55℃，日最高气温 39.7℃，日最低气温 10.3℃，总降水量为 845.8mm，暴雨天气有 4 月 16 日 42.4mm、4 月 20 日 93.7mm、5 月 2 日 42.1mm、5 月 26 日 40.4mm、6 月 28 日 42.5mm、7 月 2 日 74.2mm、7 月 5 日 36.7mm、7 月 18 日 30.3mm、9 月 10 日 47.4mm；日照时数为 8.6h 以上的最长持续时间为 12d，出现在 7 月 21 日至 8 月 1 日，试验期间日照时数最少的是 5 月下旬，日照总时数为 24.3h，其次是 6 月下旬，日照总时数为 37.1h。其他时段无影响试验结果的恶劣气候条件。

1.4　试验材料

1.4.1　试验监测工具

佳多 ATCSP 物联网系统，由河南鹤壁佳多科工贸股份有限公司生产（以下简称河南佳多公司），2016 年 4 月 8 日安装完成并开始运行。汉寿县安装的佳多 ATCSP 物联网系统包含了佳多虫情信息采集系统、佳多生态远程监控系统、佳多小气候信息采集系统。

1.4.2　对照设置

佳多虫情测报灯，由河南佳多公司生产，2010 年安装，地点设在汉寿县沧浪街道办事处麻园坝社区，相距试验点 2.5km。

2 试验设计与方法

2.1 田间设置

佳多 ATCSP 物联网系统选择常年种植水稻、比较空旷的田块作为试验田，试验区水稻面积约 21.87hm^2。

2.2 监测时间

佳多 ATCSP 物联网系统监测时间为 4 月 8 日至 9 月 27 日，共计 173d，试验期间佳多 ATCSP 物联网系统运行正常，5 月 8 日前小气候出现故障、5 月 8~10 日远程监控出现故障，均迅速排除。

2.3 数据记录

试验期间（4 月 8 日至 9 月 27 日）逐日记录佳多 ATCSP 物联网系统、佳多虫情测报灯稻纵卷叶螟、稻螟蛉、稻飞虱、二化螟诱虫数量。佳多 ATCSP 物联网系统诱虫数量为系统发送图片到电脑后根据图片人工分辨后计数，结果记入害虫远程实时监测情况记载表，佳多虫情测报灯为人工收虫、人工计数，6 月 14 日至 8 月 1 日对佳多 ATCSP 物联网系统进行人工收虫、人工计数，对物联网图片计数与人工收虫、人工计数进行对比，检验物联网图片计数的准确性。

3 试验结果

3.1 佳多 ATCSP 物联网系统——佳多虫情信息采集系统试验结果

3.1.1 佳多 ATCSP 物联网系统图片计数与人工收虫、人工计数比较

3.1.1.1 稻飞虱 6 月 14 日至 8 月 1 日，佳多 ATCSP 物联网图片计数数据为 1 887 头，人工收虫、人工计数数据为 4 091 头，相差 2 204 头，误差率为 53.87%。从图 1 看，稻飞虱成虫高峰期基本一致，但诱虫绝对量差异较大。

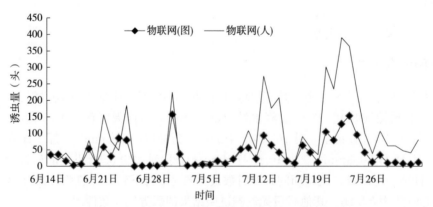

图 1 佳多 ATCSP 物联网系统图片计数与人工计数（稻飞虱）

3.1.1.2 稻纵卷叶螟 6 月 14 日至 8 月 1 日，佳多 ATCSP 物联网系统图片计数数据为 136 头，人工收虫、人工计数数据为 99 头，相差 37 头，误差率为 37.37%，图片计数明显高于人工收虫、计数，尤以 7 月最为明显，原因待明年继续研究。从图 2 看，稻纵卷叶螟成虫高峰期基本一致。

3.1.1.3 稻螟蛉 6 月 14 日至 8 月 1 日，佳多 ATCSP 物联网系统图片计数数据为 18 757 头，人工收虫、人工计数数据为 20 798 头，相差 2 041 头，误差率为 9.81%。从图 3 看，稻螟蛉成虫高峰期基本一致。

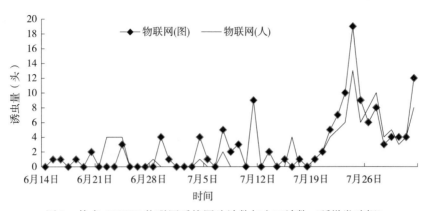

图 2　佳多 ATCSP 物联网系统图片计数与人工计数（稻纵卷叶螟）

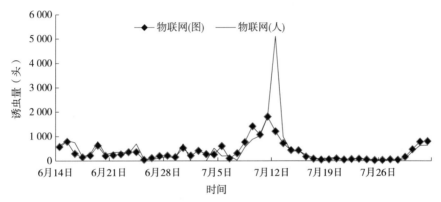

图 3　佳多 ATCSP 物联网系统图片计数与人工计数（稻螟蛉）

图 1、图 2、图 3 分别为佳多 ATCSP 物联网系统下，稻飞虱、稻纵卷叶螟、稻螟蛉图片计数与人工计数比较情况，从中可以看出两种计数方法下 3 种田间害虫的消长趋势基本一致，但是在绝对数值上有差别，这可能跟虫体大小、辨识度等有一定的关系。

3.1.2　佳多 ATCSP 物联网系统图片计数与佳多自动虫情测报灯人工收虫、人工计数比较

3.1.2.1　稻飞虱　见图 4。

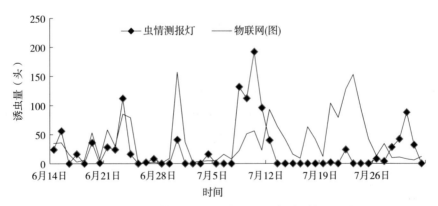

图 4　虫情测报灯与佳多 ATCSP 物联网系统诱虫情况（稻飞虱）

3.1.2.2　稻纵卷叶螟　见图 5。

3.1.2.3　稻螟蛉　见图 6。

从图 4、图 5、图 6 可以看出，稻纵卷叶螟、稻螟蛉、稻飞虱在两种方法下的成虫发生高峰期基本一致，相对而言，稻飞虱成虫高峰期一致性不如稻纵卷叶螟、稻螟蛉，这与稻飞虱虫体较小，图片下难于辨别存在一定关系。

3.1.2.4　二化螟　因 2016 年汉寿县二化螟发生量小，诱虫量少，高峰期不明显，因此未作对比。

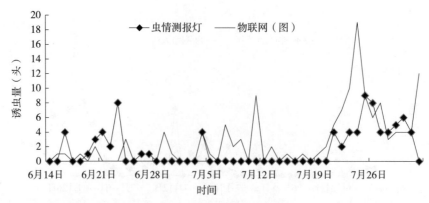

图 5 虫情测报灯与佳多 ATCSP 物联网系统诱虫情况（稻纵卷叶螟）

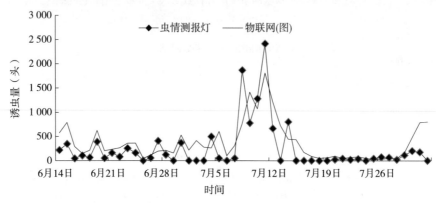

图 6 虫情测报灯与佳多 ATCSP 物联网系统诱虫情况（稻螟蛉）

3.1.3 结果与分析

从试验结果可以看出，佳多虫情测报灯人工收虫、人工计数，佳多 ATCSP 物联网系统图片下计数，佳多 ATCSP 物联网系统人工收虫、人工计数，这 3 种方法中，稻飞虱、稻纵卷叶螟、稻螟蛉发生盛期和高峰期基本一致，但 3 种方法的绝对诱虫量存在差异，原因分析如下：

1）稻飞虱　虫体小，图片中有效地辨别存在一定难度。

2）稻纵卷叶螟、稻螟蛉虫体大及特征明显，易辨别。

3）虫量多时易堆积，无法计数。

物联网系统对于预测迁飞害虫的发生期准确性和可信度较高，具有推广价值。

3.1.4 存在的问题及建议

第一是图片分辨率低，虫体小的害虫（如稻飞虱、稻叶蝉等）难以分辨，影响计数的准确率，建议提高摄像头分辨率；第二是落虫太集中，易造成虫体堆集，影响计数，建议改进落虫装置，改为多出口落虫，使虫体在接虫盘上分布均匀，或将虫体按大小分级后再拍照；第三是昆虫扑灯高峰期在 19：30～20：30，其他时段虫量较少，建议分时段调整拍照的时间间隔，可减少虫体堆集，又能避免图片太多，增加识别图片的时间和工作量（图 7）。

3.2 佳多 ATCSP 物联网系统——佳多小气候信息采集系统试验结果

3.2.1 佳多 ATCSP 小气候信息采集

系统安装以后，系统每隔 10min 实时记录空气温度、空气湿度、土壤温度（10cm、20cm、30cm）、土壤湿度、光照度、蒸发量、风速、风向、结露、气压、总辐射、光合有效辐射等气象因子数据（图 8）。自动统计每天的各个因子的平均值。通过小气候信息采集系统与汉寿县气象局观测站采集的各气象因子的比较，以评估佳多 ATCSP 小气候采集系统的数据准确性，因条件限制，只对平均、最高、最低气温，平均相对湿度做出了比较（图 9 至图 12）；降水量和日照因统计方法不一致，无法进行比对，汉寿县气象局观测站统计的是当日累计降水量（mm）和日照时数（h），佳多

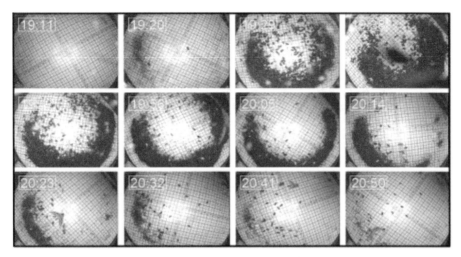

图 7　19：11～20：50 时间段采集的图片信息（9 月 3 日）

ATCSP 小气候信息采集系统统计的是平均降水强度（mm/h）和光照度（klx），其他气象因子无对比条件。气象局观测站资料：汉寿县气象局观测站录入的气象资料，包括日平均、最高、最低气温，相对湿度等气象因子。佳多 ATCSP 小气候信息采集系统：记录该区域内的日平均、最高、最低气温，相对湿度等气象因子。

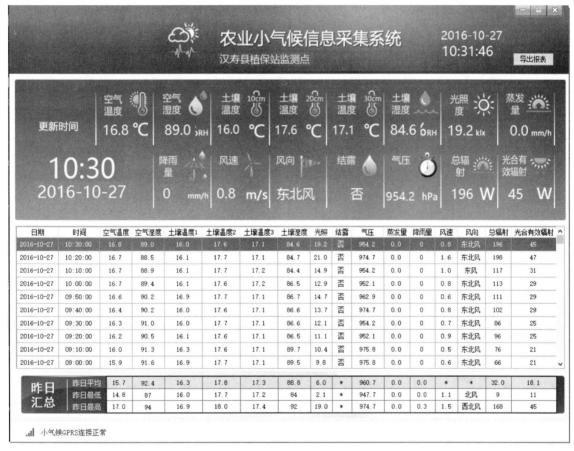

图 8　佳多 ATCSP 小气候信息采集系统采集数据

　　图 9 至图 12 分别为汉寿县气象局观测站与 ATCSP 小气候信息采集系统下日平均、最高、最低气温，平均相对湿度比较。从中可以看出日平均、最高、最低气温，平均相对湿度两者数据的一致性高，数据准确可靠。

3.2.2　小气候系统数据完整性

　　佳多 ATCSP 物联网系统 4 月 8 日安装完成，小气候系统数据从 5 月 8 日至 10 月 29 日基本完整，

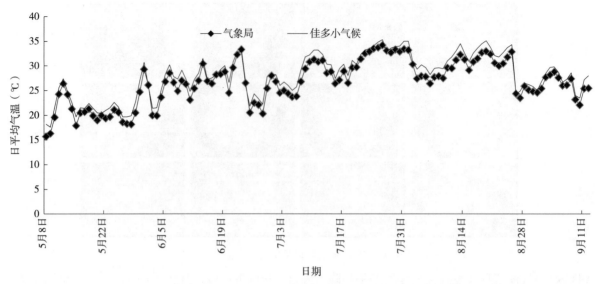

图 9　2016 年气象观测站与 ATCSP 小气候系统气象因子（日平均气温）比较

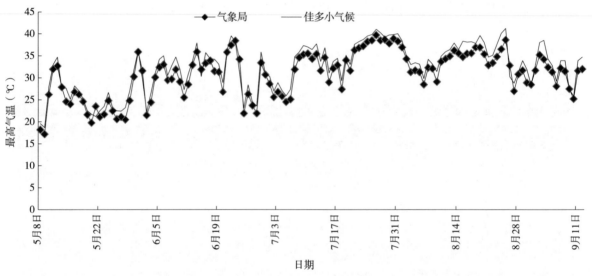

图 10　2016 年气象观测站与 ATCSP 小气候系统气象因子（最高气温）比较

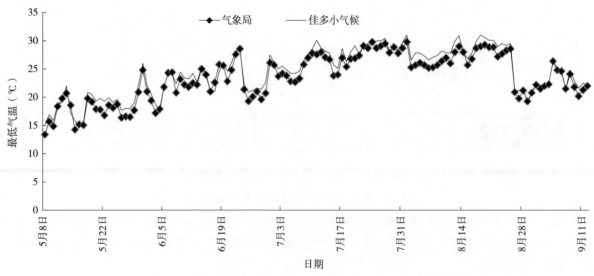

图 11　2016 年气象观测站与 ATCSP 小气候系统气象因子（最低气温）比较

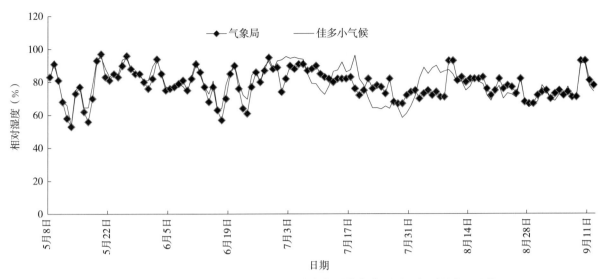

图 12　2016 年气象观测站与 ATCSP 小气候系统气象因子（相对湿度）比较

只缺少 9 月 20 日数据，5 月 8 日前因小气候出现故障（小气候磁饱和坏损），5 月 7 日更换磁饱和。6 月 22 日、7 月 8 日、9 月 20～21 日 3 次停电，前两次数据未受影响，第三次因停电时间长导致数据缺失。

3.2.3　小气候系统数据采集

小气候系统数据采集间隔为 10min，每天有 144 组数据，且相邻几组数据差异小，意义不大，海量数据不便于统计，浪费资源，建议加大小气候系统数据采集间隔；气象因子建议增加当日累计降水量（mm）和日照时数（h）。

3.3　佳多 ATCSP 物联网系统——佳多生态远程监控系统试验结果

由专用软件通过计算机远程控制高速摄像机，对田间作物种类、分布状况、生育进度及观测场等进行实时监测。监控系统上的高清摄像头可观察到叶面上病虫害发生情况，可以将采集的各类数据和拍摄画面传送到中央控制室的电脑上，也可以对监测区范围的情况进行监控、录像，效果很好。

3.4　售后服务及管理

佳多 ATCSP 物联网系统于 2016 年 4 月 8 日安装，至 10 月 8 日运行 183d，出现两次机械故障（2016 年 4 月 18 日至 5 月 7 日小气候磁饱和故障，5 月 7 日更换磁饱和；5 月 8 日远程监控无连接，工作异常，5 月 10 日报告河南佳多公司，5 月 13 日维修，重启远程监控摄像头）。6 月 16～21 日应汉寿县植保植检站要求更换远程监控安装位置，未影响物联网正常工作；6 月 22 日、7 月 8 日、9 月 20～21 日 3 次停电，佳多公司均与汉寿县植保植检站主动联系，查找物联网不能正常运行的原因，由被动服务变为主动服务。10 月向佳多公司索取运行及故障资料，均有记录并给予了回复。

2016 年西宁地区麦穗夜蛾诱集试验报告

张剑[1]　李育静[2]　朱宝莲[2]　杨占彪[3]　徐元宁[1]

（1. 青海省农业技术推广总站　西宁 810000；2. 西宁市农业技术
推广站　西宁 810003；3. 大通县农业技术推广中心　大通 810199）

摘要： 麦穗夜蛾是西北地区麦类作物生产中的常见害虫，也是影响青海省麦类作物生产的主要害虫之一。该试验表明黑光灯诱集效果与糖醋液、空白对照之间差异明显，黑光灯诱集效果显著优于糖醋液诱集效果和空白对照组，糖醋液与空白对照之间差异不明显。麦穗夜蛾成虫对糖醋液的趋化性较弱或无趋化性，对黑光灯有较强的趋性，可以采用黑光灯诱集法监测麦穗夜蛾的发生和为害。6 月中旬至 8 月上旬是麦穗夜蛾成虫在西宁地区的羽化盛期，生态、物理和诱集带防控是抑制麦穗夜蛾发生和为害的有效途径。

关键词： 西宁地区；麦穗夜蛾；诱集；试验

麦穗夜蛾［*Apamea sordens*（Hüfnagel）］属鳞翅目夜蛾科，是西北地区麦类作物生产中的常见害虫，也是影响青海省麦类作物生产的主要害虫之一。成虫体长 16mm，翅展 42mm 左右，全体灰褐色。前翅有明显黑色基剑纹，在中脉下方呈燕飞形，环状纹、肾状纹银灰色，边黑色；基线淡灰色双线，亚基线、端线浅灰色双线，锯齿状；亚端线波浪形浅灰色；前翅外缘具 7 个黑点，缘毛密生；后翅浅黄褐色。卵圆球形，直径 0.61～0.68mm，卵面有花纹。幼虫体长 33mm 左右，头部具浅褐黄色"八"字纹；颅侧区具浅褐色网状纹。前胸盾板、臀板上生背线和亚背线，将其分成 4 块浅褐色条斑，虫体灰黄色，背面灰褐色，腹面灰白色。蛹长 18～21.5mm，黄褐色或棕褐色。幼虫为害，初孵幼虫在麦穗的花器及子房内为害，二龄后在籽粒内取食，四龄后将小麦旗叶吐丝缀连卷成筒状，潜伏其中，日落后出来为害麦粒，仅残留种胚，致使小麦不能正常生长和结实。主要分布在山西、内蒙古、甘肃、青海、西藏等省份，在西宁市，海东市民和县、乐都区、互助县、循化县（积石镇、白庄乡、清水乡、街子乡、查汗都斯乡）、化隆县（群科镇、甘都镇、牙什尕镇）、平安县（平安镇、小峡镇、三合镇），海南州，海北州祁连县、门源县，海西州都兰县香日德镇小麦种植区常年点片或零星发生；在虫源充分、气候条件适宜的年份，海东市循化县（道帏藏族乡、文都藏族乡、尕楞藏族乡）、海北州海晏县、海西州乌兰县柯柯镇、黄南州小麦种植区偶发。麦穗夜蛾在甘肃省部分小麦种植区一般年份可造成小麦减产 10% 左右，严重年份减产 30% 以上。在青海省小麦生产中麦穗夜蛾的为害损失研究未见报道，一般认为，平常年份在麦穗夜蛾常发区可造成小麦产量损失 5%～10%，重发生年份可达到 20%～30%，部分地块达到 30% 以上。麦穗夜蛾在青海 1 年发生 1 代，以老熟幼虫在田间或地埂表土下及芨芨草墩下越冬。翌年 4 月越冬幼虫出蛰活动，4 月底至 5 月下旬幼虫化蛹，预蛹期 6～11d，蛹期 44～55d。6～8 月成虫羽化，7 月中旬至 8 月上旬进入羽化盛期，交尾后 5～6d 产卵在小麦第一小穗颖内侧或子房上，卵期约 13d，幼虫蜕皮 6 次，共 7 龄，历期 8～9 个月。幼虫为害期为 66.5d，初孵幼虫先取食穗部的花器和子房，吃光后转移，老熟幼虫有隔日取食习性，六至七龄幼虫虫体长大，白天从小麦叶上转移到杂草上吐丝缀合叶片隐蔽起来，也有的潜伏在表土或土缝里，9 月中下旬幼虫开始在麦茬根际松土内越冬。青海省在 2009 年制定了麦穗夜蛾监测预报技术规范地方标准，随着气候、环境及生产方式的变化，对麦穗夜蛾发生规律、特点及防控方法的进一步研究有着积极的现实意义，对此，青海省农业技术推广总站在西宁市安排了麦穗夜蛾田间诱集试验，以期为麦穗夜蛾监测防控提供科学依据。

1　材料与方法

1.1　试验作物与靶标

试验作物为小麦，品种为红阿勃、高原 437，试验靶标为麦穗夜蛾。试验区和对照区的地貌、小麦品种及生育期一致。

1.2　试验材料

1.2.1　试验灯型

黑光灯，PS-15Ⅵ-1（河南佳多公司）。

1.2.2　糖醋液配制

糖醋液按照白酒、红糖、醋、水、敌百虫药液比例 1∶1∶4∶16∶0.1 混匀，装入直径 30cm 塑料盆。

1.3　试验地点

1）西宁市郊总寨镇莫家沟村，露地小麦田，土质为淡栗钙土，肥力中等，pH 8.4～8.8，101°41′E，36°29′N，海拔区间 2 645～2 650m。

2）西宁市大通县城关镇沙巴图村，露地小麦田，土质为淡栗钙土，肥力中等，pH 8.4～8.7，101°34′E，37°03′N，海拔区间 2 551～2 553m。

1.4　试验时间

试验从 6 月 15 日开始至 8 月 15 日结束，调查开始时间为小麦抽穗期，按照不同灯型使用说明书的要求安装黑光灯诱杀成虫，同时安放糖醋液诱集盆。

开关灯时间：2016 年 6 月 15 日开灯，8 月 15 日结束。根据西宁地区夏季日出及日落时间，在试验期间，每天 19∶00 开灯，翌日 7∶00 关灯，雨天不开灯。

1.5　处理与重复

1.5.1　黑光灯诱集处理

选择四周无高大建筑物和树木遮挡的田块，每 10 000m² 装设一台黑光灯，黑光灯的灯管下端与地表面垂直距离为 1.5m。在西宁市郊总寨镇莫家沟村安装 2 台黑光灯（L₁、L₂），大通县城关镇沙巴图村安装 2 台黑光灯（L₃、L₄）；每天 7∶00 关灯时检查诱到的成虫，将麦穗夜蛾雌、雄成虫数量及雌雄比填入表 1。采用 Z 形取样进行田间调查，每块小区调查 10 点，每点 10 株，并计算虫株率，每 5d 调查 1 次，将调查结果填入表 2。

1.5.2　糖醋液诱集处理

将配制好糖醋液的盆按每 10 000m² 6 盆的比例棋盘状放入田中，每 5d 更换一次糖醋液，白天加盖，在西宁市郊总寨镇莫家沟村、大通县城关镇沙巴图村各设置 1 个处理（T₁、T₂）；每天 19∶00 开盖诱虫，翌日 7∶00 加盖时检查诱到的成虫。将麦穗夜蛾雌、雄成虫数量及雌雄比填入表 3。采用 Z 形取样进行田间调查，每块小区调查 10 点，每点 10 株，并计算虫株率，每 5d 调查 1 次，将调查结果填入表 2。

1.5.3　空白对照处理

在西宁市郊总寨镇莫家沟村、大通县城关镇沙巴图村各设置 1 个空白对照（CK₁、CK₂），每对照区 10 000m²，每块小区调查 10 点，每点 10 株，并计算虫株率，每 5d 调查 1 次，将调查结果填入表 2。

表 1 黑光灯诱集处理调查表

调查田块：   调查人：

时间	气象条件	诱集数量（头）	雌虫数量（头）	雄虫数量（头）

表 2 田间调查表

调查田块：   调查人：

时间	气象条件	调查株数（株）	有虫株数（株）	雌虫（头）	雄虫（头）

表 3 糖醋液诱集处理调查表

调查田块：   调查人：

时间	气象条件	诱集数量（头）	雌虫数量（头）	雄虫数量（头）

2 试验结果

2.1 黑光灯诱集试验

黑光灯于 6 月 12 日安装，15 日开灯调查，大通县城关镇沙巴图村安装的 2 台黑光灯（L$_3$、L$_4$）至 21 日未诱到麦穗夜蛾，22 日黑光灯被盗，试验未能完成。西宁市郊总寨镇莫家沟村安装的 2 台黑光灯（L$_1$、L$_2$）试验结果见表 4。

表 4 黑光灯诱集处理调查汇总

时间	气象条件	L$_1$（头）			L$_2$（头）			平均（头）
		合计	雌虫	雄虫	合计	雌虫	雄虫	
6 月 15 日	小雨转晴	2	2	0	2	2	0	2
6 月 20 日	阴	3	3	0	2	2	0	2.50
6 月 25 日	阵雨	5	5	0	5	5	0	5
6 月 30 日	阵雨	11	9	2	11	10	1	11
7 月 5 日	阴	14	12	2	12	10	2	13
7 月 10 日	中雨	18	14	4	10	8	2	14
7 月 15 日	晴	23	17	6	13	10	3	18
7 月 20 日	多云	13	17	5	15	11	3	14
7 月 25 日	中雨	11	13	4	13	11	2	12
7 月 30 日	晴	11	9	2	11	9	2	11
8 月 4 日	阵雨	10	9	1	11	9	2	10.50
8 月 9 日	晴	7	7	1	2	2	0	4.50
8 月 15 日	小雨	2	2	0	0	0	0	0

2.2 糖醋液诱集试验

糖醋液诱集试验结果见表 5。

表 5　糖醋液诱集处理调查汇总

时间	气象条件	T_1（头）			T_2（头）			平均（头）
		合计	雌虫	雄虫	合计	雌虫	雄虫	
6 月 15 日	小雨转晴	0	0	0	0	0	0	0
6 月 20 日	阴	0	0	0	0	0	0	0
6 月 25 日	阵雨	0	0	0	1	1	0	0.5
6 月 30 日	阵雨	1	1	0	1	1	0	1
7 月 5 日	阴	2	2	0	2	2	0	2
7 月 10 日	中雨	2	2	0	3	2	1	2.50
7 月 15 日	晴	3	2	1	3	3	0	3
7 月 20 日	多云	2	1	1	3	2	1	2.50
7 月 25 日	中雨	1	1	0	1	1	0	1
7 月 30 日	晴	0	0	0	1	1	0	0.50
8 月 4 日	阵雨	1	1	0	0	0	0	1
8 月 9 日	晴	0	0	0	0	0	0	0
8 月 15 日	小雨	0	0	0	0	0	0	0

2.3　空白对照

空白对照试验结果见表 6。

表 6　空白处理调查汇总

时间	气象条件	CK_1（头）			CK_2（头）			平均（头）
		合计	雌虫	雄虫	合计	雌虫	雄虫	
6 月 15 日	小雨转晴	0	0	0	0	0	0	0
6 月 20 日	阴	0	0	0	0	0	0	0
6 月 25 日	阵雨	0	0	0	0	0	0	0
6 月 30 日	阵雨	0	0	0	0	0	0	0
7 月 5 日	阴	1	1	0	1	1	0	1
7 月 10 日	中雨	2	2	0	2	2	0	2
7 月 15 日	晴	2	1	1	3	1	1	2.50
7 月 20 日	多云	2	1	0	3	2	1	2.50
7 月 25 日	中雨	1	1	0	0	0	0	0.50
7 月 30 日	晴	0	0	0	0	0	0	0
8 月 4 日	阵雨	0	0	0	0	0	0	0
8 月 9 日	晴	0	0	0	0	0	0	0
8 月 15 日	小雨	0	0	0	0	0	0	0

2.4　试验数据分析

试验数据分析结果见表 7 至表 9。

表7 试验数据统计

处理名称	小区结果值（头）				处理排序
	重复1	重复2	Tt	平均值	
黑光灯	8.92	7.54	16.46	8.23	1
糖醋液	0.92	1.15	2.07	1.04	2
空白对照	0.54	0.69	1.23	0.62	3
Tr	10.38	9.38	$T=19.76$		

表8 试验结果分析——F测验

变异来源	平方和	自由度	方差	F值	$F<0.05$	$F<0.01$
处理间	73.288	2	36.644	89.025*	19.000	99.000
重复间	0.167	1	0.167	0.405	18.513	98.503
误差	0.823	2	0.412			
总和	74.278	5				
$C=$	65.08					

注：＊表示有显著差异；否则无显著差异。

表9 试验结果分析——多重比较（LSR法）

处理排序	处理名称	小区平均值	差异显著性	
			$LSR<0.05$	$LSR<0.01$
1	黑光灯	8.23	a	A
2	糖醋液	1.04	b	B
3	空白对照	0.62	b	B

3 讨论

3.1 调查结论

本次试验安排的两个试验区地理位置接近，气象条件相似，故气象条件造成的差异忽略不计，由于管理问题导致大通县安装的2台黑光灯被盗，造成试验数据不完整。依现有的数据分析，黑光灯诱集效果与糖醋液、空白对照之间差异明显，黑光灯诱集效果显著优于糖醋液诱集效果和空白对照，糖醋液与空白对照之间差异不明显。从6月15日调查开始至7月15日麦穗夜蛾虫量整体呈上升趋势，6月25日至7月15日增速明显，此后增速平缓，其中，7月15日诱集的虫量最大，7月20日以后，虫量持续下降，至8月4日后虫量快速下降，8月9日后诱集数量极少（图1）。因此，可以认为：①麦穗夜蛾成虫对糖醋液的趋化性较弱或无趋化性，对黑光灯有较强的趋性，可以采用黑光灯诱集法监测麦穗夜蛾的发生和为害；②6月中旬至8月上旬是麦穗夜蛾成虫在西宁地区的羽化盛期。

3.2 防控建议

3.2.1 生态防控

生态防控是农作物病虫害防控中最直接、最简单、成本最小的防控方法，根据高满在的研究，麦穗夜蛾在内蒙古察哈尔右翼前旗的发生与5月上旬的温度、5～7月的降水量、麦田周边的生态环境及寄主生育期的关系密切，特别是麦穗夜蛾喜在麦田及周边枯草落叶下土层3～5cm处结茧越冬及产卵对寄主的生育期有严格的选择性。秋季清洁麦田及田埂，破坏其越冬场所，在麦田与周边坡地的灌木间建设隔离带，在麦穗夜蛾发生较重的地区种植晚熟品种等措施，都可以有效抑制麦穗夜蛾的发生。

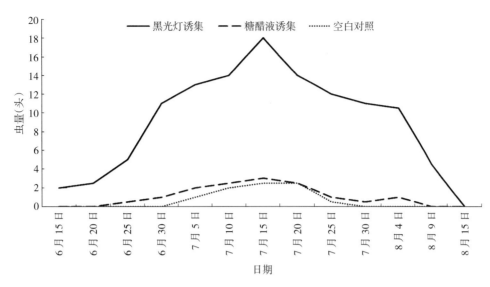

图1　不同试验材料麦穗夜蛾诱集效果

3.2.2　物理防控

从本试验结果可以看出，麦穗夜蛾成虫对黑光灯有较强的趋性，利用黑光灯可以有效诱集麦穗夜蛾成虫，降低虫口密度，抑制其幼虫对麦田的为害；另外，利用秋翻和冬灌措施也可以有效降低麦穗夜蛾的越冬虫口基数。

3.2.3　设置诱集带

根据甘国福等和苗月生等的试验研究，在小麦田中，选择比小麦扬花期早15d左右的青稞，用44：1的比例条播，在小麦开始抽穗时拔除青稞饲喂牲畜，或对青稞喷施较高浓度的杀虫剂，可有效抑制麦穗夜蛾幼虫的发生。

参考文献

柴武高，牛乐华，2011.河西走廊麦穗夜蛾发生规律及综合防治措施［J］.中国农技推广，19（10）：22-23.

甘国福，王富兰，杨惠林，1994.麦穗夜蛾诱集防治效果及技术［J］.植保技术与推广，21（3）：35-36.

高满在，1983.麦穗夜蛾的发生与环境的关系［J］.农业科学实验，7（2）：31-32.

苗月生，赵长胜，1993.麦穗夜蛾农艺技术防治试验研究［J］.植物保护，19（3）：26-27.

宁焕庚，史忠良，白莉，1995.山西冬麦穗夜蛾发生规律及综合防治［J］.植物保护，11（1）：17-18.

青海省农业技术推广总站，2009.麦穗夜蛾监测预报技术规范［J］.青海农技推广，62（4）：9-12.

王保海，覃荣，张玉红，2003.西藏昆虫分化研究［J］.西藏科技，17（3）：11-15.

张剑，2014.青海省主要农作物有害生物［M］.西宁：青海人民出版社.

粮棉果混作区不同害虫对不同波长光源的反应分析

张巧丽[1]　崔彦[2]　李秀芹[2]

(1. 河北省沧县植保站　沧县 061000；2. 河北省植保植检站　石家庄 050000)

摘要：本试验应用不同波长诱测灯对沧县农作物害虫诱集情况进行了观察比对，重点对棉铃虫、玉米螟、二点委夜蛾、桃蛀螟、盲椿象几种主要害虫进行了 3 种光源比对分析。结果表明，3 种波长光源对棉铃虫均具有较好的诱集效果，玉米螟、二点委夜蛾、盲椿象更趋向于绿光灯，其次为 12 号灯，桃蛀螟更趋向于普通黑光灯。该试验为不同作物布局光源选择奠定了基础。

关键词：棉铃虫；玉米螟；二点委夜蛾；桃蛀螟；盲椿象；波长光源

在大力提倡食品安全、环境安全的国际大形势下，灯光诱杀是一种高效环保的害虫治理方式。利用昆虫的趋光性，使用杀虫灯可同时诱杀多种农林害虫。同时诱虫灯还能准确地监测害虫的种群动态，为害虫的监测预警提供科学数据，准确指导田间防治工作。

不同种类的昆虫对不同波长的光源趋性不同，所以不同波长的杀虫灯对害虫的诱杀效果也有差别。自 2014 年开始至 2016 年，连续 3 年，河北沧县植保站在全国农业技术推广服务中心的支持下，在沧县张官屯农田安装了 3 盏不同波长的黑光灯，分别是普通黑光灯、12 号灯和绿光灯，来探究不同种类的昆虫对不同波长光源的趋性，为探索新型测报工具、改善测报技术、提高监测水平奠定基础。

1　试验材料

1.1　诱测工具

佳多自动虫情测报灯安装 12 号灯管和绿光灯灯管（灯管由河南佳多公司提供）。

1.2　对照工具

佳多自动虫情测报灯安装普通黑光灯灯管。

2　试验方法

2.1　试验地点

3 盏诱测灯均安装在沧县张官屯农田，面积 10hm²，种植作物为小麦、玉米和枣树，周围地势开阔，适于灯光诱测。

2.2　诱测工具田间设置

田间安装佳多自动虫情测报灯体 3 台，分别装普通黑光灯、12 号灯和绿光灯灯管，灯管距离地面 1.2m，各灯之间相距 200m。

2.3　试验时间

2014 年 6 月 10 日开灯 9 月 30 日关灯，黑光灯中间因下雨、停电耽误 6d，因灯坏损耽误 4d，正常工作 103d；12 号灯中间因下雨、停电耽误 6d，因灯坏损耽误 3d，正常工作 104d；绿光灯中间因下雨、停电耽误 6d，正常工作 107d。2015 年 6 月 6 日开灯 9 月 30 日关灯，3 盏灯均因下雨自动关灯耽误 9d，正常工作 108d。2016 年 6 月 15 日开灯 9 月 14 日关灯，3 盏灯均因下雨自动关灯耽误 4d，正常工作 88d。

2.4　试验方法

佳多自动虫情测报灯有光控自动开关灯装置，试验期间每天上午对 3 盏诱虫灯进行分拣，记录诱虫种类和数量。

3　结果与分析

3.1　3 种诱测灯诱杀到的昆虫种类基本无差异

3 种不同波长的灯光均能诱到的昆虫有 8 个目 42 个科 149 种，其中棉铃虫、玉米螟、地老虎、二点委夜蛾、桃蛀螟、绿盲蝽等为当地主要农作物害虫。

3.2　3 种诱测灯诱杀到的害虫总量差异显著

2014 年全年的诱蛾总量普通黑光灯、12 号灯和绿光灯分别为 8 168 头、9 613 头和 17 427 头，其中绿光灯的诱蛾量最高，比普通黑光灯高 113.4%，比 12 号灯高 81.3%；2015 年全年的诱蛾总量普通黑光灯、12 号灯和绿光灯分别为 11 905 头、12 018 头和 13 084 头，其中绿光灯的诱蛾量最高，比普通黑光灯高 9.9%，比 12 号灯高 8.9%；2016 年全年的诱蛾总量普通黑光灯、12 号灯和绿光灯分别为 7 708 头、11 548 头和 17 937 头，其中绿光灯的诱蛾量最高，比普通黑光灯高 132.7%，比 12 号灯高 55.3%。总之，每年这 3 盏灯都以绿光灯的诱蛾量最高，12 号灯次之，普通黑光灯最少（表 1、图 1）。

表 1　2014—2016 年 3 种诱测灯诱蛾数量

年份	灯的种类	开灯有效天数（d）	总诱蛾量（头）
2016	普通黑光灯	88	7 708
	12 号灯	88	11 548
	绿光灯	88	17 937
2015	普通黑光灯	108	11 905
	12 号灯	108	12 018
	绿光灯	108	13 084
2014	普通黑光灯	103	8 168
	12 号灯	104	9 613
	绿光灯	107	17 427

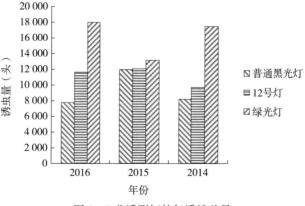

图 1　3 盏诱测灯的年诱蛾总量

3.3　3 种诱测灯对不同害虫诱杀效果明显不同

3.3.1　对棉铃虫的诱测

由表 2、图 2 可知，2014 年普通黑光灯、12 号灯和绿光灯对棉铃虫的日均诱蛾量分别为 7.2 头、19.5 头和 22 头，绿光灯最高，12 号灯次之，普通黑光灯最少；2015 年普通黑光灯、12 号灯和绿光灯对棉铃虫的日均诱蛾量分别为 20.1 头、27 头和 10.5 头，12 号灯最高，普通黑光灯次之，绿光灯最少；2016 年普通黑光灯、12 号灯和绿光灯对棉铃虫的日均诱蛾量分别为 18 头、7.1 头和 13.5 头，普通黑光灯最高，绿光灯次之，12 号灯最少。总之，棉铃虫对不同波长的光源趋性无明显差异。

表 2　3 种诱测灯对棉铃虫的诱测结果

年份	灯的种类	年诱蛾量（头）	日均诱蛾量（头）
2016	普通黑光灯	1 588	18
	12 号灯	621	7.1
	绿光灯	1 185	13.5
2015	普通黑光灯	2 216	20.1
	12 号灯	2 968	27
	绿光灯	1 153	10.5
2014	普通黑光灯	740	7.2
	12 号灯	2 027	19.5
	绿光灯	2 356	22

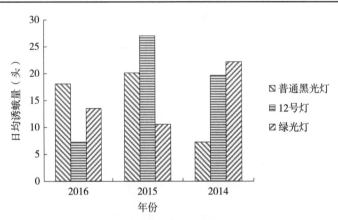

图 2　3 种诱测灯对棉铃虫的日均诱蛾量

3.3.2　对玉米螟的诱测

由表 3、图 3 可知，2014 年普通黑光灯、12 号灯和绿光灯对玉米螟的日均诱蛾量分别为 40.8 头、36.4 头和 68.2 头，绿光灯最高，普通黑光灯次之，12 号灯最少；2015 年普通黑光灯、12 号灯和绿光灯对玉米螟的日均诱蛾量分别为 31.8 头、27.5 头和 38.3 头，绿光灯最高，普通黑光灯次之，12 号灯最少；2016 年普通黑光灯、12 号灯和绿光灯对玉米螟的日均诱蛾量分别为 26.7 头、27.4 头和 35.9 头，绿光灯最高，12 号灯次之，普通黑光灯最少。总之，3 种诱测灯诱杀到的玉米螟数量绿光灯最高，黑光灯和 12 号灯无差异。

表 3　3 种诱测灯对玉米螟的诱测结果

年份	灯的种类	年诱蛾量（头）	日均诱蛾量（头）
2016	普通黑光灯	2 349	26.7
	12 号灯	2 408	27.4
	绿光灯	3 158	35.9

(续)

年份	灯的种类	年诱蛾量（头）	日均诱蛾量（头）
2015	普通黑光灯	3 494	31.8
	12 号灯	3 021	27.5
	绿光灯	4 210	38.3
2014	普通黑光灯	4 198	40.8
	12 号灯	3 785	36.4
	绿光灯	7 298	68.2

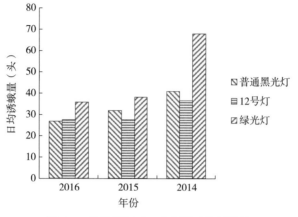

图 3　3 种诱测灯对玉米螟的日均诱蛾量

3.3.3　对二点委夜蛾的诱测

由表 4、图 4 可知，2014 年普通黑光灯、12 号灯和绿光灯对二点委夜蛾的日均诱蛾量分别为 14 头、28.4 头和 64 头，绿光灯最高，12 号灯次之，普通黑光灯最少；2015 年普通黑光灯、12 号灯和绿光灯对二点委夜蛾的日均诱蛾量分别为 33.9 头、46.7 头和 55.6 头，绿光灯最高，12 号灯次之，普通黑光灯最少；2016 年普通黑光灯、12 号灯和绿光灯对二点委夜蛾的日均诱蛾量分别为 36.8 头、94 头和 150 头，绿光灯最高，12 号灯次之，普通黑光灯最少；总之，3 种诱测灯诱杀到的二点委夜蛾的数量绿光灯最高，12 号灯次之，普通黑光灯最少。

表 4　3 种诱测灯对二点委夜蛾的诱测结果

年份	灯的种类	年诱蛾量（头）	日均诱蛾量（头）
2016	普通黑光灯	3 241	36.8
	12 号灯	8 274	94
	绿光灯	13 197	150
2015	普通黑光灯	3 730	33.9
	12 号灯	5 140	46.7
	绿光灯	6 120	55.6
2014	普通黑光灯	1 446	14
	12 号灯	2 952	28.4
	绿光灯	6 845	64

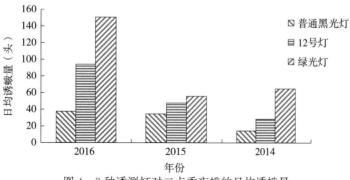

图 4　3 种诱测灯对二点委夜蛾的日均诱蛾量

3.3.4 对桃蛀螟的诱测

由表5、图5可知，2014年普通黑光灯、12号灯和绿光灯对桃蛀螟的日均诱蛾量分别为11.6头、1.4头和1.7头，普通黑光灯最高，绿光灯次之，12号灯最少；2015年普通黑光灯、12号灯和绿光灯对桃蛀螟的日均诱蛾量分别为15头、2.1头和3.8头，普通黑光灯最高，绿光灯次之，12号灯最少；2016年普通黑光灯、12号灯和绿光灯对桃蛀螟的日均诱蛾量分别为4.2头、0.3头和0.6头，普通黑光灯最高，绿光灯次之，12号灯最少。3种诱测灯诱杀到的桃蛀螟的数量普通黑光灯最高，绿光灯次之，12号灯最少。

表5 3种诱测灯对桃蛀螟的诱测结果

年份	灯的种类	年诱蛾量（头）	日均诱蛾量（头）
2016	普通黑光灯	366	4.2
	12号灯	24	0.3
	绿光灯	57	0.6
2015	普通黑光灯	1 649	15
	12号灯	231	2.1
	绿光灯	421	3.8
2014	普通黑光灯	1 194	11.6
	12号灯	148	1.4
	绿光灯	180	1.7

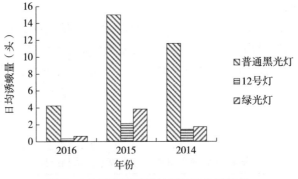

图5 3种诱测灯对桃蛀螟的日均诱蛾量

3.3.5 对绿盲蝽的诱测

由表6、图6可知，2014年普通黑光灯、12号灯和绿光灯对绿盲蝽的日均诱蛾量分别为2.71头、5.58头和5.76头，绿光灯最高，12号灯次之，普通黑光灯最少；2015年普通黑光灯、12号灯和绿光灯对绿盲蝽的日均诱蛾量分别为3.32头、3.97头和8.65头，绿光灯最高，12号灯次之，普通黑光灯最少；2016年普通黑光灯、12号灯和绿光灯对绿盲蝽的日均诱蛾量分别为0.95头、1.53头和2.32头，绿光灯最高，12号灯次之，普通黑光灯最少。3种诱测灯诱杀到的绿盲蝽的数量绿光灯最高，12号灯次之，普通黑光灯最少。

表6 3种诱测灯对绿盲蝽的诱测结果

年份	灯的种类	年诱蛾量（头）	日均诱蛾量（头）
2016	普通黑光灯	84	0.95
	12号灯	135	1.53
	绿光灯	204	2.32
2015	普通黑光灯	365	3.32
	12号灯	437	3.97
	绿光灯	952	8.65

（续）

年份	灯的种类	年诱蛾量（头）	日均诱蛾量（头）
2014	普通黑光灯	279	2.71
	12 号灯	580	5.58
	绿光灯	616	5.76

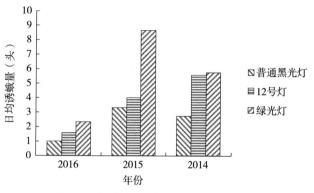

图6　3种诱测灯对绿盲蝽的日均诱蛾量

4　结论

1）3种不同光源的诱测灯对沧县发生的主要农作物害虫均具有一定的诱集力，但不同光源对不同害虫诱集力差异较大。

2）绿光灯对玉米螟、二点委夜蛾和绿盲蝽的诱集效果好，12号灯对二点委夜蛾和绿盲蝽的诱集效果也不错，普通黑光灯对桃蛀螟的诱集效果好。实际测报工作中，以棉铃虫为主要监测对象的这3种诱测灯都可以；以玉米螟、二点委夜蛾和绿盲蝽为主要监测对象的建议选用绿光灯或12号灯；以桃蛀螟为主要监测对象的建议选用普通黑光灯。

3）因不同种昆虫对不同波长的光源趋性不同，可以考虑在不同昆虫发生的地块安装不同波长的诱测灯，甚至还可以根据昆虫的发生期不同更换不同波长的灯管，以提高害虫的防治效果。

天津市新型测报工具试验示范工作现状与思考

叶少锋　张硕　张上林　李林

（天津市植保植检站　天津　30061）

摘要：近年来，为改变基层测报体系技术力量薄弱、设备老旧缺失这一现状，天津市在农业部各级领导机构的大力支持下，陆续试验示范并推广了自动虫情测报灯、自动性诱监测系统及病虫实时监控系统等设备，积累了一定的经验。针对当前存在的设备电路及自动传感器等部件故障率高、自动化计数系统稳定性差以及配套软件系统仍有待优化、整合等问题提出了建议：一是厂家不断优化设备硬件、优化并促成多个相关系统的整合。二是各级植保部门要总结经验，科学合理地安装、使用设备。三是各方应通力协作，尽快出台相应的标准和规范，促进新型监测技术早日走向成熟。

关键词：病虫害；预测预报；自动化；智能化；测报工具

农作物病虫害预测预报是各项植保工作的最前哨和发起点，该项工作准确率的高低和时效性的强弱直接影响着农业病虫害的防治效果。由于准确掌握各类病虫发生动态数据是测报工作中最基础、最核心的要素，植保工作者一直以来恪守着务实、严谨的职业素养和工作态度，借助诸多传统测报工具，基本实现了对各类病虫系统、全面的预测和及时预报。然而，随着社会的发展、科技的进步及人力资源趋于向城市流动等因素影响，当前各地测报力量开始显现青黄不接的现状，能熟练掌握诸多传统测报工具操作方法、完成测报任务的植保工作者逐渐流失。同时，在种植业结构不断调整、耕作模式的更迭以及气候突变常态化等因素综合影响下，多种重大病虫的发生规律加快变化，监测难度不断加大。鉴于以上植保工作中存在一系列的新常态，全国测报系统当前亟需发展一系列自动化、智能化运行，远程传输监测数据的新型测报工具，以缓解测报体系专业技术人员不断流失及病虫害发生规律难以捉摸的现状。笔者系统介绍了当前天津市信息测报工具的应用情况、使用情况及主要问题，并就重点问题提出了一些见解。

1　新型测报工具的推广进程

从 21 世纪初，天津市逐步在部分监测点推广应用佳多自动虫情测报灯诱测成虫技术，以替代原有的自制黑光灯诱测。2006 年，天津市又设立了最早的新型性诱测报工具试验点，经几年的试验示范，基层植保机构已逐步验证了以上设备设计理论的可用性。同时，通过一线工作人员和厂家的持续沟通，以上设备现已能稳定运转，并逐步成为天津市基层测报点最重要的测报工具，常年为全市重大病虫监测预警系统提供准确、连续的数据。笔者认为，以上设备的应用时期只能算作"前新型测报工具时代"，只有融合"3S"、智能化及互联网等先端技术嫁接之后的测报工具才是真正意义上的新型测报工具。

天津市于 2013 年开始着手新型测报工具的示范和推广工作，多项设备主要技术涉及三方面：一是具有自动控制系统的虫情测报灯；二是性诱设备的自动技术和监测数据的远程传输；三是病虫实时监控系统，包括远程图像传播、大气温湿度、风力风向的自动采集等。2013 年至今，天津市共试验推广了来自佳多、纽康、依科曼等 3 个相关厂家生产的 10 余型号 40 余套设备。以上监测试验示范的靶标生物包括玉米螟、棉铃虫、黏虫、小地老虎、二点委夜蛾、甜菜夜蛾等近 10 种害虫成虫。

2　新型测报工具基本特点及试验示范开展情况

2.1　自动虫情测报灯

佳多自动虫情测报灯结合了太阳能、数控技术及光诱技术，可以诱集到多种鳞翅目、鞘翅目、直翅目、半翅目等类别的 10 余种主要农业害虫，并自动实现每日转仓、分装及自动烘干等操作。

经过近 3 年的示范推广，天津市各监测示范点一致反映该设备在使用中表现出稳定性强、诱集量大、数据连续性强及虫峰显著等特点（表 1、图 1），为重大虫害预测预报工作提供了很好的数据支持。

表 1　主要害虫 2013—2016 年佳多自动虫情测报灯诱虫数据

害虫类别	年均单灯诱虫量（头）	虫峰次数（次）	虫峰出现时期
玉米螟	804	4	6 月中旬，7 月上旬，7 月底，8 月底
棉铃虫	235	4	6 月下旬，7 月中旬，8 月上旬，8 月下旬
黏虫	212	3	6 月中旬，7 月下旬，8 月下旬
二点委夜蛾	399	2	6 月下旬，7 月下旬
二化螟	807	4	6 月上旬，7 月上旬，8 月初，8 月底

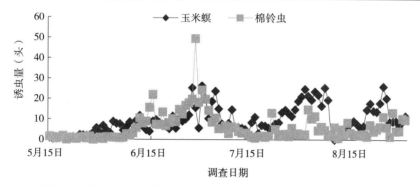

图 1　天津市 2016 年佳多自动虫情测报灯诱测的主要害虫发生动态

2.2　自动化性诱监测设备

近年来，天津市分别应用了来自北京依科曼生物科技有限公司和宁波纽康生物技术有限公司 2 个厂家研发的性诱监测设备开展了关于玉米螟、二化螟、黏虫、二点委夜蛾、小地老虎、棉铃虫等害虫的试验示范，以上设备均具有自动诱集靶标害虫、自动计数、自动传输数据等功能。同时，为增加诱集量、提高识别率，以上 2 个厂家近年来不断收集基层反馈信息，积极进行了诱捕器再设计、线路改装、田间使用方法研究以及配套软件设计等诸多工作。

2014 年以来，天津市逐步将害虫性诱自动监测设备的试验示范点从最初的 2 个增加至 17 个，将监测对象从最初的 2 类增加至 7 类，通过认真的总结和分析试验结果发现，现有的害虫性诱自动监测设备基本可以实现设计要求，即可诱集到靶标害虫，部分试验示范点诱虫量变化曲线接近实际发生规律（图 2）。同时，配套的信息系统能够在云端存储、汇总及分析监测数据。

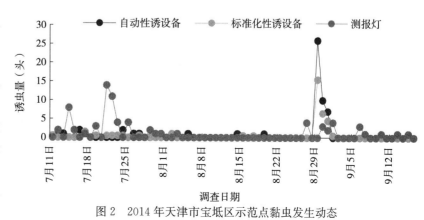

图 2　2014 年天津市宝坻区示范点黏虫发生动态

3 几种新型测报工具在应用中出现的问题

3.1 自动虫情测报灯常见故障及设计局限

3.1.1 集虫器中的感应器易失灵，造成转仓不充分

佳多自动虫情测报灯的集虫器设有 8 位转化系统，感应器控制集虫器每日转动一次并与虫体入口对接。但由于虫体或其他异物的干扰，感应器会提前或延迟发出信号，致使集虫器转动不到位，造成虫体流失。

3.1.2 设备整体构造和电路设计仍需优化

测报灯遇暴风雨或持续降水后易出现间歇性断电、虫体潮湿易腐烂等现象。太阳能电池板占地面积较大，且易受到遮挡致使电力不足。红外杀虫功能不易关闭、温度不可调。

3.2 自动性诱监测设备主要问题

3.2.1 自动计数不准

对比人工计数对照发现，自动性诱设备常出现计数不准的问题，分析原因主要有：其他类昆虫及蜘蛛等进入诱捕器导致误计；早期版本的设备由于诱集到的成虫不能马上被杀死，活动性较强的成虫会再次飞离诱捕器造成重复计数；大风天气土粒飞入诱捕器触动计数器。

3.2.2 自动性诱设备数据量小，计数连续性不强

自动诱集数据常出现中断，没有显著的峰值和周期性。

3.2.3 同一产品各代之间差异性过大

部分系列产品经升级后自身构造和诱捕机理变化过大，没有很好地承接上代产品优势，造成诱虫效率不升反降。同时，各代产品诱捕器部分如变化太大也影响到各年度数据的可比性。

2016 年天津市宁河区共开展 5 项自动性诱设备试验示范，设备均出现了诱虫量稀少，系统计数与人工计数差异显著等现象（表 2）。

表 2 2016 年天津宁河区自动性诱监测试验数据

虫害类别	系统计数（头）	人工矫正数（头）	标准化诱捕器对照计数（头）	同园区测报灯计数（头）
玉米螟	1 461	3	0	1 525
棉铃虫	163	2	0	622
黏虫	104	0	0	76
二点委夜蛾	282	0	0	1 232
二化螟	69	0	0	308

4 建议与思考

4.1 强化硬件、优化软件、促成整合

建议各设备厂家加强与各站点技术人员的沟通，归纳问题症结，投入必要的精力，改善电路设计、提高硬件质量、优化软件应用等以获得良好的应用效果。另外，鉴于多个新型测报工具均服务于全国植保系统，数据也多为有害生物监测预警系统相关表格的素材，建议各厂家委托共同的软件服务商，将数据整合后并入现有的国家系统。

4.2 加长测试期，确保新设备稳定性

建议厂家在推出新产品（尤其是构造变化较大的产品）之前，先进行一年的测试调整，尽可能在更广的范围内设立多个试验点进行测试，确保其应用效果之后再大规模换装。

4.3 严格按照厂家说明进行安装和使用

建议各省级站点在安装设备之前，通过与厂家沟通，更好地了解设备安装和使用须知，必要时组织相关技术培训，确保基层用户将设备安置在田间适当的位置，合理布局以确保虫源充足，并排除其他监测设备对其的干扰。

4.4 着手制定标准，提高应用效果

各类新型监测设备还需要相关的应用标准对其进行规范，未来的试验示范工作中，天津市植保植检站将根据现有经验严格把控各类设备的主要应用环节，尽可能多地收集基层示范点反馈的信息，尽快制定各类设备标准化应用手册，指导基层相关试验示范的顺利开展。

5 新型病虫测报工具示范推广前景与规划

在信息化、大数据、物联网及人工智能等新技术已广泛应用于农业的大背景下，植保行业尤其是病虫测报领域一定要与时俱进，积极引入、示范新型测报工具，在不断提升病虫监测水平的同时，有效缓解基层病虫监测体系技术人员缺乏的窘况。"十三五"期间，天津市将努力争取专项资金的支持，借助已有的推广经验，陆续在全市 62 个病虫基层监测点部署自动化、智能化监测工具。同时，配合标准化区域站的建设，天津市计划优先在综合性种植基地开展"农林物联网系统"试验示范点，集成多项病虫监测新技术，打造新型病虫监测技术体系，全方位提高病虫害监测效率和水平。

参考文献

刘万才，刘杰，钟天润，2015. 新型测报工具研发应用进展与发展建议 ［J］. 中国植保导刊（8）：40-42.

刘万才，吴立峰，杨普云，等，2016. 我国植保工作新常态及应对策略 ［J］. 中国植保导刊（5）：16-21.

申晓晨，王亚妮，2016. 运城市测报工具使用现状及思考 ［J］. 植物医生（9）：59-61.

第二章

昆虫性诱智能测报系统试验报告

性诱剂在河北省5种玉米主要害虫
测报上的应用

刘莉[1] 李景玉[2] 张小龙[3] 张巧丽[4] 尚秀梅[5]

(1. 河北省植保植检站 石家庄 050000;2. 宁晋县植保植检站 宁晋 055250;
3. 安新县植保植检站 安新 071600;4. 沧县植保站 沧县 061000;
5. 滦县农牧局 滦县 063700)

摘要: 在河北地区对玉米田小地老虎、玉米螟、二点委夜蛾、棉铃虫、黏虫5种主要害虫应用性诱剂诱蛾进行预测预报初步研究,结果表明,性诱剂对5种害虫均有一定诱集效果,其中小地老虎、棉铃虫、二点委夜蛾诱蛾效果好,蛾峰明显,能准确反映出田间虫量消长变化情况,可用于害虫的预测预报,有进一步推广应用价值;玉米螟、黏虫性诱在监测期间诱集到的成虫量较低,不能完全反映出田间虫量的消长变化,需进一步进行诱芯或诱捕器或其他影响因子的试验研究。

关键词: 性诱剂;小地老虎;玉米螟;二点委夜蛾;棉铃虫;黏虫

当前基层测报技术人员面临人员日益减少、任务繁重、新技术人员欠缺昆虫种类鉴定知识等现状,研制与开发自动化、简便化、智能化、多项化的新型测报工具可有效减少工作量,降低监测技术人员劳动强度,提高监测预警时效性。为进一步做好农作物病虫害监测预警工作,探索新型测报工具、改善测报技术、提高监测水平,河北省于2014—2016年在全国农业技术推广服务中心支持下,对河北省玉米田小地老虎、玉米螟、二点委夜蛾、棉铃虫、黏虫5种主要害虫尝试应用性诱剂诱蛾进行预测预报研究,以为今后发展新型测报工具奠定基础。

1 材料与方法

1.1 试验工具

小地老虎、玉米螟、棉铃虫、黏虫试验器材为宁波纽康生物技术有限公司生产的飞蛾类通用型性诱监测器,二点委夜蛾为传统水盆性诱工具,诱芯均为橡皮头诱芯,由宁波纽康生物技术有限公司提供。

对照工具:自动虫情测报灯(河南佳多公司生产)。

1.2 试验方法

各诱捕器间相距50m,呈正三角形放置,诱捕器或水盆高度在作物苗期设为1m,作物生长中后期保持高出作物0.2m,试验期间橡皮头诱芯每20d更换一次。试验期间,每日10:00前检查、记载各性诱监测工具、对照工具成虫诱集数量。

1.3 试验地点及调查时间

试验田均选择前茬种植小麦、后茬种植玉米,周围地势开阔,适于性诱监测的田块。

实施地点和调查时间见表1。

表1　试验地点和调查时间

害虫种类	试验地点	调查时间
小地老虎	安新县	5~8月
玉米螟	阜城县	6~9月
二点委夜蛾	宁晋县	4~7月
棉铃虫	沧县	6~7月
黏虫	滦县	6~8月

2　结果与分析

2.1　性诱剂对小地老虎成虫的诱集效果

2.1.1　小地老虎性诱蛾量及诱集天数

性诱剂对小地老虎成虫诱集量及对照工具测报灯诱集量如表2所示，2015年5月9日至8月29日113d期间，3台性诱捕器诱集小地老虎雄蛾分别为149头、170头、160头；测报灯诱集小地老虎蛾量为157头，其中雄蛾94头，3台性诱捕器诱集雄虫量均高于测报灯诱集雄虫量，其中两台性诱捕器诱集数量高于测报灯诱集雌雄蛾总量。监测期间3台性诱捕器分别诱集到成虫的天数为59d、70d、59d；测报灯诱集到成虫的天数为53d（其中18d为降雨灯灭未诱集到成虫），性诱捕器诱集天数多于测报灯诱集天数。监测结果表明，小地老虎性诱剂对小地老虎具有较强的性诱能力。

表2　性诱剂及测报灯诱集小地老虎成虫情况

诱测时间	对照（佳多自动虫情测报灯）诱蛾数量（头）	3台性诱捕器分别诱蛾数量（头）	对照测报灯诱到成虫天数（d）	3台性诱捕器分别诱到成虫天数（d）
2015年5~8月	157（雄94）	149、170、160	53	59、70、59

2.1.2　小地老虎性诱消长动态

以3台性诱捕器平均每日诱蛾量和测报灯每日诱蛾量为数据值，制作小地老虎成虫消长曲线。由图1可看出，性诱及灯诱均在6月10日开始出现一代成虫突增，6月11~21间一代成虫量略有下降，6月22~29日间又出现一代成虫盛期，8月18日后均未能诱集到小地老虎成虫，性诱蛾峰期产生的时间段和峰期长短与灯诱消长动态基本吻合。监测结果表明，性诱捕器性诱监测小地老虎能够反映出田间虫量的消长变化情况，可以作为田间监测手段。

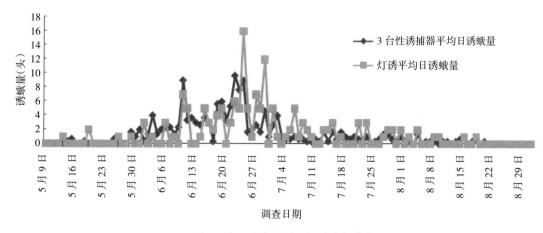

图1　小地老虎性诱、灯诱消长曲线

2.1.3　小地老虎性诱芯专一性

整个监测期间，3台性诱捕器均只诱测到小地老虎雄蛾，表明性诱芯专一性较好。

2.2 性诱剂对玉米螟成虫的诱集效果

2.2.1 玉米螟诱蛾量及诱集天数

性诱剂对玉米螟成虫诱集量及对照工具测报灯诱集量如表3所示，2015年6～9月，3台性诱捕器分别诱集玉米螟雄蛾15头、14头、11头，测报灯诱集玉米螟蛾量为83头，其中雄蛾27头，3台性诱捕器诱集雄虫量低于测报灯雄虫量。监测期间3台性诱捕器分别诱集到成虫的天数为15d、14d、11d；测报灯诱集到成虫的天数为64d，性诱捕器诱集天数明显低于测报灯诱集天数。

表3 性诱剂及测报灯诱集玉米螟成虫情况

诱测时间	对照（佳多自动虫情测报灯）诱蛾数量（头）	3台性诱捕器分别诱蛾数量（头）	对照测报灯诱到成虫天数（d）	3台性诱捕器分别诱到成虫天数（d）
2015年6～9月	83（雄27）	15、14、11	64	15、14、11

2.2.2 玉米螟性诱消长动态

因性诱捕器诱集玉米螟蛾量均较少，故以3台性诱捕器累计日诱蛾量和测报灯每日诱蛾量为数据值，制作成虫消长曲线。由图2可看出，性诱及灯诱均7月14日、8月14日出现了诱蛾高峰，性诱捕器诱测虫量的高峰期与黑光灯监测基本相符，但因性诱及灯诱玉米螟蛾量均偏低，故需换玉米螟量较高的地区继续进行验证。

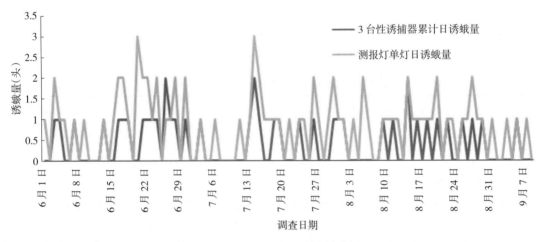

图2 玉米螟性诱、灯诱消长曲线

2.2.3 玉米螟性诱芯专一性

整个监测期间，3台性诱捕器均只诱测到玉米螟雄蛾，表明性诱芯专一性较好。

2.3 性诱剂对二点委夜蛾成虫的诱集效果

2.3.1 二点委夜蛾性诱蛾量及诱集天数

二点委夜蛾以二代幼虫为主害代幼虫，因此主要对二点委夜蛾的越冬代成虫、一代成虫进行监测，以用于预警预报。性诱剂对二点委夜蛾成虫诱集量及对照工具测报灯诱集量如表4所示，4月2日至7月7日，5个水盆诱测工具诱集二点委夜蛾雄蛾量分别为1 098头、1 023头、667头、864头、1 060头，平均单个水盆诱集二点委夜蛾雄蛾1 571头，测报灯诱集二点委夜蛾虫量为1 539头，其中雄蛾量为721头，水盆诱集量与测报灯诱集虫量比较高。监测结果表明二点委夜蛾性诱剂诱芯对二点委夜蛾具有较好的诱集效果。

对不同代次诱集情况进行比对，4月2日至5月13日为越冬代成虫羽化期，5个水盆诱测工具诱集二点委夜蛾雄蛾量分别为123头、117头、85头、213头、197头，平均单盆诱集147头雄蛾，测报灯诱集越冬代成虫80头，其中雄蛾18头。监测结果显示，对于诱集虫量方面，性诱对于二点委夜蛾越冬代成虫量远高于测报灯，表明越冬代雄蛾对性诱比对灯诱更敏感。5月14日至7月7日为一代成虫羽化期，5个水盆诱测工具诱集二点委夜蛾一代雄蛾量分别为975头、906头、582头、651

头、863 头，平均单盆诱集雄蛾 795 头，测报灯诱集一代成虫 1 459 头，其中雄蛾 703 头。监测结果表明，二点委夜蛾一代成虫雄虫对性诱剂和灯诱的敏感程度相当。

4 月 2 日至 7 月 7 日共监测 97d，由表 4 可见，监测期间 5 个水盆仅 1d 未诱集到成虫，测报灯有 25d 未诱集到成虫，其中有 8d 为降雨影响致使灯管熄灭未诱集到成虫。监测结果表明，性诱剂监测二点委夜蛾受风雨影响相对更小。

表 4　性诱剂及测报灯诱集二点委夜蛾成虫情况

诱测时间	项目	诱测工具					
		水盆 1	水盆 2	水盆 3	水盆 4	水盆 5	测报灯
2016 年 4～7 月	越冬代诱蛾量（头）	123	117	85	213	197	80（雄 18）
	一代诱蛾量（头）	975	906	582	651	863	1 459（雄 703）
	诱到成虫天数（d）			96			72

2.3.2　二点委夜蛾性诱消长动态

以 5 个水盆诱集雄蛾平均日诱蛾量和测报灯单灯日诱蛾量为数据值，制作二点委夜蛾成虫消长曲线图。由图 3 可看出，4 月 12 日至 5 月 12 日，性诱监测二点委夜蛾越冬代成虫出现一羽化高峰期，灯诱监测未体现出；5 月 31 至 7 月 1 日，性诱监测与灯诱监测均体现出了二点委夜蛾一代成虫羽化高峰期，性诱蛾峰期产生的时间段和峰期长短与灯诱消长动态基本吻合。其中测报灯 5 月 31 日开始出现蛾突增，性诱 6 月 6 日开始出现蛾突增，表明二点委夜蛾一代成虫羽化始盛期对灯诱更为敏感；6 月 10～20 日一代成虫羽化高峰期，性诱曲线更为明显，峰值更高，表明一代成虫羽化盛期对性诱更为敏感。监测结果表明，性诱监测二点委夜蛾能够反映出田间虫量的消长变化情况，可以作为田间监测手段。

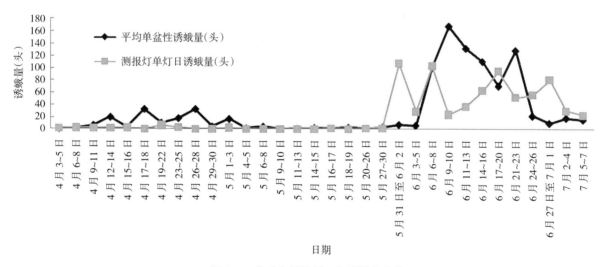

图 3　二点委夜蛾性诱、灯诱消长曲线

2.3.3　二点委夜蛾性诱芯专一性

水盆性诱监测过程中发现，4～7 月 5 个水盆中诱测到了 16 头银纹夜蛾，相对 5 盆共诱测到 4 712 头二点委夜蛾雄蛾量来说，占总性诱蛾量的 0.34%，可排除银纹夜蛾量对二点委夜蛾监测所造成的影响。

2.4　性诱剂对棉铃虫成虫的诱集效果

2.4.1　棉铃虫性诱蛾量及诱集天数

性诱剂对棉铃虫成虫诱集量及对照工具测报灯诱集量如表 5 所示，6～7 月，性诱捕器诱集棉铃虫雄蛾 1 859 头，测报灯诱集棉铃虫蛾量为 1 638 头，其中雄蛾 237 头，性诱捕器诱集雄蛾量远高于灯诱蛾量，同时也高于测报灯诱集雌雄蛾总量。监测期间性诱捕器诱集到成虫的天数为 36d，测报灯诱集到成虫的天数为 37d，性诱监测同测报灯诱集天数基本一致。监测结果表明，棉铃虫性诱剂对棉铃虫具有较强的性诱能力。

表 5　性诱剂及测报灯诱集棉铃虫成虫情况

诱测时间	对照（佳多自动虫情测报灯）诱蛾数量（头）	性诱捕器诱蛾数量（头）	对照测报灯诱到成虫天数（d）	性诱捕器诱到成虫天数（d）
2015 年 6～7 月	1 638（雄 237）	1 859	37	36

2.4.2　棉铃虫性诱消长动态

以性诱捕器日蛾量和测报灯灯诱日蛾量为数据值，制作棉铃虫成虫消长曲线。由图 4 可看出，性诱及灯诱均于 6 月 5 日开始进入羽化始盛期，6 月 30 日处于羽化盛末期，性诱监测 6 月 21 日出现诱蛾高峰日，日诱蛾 206 头，灯诱受降雨影响，6 月 20 日左右诱蛾量相对较低，灯诱最高峰日出现在 6 月 26 日。虽然性诱与灯诱高峰日略有不同，但性诱蛾峰期产生的时间段和峰期长短与灯诱消长动态基本吻合，性诱、灯诱均较好地体现出了棉铃虫羽化盛期。监测结果表明，性诱捕器监测棉铃虫能够反映出田间虫量的消长变化情况，可以作为田间监测手段。

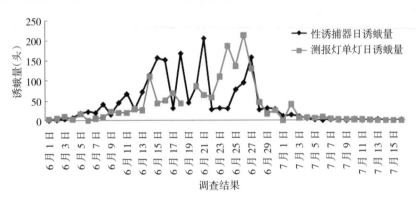

图 4　棉铃虫性诱、灯诱消长曲线

2.4.3　棉铃虫性诱芯专一性

整个监测期间，性诱捕器均只诱测到棉铃虫雄蛾，表明性诱芯专一性较好。

2.5　性诱剂对黏虫成虫的诱集效果

2.5.1　黏虫性诱蛾量及诱集天数

性诱剂对黏虫成虫诱集量及对照工具测报灯诱集量如表 6 所示，6～8 月，3 台性诱捕器分别诱集黏虫雄蛾 32 头、35 头、44 头，测报灯诱集黏虫蛾量为 292 头，其中雄蛾 129 头，性诱捕器诱集雄蛾量远低于灯诱蛾量。监测期间 3 台性诱捕器诱集到成虫的天数分别为 21d、24d、24d，测报灯诱集到成虫的天数为 45d（其中 23d 灯坏损），性诱监测比灯诱监测诱集到成虫天数约少 1/2。监测结果表明，黏虫性诱剂对黏虫性诱能力不明显。

表 6　性诱剂及测报灯诱集黏虫成虫情况

诱测时间	对照（佳多自动虫情测报灯）诱蛾数量（头）	3 台性诱捕器分别诱蛾数量（头）	对照测报灯诱到成虫天数（d）	3 台性诱捕器分别诱到成虫天数（d）
2016 年 6～8 月	292（雄 129）	32、35、44	45	21、24、24

2.5.2　黏虫性诱消长动态

因诱捕器诱集黏虫蛾量均较少，故以 3 台性诱捕器累计日诱蛾量和测报灯灯诱日诱蛾量为数据值，制作成虫消长曲线。由图 5 可看出，6 月 16 日为一代黏虫成虫迁入盛期，测报灯出现一迁入高峰指示值；8 月底为三代成虫迁出高峰期，测报灯出现一羽化高峰期，性诱剂未诱到一头雄虫，性诱监测未体现出黏虫迁入迁出情况；7 月 2 日性诱出现一小的诱蛾高峰，测报灯受降雨影响未能诱集到成虫，也未能反映出田间蛾量消长情况。

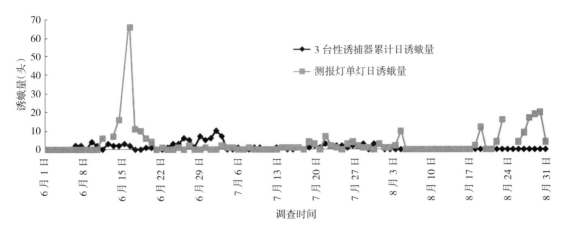

图5　黏虫性诱、灯诱消长曲线

2.5.3　黏虫性诱芯专一性

整个监测期间，性诱捕器均只诱测到黏虫雄蛾，表明性诱芯专一性较好。

3　结论与讨论

1）研究结果表明，性诱剂对玉米田小地老虎、玉米螟、二点委夜蛾、棉铃虫、黏虫5种主要害虫均具有一定诱集效果。其中小地老虎、棉铃虫性诱剂专一性好、诱集活性高，稳定性好，诱集蛾量多，蛾峰清晰，能准确反映出田间虫量的消长变化情况，符合测报使用技术要求，可用于害虫的预测预报，有进一步推广应用价值。二点委夜蛾性诱剂诱集活性高、诱集蛾量多，日诱集蛾量能准确反映出成虫消长情况，尤其对于越冬代成虫，比对照测报灯更为敏感，可用于害虫的预测预报。玉米螟、黏虫性诱在监测期间诱集到的成虫量较低，未能很好地体现出田间成虫发生情况，需进一步进行试验验证和分析研究。

2）二点委夜蛾性诱剂在本试验中诱集到0.34％的银纹夜蛾，对于较高蛾量的二点委夜蛾计数未造成影响，但如果今后两种夜蛾相比数量发生了变化，性诱监测将不能完全反映出二点委夜蛾的发生消长情况，建议进一步优化二点委夜蛾性诱剂的专一性。

3）黏虫是一种迁飞性害虫，康爱国等对迁飞性害虫草地螟研究发现如果性诱监测中发现蛾峰，即意味着草地螟将在当地留宿、交尾、产卵，黏虫同属于迁飞性害虫，今后需进一步研究性诱监测对黏虫短期预警的相符度及警示度作用。

4）5种害虫性诱试验中均发现性诱在降雨等天气中仍能诱测到雄蛾，而测报灯易受降雨天气影响，熄灯诱不到成虫，或者诱蛾数量远低于性诱蛾量，进一步说明性诱监测受风雨等天气影响较小，在阴雨等天气比灯诱更能如实反映田间虫量情况。

5）性诱剂对靶标害虫具有专一性，性诱监测对靶标害虫针对性强，不用像虫情测报灯那样进行多种害虫分拣，可减轻劳动强度，同时专一稳定的性诱监测还避免相似种类害虫的分拣错误，如果能进一步提高性诱监测诱芯的专一性、敏感性、稳定性，实现性诱诱测工具的自动化与智能化，性诱监测将具有更为广阔的发展前景。

参考文献

康爱国，曾娟，刘栋军，等，2013. 草地螟性诱试验及其应用效果评价［J］. 中国植保导刊，33（7）：44-48.

刘万才，姜玉英，张跃进，等，2009. 推进农业有害生物监测预警事业发展的思考［J］. 中国植保导刊，29（8）：28-32.

曾娟，杜永均，姜玉英，等，2015. 我国农业害虫性诱监测技术的开发和应用［J］. 植物保护，41（4）：9-15.

赛扑星昆虫性诱电子智能测报系统应用报告

刘麦丰[1]　朱军生[2]　于玲雅[2]

（1. 山东省肥城市植保植检站　肥城 271600；
2. 山东省植物保护总站　济南 250100）

摘要： 采用赛扑星昆虫性诱电子智能测报系统在山东省肥城市进行了玉米田二点委夜蛾、玉米螟诱测试验。结果表明，该系统能同时监测 2 种害虫的发生，且能自动传输数据、自动分析害虫发生趋势，与自动虫情测报灯相比，具有自动化、智能化的优势，极大地降低了测报技术人员的劳动强度，适于在基层测报站点推广应用。

关键词： 昆虫；性诱；测报系统；二点委夜蛾；玉米螟

夏玉米是肥城市的主要粮食作物，二点委夜蛾和玉米螟是玉米上的两种主要害虫。二点委夜蛾主要发生在小麦收获后夏季玉米田。二代是主要为害世代，二代幼虫在玉米幼苗茎基部为害，咬断玉米地上茎秆或浅表层根，受害玉米轻者植株折倒、枯心，严重时直接蛀断，整株死亡，造成玉米缺苗断垄。玉米螟在肥城市一年发生 3 代，二代主要为害苗期夏玉米，三代主要为害夏玉米雌穗，以三代为害最重。目前对于这两种害虫的预测预报主要依赖虫情测报灯诱集到的数据，但虫情测报灯需要专人、定时到田间观察、记录诱集数量，需要花费大量人力、物力，一定程度上影响了病虫测报工作的效率。

赛扑星昆虫性诱电子智能测报系统是将性诱剂和电子自动计数结合而成的一种新型昆虫种群数量自动监测工具，包括新型飞蛾类诱捕器、自动计数系统、无线传输系统和客户端，具有自动计数、无线传输、自动分析等多种功能。为了验证该系统对玉米田二点委夜蛾和玉米螟的诱测效果，2016 年肥城市开展了赛扑星昆虫性诱电子智能测报系统监测应用试验，取得了较为理想的试验结果。

1　材料与方法

1.1　监测工具

赛扑星昆虫性诱电子智能测报系统、橡皮头型二点委夜蛾诱芯、毛细管型玉米螟诱芯均由宁波纽康生物技术有限公司生产并提供。对照工具选用自动虫情测报灯，由河南佳多公司生产。

1.2　试验方法

1.2.1　田间设置

试验田选在山东省肥城市安庄镇 10 万亩* 粮食高产创建示范区，种植作物为玉米。性诱电子测报系统中 3 个诱捕器呈东西向直线排列，诱捕器下端连接虫瓶，进虫口距地面高度 1m。每个诱捕器安装诱芯 1 枚，2 个诱捕器放置二点委夜蛾诱芯，1 个诱捕器放置玉米螟诱芯。自动虫情测报灯放置离地面 1m 高，距离性诱捕器 100m 以上。

1.2.2　监测时间

根据本地历年二点委夜蛾和玉米螟成虫主要发生期，性诱监测时间定为 6 月 1 日至 9 月 30 日。

---

* 亩为非法定计量单位，15 亩＝1hm²。

1.2.3　调查和记录方法

赛扑星昆虫性诱电子智能测报系统能将诱捕器诱捕到的害虫数量，本地的温度、湿度、风速等数据定时定点无线上传到客户端，不需要每天到田间调查记录，但要定期清理接虫瓶中的害虫成虫；自动虫情测报灯需要安排专人每天调查记录一次二点委夜蛾和玉米螟诱虫数量。同时逐日记录试验期间的天气情况。

2　结果与分析

整个监测期内，性诱电子测报系统诱集的为雄蛾，因此灯诱计数对照为雄蛾量。

2.1　性诱电子测报系统和虫情测报灯诱捕二点委夜蛾效果比较

6～9月，性诱电子测报系统两个诱捕器共诱捕到二点委夜蛾210头，单个诱捕器日均诱捕0.86头，最高单次诱捕量11头；虫情测报灯共诱捕到二点委夜蛾雄成虫665头，单灯日均诱虫量5.5头，最高单次诱捕量83头，远高于性诱电子测报系统诱捕量（表1、表2）。

表1　二点委夜蛾性诱效果

监测时间	诱捕总量（头）	日均诱捕量（头/个）	最高单次诱捕量（头）
6～9月	210（雄）	0.86（雄）	11（雄）

表2　二点委夜蛾灯诱效果

监测时间	诱集总量（头）	单灯日均诱集量	最高单次诱捕量（头）
6～9月	2 541（雌）、665（雄）	20.8（雌）、5.5（雄）	298（雌）、83（雄）

2.2　性诱电子测报系统和虫情测报灯诱捕玉米螟效果比较

6～9月，性诱电子测报系统共诱捕到玉米螟1 152头，单个诱捕器日均诱捕9.4头，最高单次诱捕量72头；虫情测报灯共诱捕到玉米螟雄成虫1 669头，单灯日均诱虫量13.7头，最高单次诱捕量136头，高于智能测报系统诱捕量（表3、表4）。

表3　玉米螟性诱效果

监测时间	诱捕总量（头）	日均诱捕量（头/个）	最高单次诱捕量（头）
6～9月	1 152（雄）	9.4（雄）	72（雄）

表4　玉米螟灯诱效果

监测时间	诱集总量（头）	单灯日均诱集量	最高单次诱捕量（头）
6～9月	827（雌）、1 669（雄）	6.8（雌）、13.7（雄）	50（雌）、88（雄）

2.3　性诱电子测报系统和虫情测报灯诱捕二点委夜蛾曲线

从性诱电子测报系统和虫情测报灯诱捕二点委夜蛾动态曲线看，二者在蛾量动态趋势上基本一致，但诱蛾量存在较大差异，这与性诱电子测报系统和虫情测报灯诱集范围有关，一枚性诱芯能诱集667～1 334m²地的蛾量，虫情测报灯能诱集2～2.33hm²地的蛾量，二者没有可比性（图1）。

由图1可知，6～9月二点委夜蛾在肥城市有3个较为明显的发生高峰期，一代成虫高峰期出现在6月上中旬，二代成虫高峰期出现在7月中旬，三代成虫高峰期出现在8月中下旬，其中以一代成虫田间种群数量最多。性诱电子测报系统高峰期不明显且峰期有滞后现象。

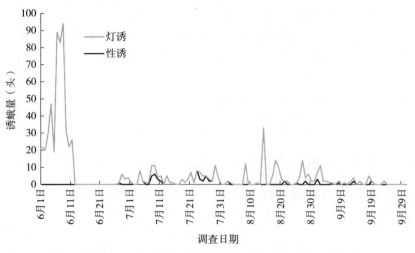

图 1   性诱电子测报系统、虫情测报灯二点委夜蛾逐日诱蛾量

2.4   性诱电子测报系统和虫情测报灯诱捕玉米螟曲线

从性诱电子测报系统和虫情测报灯诱捕玉米螟动态曲线看，二者在蛾量动态趋势上基本一致，但诱蛾量存在较大差异，同样与性诱电子测报系统和虫情测报灯诱集范围有关（图2）。

由图 2 可知，6～9 月玉米螟在肥城市有 3 个较为明显的发生高峰期，一代成虫高峰期出现在 6 月上中旬，二代成虫高峰期出现在 7 月下旬，三代成虫高峰期出现在 8 月下旬至 9 月上旬，其中以三代成虫田间种群数量最多。性诱电子测报系统诱捕到的一代成虫量高于虫情测报灯，二、三代虫量明显小于虫情测报灯，高峰期不明显且峰期有滞后现象。

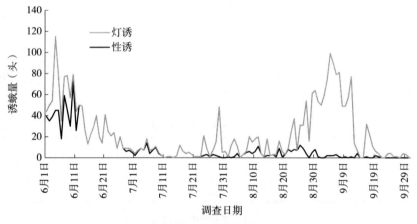

图 2   性诱电子测报系统、虫情测报灯玉米螟逐日诱蛾量

2.5   气象因子对诱捕效果的影响

6 月 1 日到 9 月 30 日，肥城市日平均气温在 14.9～31.9℃，为二点委夜蛾、玉米螟生长发育的适宜温度区间。通过图 1、图 2、图 3、图 4 对比分析，在温度基本适宜的情况下，二点委夜蛾、玉米螟成虫发生量与日平均气温不存在数量相关性，即在二点委夜蛾、玉米螟主要发生期内，气温并不是决定成虫发生量的关键因子。从降水量与成虫发生量的关系来看，降水量大时诱虫数量小，降雨过后诱虫数量出现一个小高峰，可见降水量确实能影响诱虫效果。值得注意的是 6 月 13～20 日、7 月 19～23 日受大风大雨影响，虫情测报灯受损断电，影响了对二点委夜蛾和玉米螟的诱测结果，而性诱电子测报系统则能正常运转。

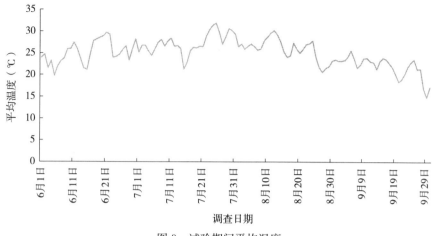

图 3　试验期间平均温度

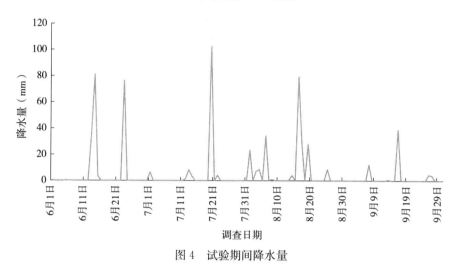

图 4　试验期间降水量

3　小结与讨论

1）由本试验可看出，在温度、湿度基本适宜的前提下，性诱捕量的大小与日平均气温、降雨之间没有明显的数量相关关系，但降雨极有可能是促进成虫集中羽化的触发条件。换诱芯前后诱虫量并未出现大的波动，因此在正常的天气条件下，温湿度、降雨对性诱监测技术本身的影响较小，6 月 14日、6 月 23 日、7 月 20 日、8 月 16 日出现极端大风降雨天气，均未影响诱芯中有效成分的均匀释放。建议进行多年连续试验，切实弄清气候因素与诱虫量的相关性。

2）性诱电子测报系统的应用价值。在对肥城市玉米二点委夜蛾和玉米螟成虫的监测中，性诱和灯诱的种群动态基本一致，且性诱不因雷雨天气的影响而出现停止运行的情况，自动计数、自动传输，不需专人到田间观察记录，省时省力，可以作为基层测报站点开展害虫预测预报的一种手段。

参考文献

胡英华，孔德生，王芝民，等，2016. 玉米田二点委夜蛾种群消长规律和预测模型研究［J］. 中国植保导刊，36
　（3）：55-59.

罗金燕，陈磊，路风琴，等，2016. 性诱电子测报系统在斜纹夜蛾监测中的应用［J］. 中国植保导刊，36（10）：
　50-52.

中国农业科学院植物保护研究所，中国植物保护学会，2015. 中国农作物病虫害：上册［M］. 3 版. 北京：中国农业
　出版社.

昆虫性诱电子智能测报系统监测应用试验

张小龙　张艳刚　李虎群　解丽娜　李红宇

（河北省安新县植保站　安新 071600）

摘要： 利用昆虫性诱电子智能测报系统在安新县进行了小地老虎、棉铃虫、二点委夜蛾诱测试验。结果表明，性诱系统所用小地老虎、棉铃虫性诱剂专一性较好，能反映田间虫量的消长变化情况，但棉铃虫性诱捕器诱集虫量少于佳多自动虫情测报灯，田间虫量消长变化不如佳多自动虫情测报灯明显；二点委夜蛾性诱剂诱不到二点委夜蛾成虫，无法开展监测。诱捕器自动计数系统与人工计数之间存在明显差异，自动计数系统不能真实反映实际诱蛾量，数据传输系统存在不稳定情况。二点委夜蛾诱芯诱不到二点委夜蛾的问题亟待解决，整个智能测报系统的准确性、稳定性有待于进一步改进。

关键词： 昆虫；性诱；智能；系统；监测；试验

昆虫电子测报系统是将性诱剂和电子自动计数相结合而成的一种昆虫种群数量监测手段。2016年，笔者在河北省安新县利用性诱电子测报系统对小地老虎、棉铃虫、二点委夜蛾进行了监测试验，以验证昆虫性诱电子智能测报系统的田间监测效果，以期为今后在预测预报工作中应用提供科学依据。

1　试验材料

1.1　性诱工具

性诱自动监测工具为浙江宁波纽康生物技术有限公司生产的新型害虫自动监测工具——赛扑星昆虫性诱电子智能测报系统。诱测害虫种类为小地老虎、棉铃虫、二点委夜蛾3种，其中小地老虎、二点委夜蛾诱芯为橡皮头型，棉铃虫诱芯为毛细管型。

赛扑星昆虫性诱电子智能测报系统由新型诱捕器、自动计数系统、无线传输系统和客户端等部分组成。性诱自动计数系统由感应器、接收器、主控器、LCD液晶显示屏、数据连接线和外机箱组成，与夜蛾类通用型诱捕器配合使用，系统采用太阳能电池板供电。

1.2　对照工具

河南佳多公司 JD A 型自动虫情测报灯（由河南佳多公司生产）。

2　试验方法

2.1　试验地点

性诱试验田位于安新县安新镇大张庄村，面积 3.33hm²，种植作物为小麦、玉米，周围地势开阔，适于性诱监测。对照工具佳多自动虫情测报灯设在安新县安新镇北刘庄村，与性诱试验田相距 3km。

2.2　性诱工具田间设置

田间安置小地老虎、棉铃虫、二点委夜蛾性诱电子智能测报系统各1台，一字排列安放在田埂上，间距 50m 以上。

2.3　试验时间

2016 年 6 月 22 日田间安装设置性诱自动监测工具，开始进行性诱监测。小地老虎至 8 月 31 日结束监测，棉铃虫、二点委夜蛾 9 月 30 日结束监测。诱测期间，诱捕器诱芯每 30d 更换 1 次。

2.4　调查方法

试验期间，每日 17：00 人工检查、记载各诱捕器成虫诱集数量，计数完毕后，清空诱捕器。同时，每日检查测报灯下成虫诱集数量。

3　试验结果

3.1　赛扑星昆虫性诱电子智能测报系统与佳多自动虫情测报灯诱集情况比较

将诱集监测期间赛扑星系统与佳多自动虫情测报灯下小地老虎、棉铃虫、二点委夜蛾 3 种害虫诱集情况整理列入表 1。

表 1　赛扑星系统与佳多自动虫情测报灯诱虫情况

诱测种类	诱集时间	诱集数量（头）		蛾盛期			高峰日、峰日蛾量	
		赛扑星	佳多灯	代次	赛扑星	佳多灯	赛扑星	佳多灯
小地老虎	6 月 23 日 至 8 月 31 日	52	52	一代	不明显	不明显	6 月 30 日 6 头	6 月 27 日 5 头
				二代	不明显	不明显	7 月 14 日 6 头	7 月 27 日 3 头
棉铃虫	6 月 23 日至 9 月 30 日	95	317	一代	6 月 28 日 至 7 月 4 日	6 月 23 日 至 7 月 1 日	7 月 1 日 17 头	6 月 25 日 29 头
				二代	不明显	不明显	7 月 21 日 2 头	8 月 1 日 5 头
				三代	不明显	8 月 24 日至 9 月 24 日	8 月 27 日 4 头	9 月 11 日 12 头
二点委夜蛾	6 月 23 日至 9 月 30 日	赛扑星系统始终未诱到二点委夜蛾成虫，佳多灯下累计诱集二点委夜蛾成虫 387 头						

6 月 23 日至 8 月 31 日，人工观测，赛扑星性诱捕器累计诱集小地老虎雄成虫 52 头，同期佳多自动虫情测报灯累计诱蛾 52 头。7 月 14 日性诱捕器下出现小地老虎二代成虫高峰日，当日诱蛾 6 头，而佳多灯高峰日日诱蛾 3 头，赛扑星性诱捕器峰值更明显。将诱集期间赛扑星性诱捕器、佳多灯小地老虎成虫诱蛾量分别连续 5d 一统计，制作二者诱蛾量消长曲线（图 1），从中可以看出，赛扑星性诱捕器与佳多自动虫情测报灯相比，二者间蛾量消长动态基本吻合，能反映出田间虫量的消长变化情况。

6 月 23 日至 9 月 30 日，人工观测，赛扑星性诱捕器累计诱集棉铃虫雄成虫 95 头，同期佳多自动虫情测报灯累计诱蛾 317 头。一代棉铃虫成虫诱集期间，6 月 28 日至 7 月 4 日赛扑星性诱捕器下出现一代成虫盛期，高峰日为 7 月 1 日，当日诱蛾 17 头。佳多灯下一代成虫盛期为 6 月 23 日至 7 月 1 日，蛾峰日为 6 月 25 日，当日诱蛾 29 头，其中雄蛾 12 头。性诱捕器下一代成虫盛期较佳多灯晚 5d，高峰日晚 6d。二代棉铃虫成虫发生期间，赛扑星性诱捕器与佳多自动虫情测报灯下成虫盛期均不明显。三代棉铃虫成虫发生期间，赛扑星性诱捕器由于诱集成虫数量较少，蛾盛期不如佳多测报灯明显。将诱集期间赛扑星性诱捕器、佳多灯棉铃虫成虫诱蛾量分别连续 5d 一统计，制作二者诱蛾量消长曲线（图 2），从中可以看出，赛扑星性诱捕器与佳多自动虫情测报灯相比，二者间蛾量消长动态基本吻合，但由于赛扑星性诱捕器诱集虫量少于佳多自动虫情测报灯，田间虫量消长变化不如佳多测报灯明显。

赛扑星二点委夜蛾性诱捕器，自 6 月 22 日安装之日起，至 9 月 30 日，始终未诱到二点委夜蛾成虫，诱到的均为银纹夜蛾成虫，人工计数累计诱集银纹夜蛾 454 头。而同期佳多灯累计诱集二点委夜蛾成虫 387 头。由于赛扑星性诱捕器未诱到二点委夜蛾，故无法与佳多自动虫情测报灯进行比较。

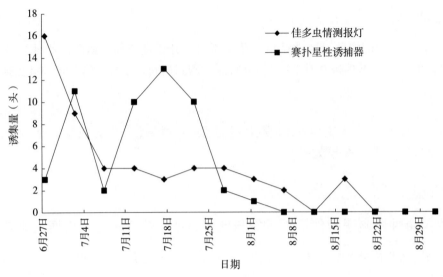

图 1　安新县 2016 年赛扑星性诱捕器、佳多测报灯小地老虎诱集量消长曲线

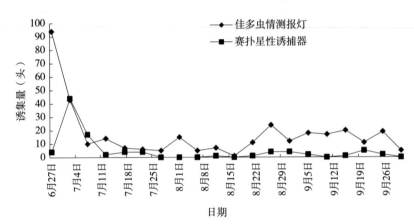

图 2　安新县 2016 年赛扑星性诱捕器、佳多测报灯棉铃虫诱集量消长曲线

3.2　性诱自动计数系统与人工计数比较

小地老虎：6 月 23 日至 8 月 31 日，70d 内，自动计数系统显示累计诱蛾量为 1 360 头，人工计数诱蛾量为 52 头，二者间存在明显差异。总计 70d 观察期内，二者蛾量相符的天数为 42d（其中二者均诱到蛾且蛾量相符的天数为 7d，其余 35d 自动、人工计数均为 0 头）。如 6 月 24 日和 25 日，7 月 10 日、11 日、13 日、14 日，自动计数系统蛾量分别为 37 头、17 头、882 头、79 头、83 头、145 头，人工计数数量分别为 1 头、0 头、4 头、3 头、1 头、6 头，二者间差异十分明显。

棉铃虫：6 月 23 日至 9 月 30 日，100d 内，自动计数系统显示累计诱蛾量为 231 头，人工计数蛾量为 95 头，二者间存在明显差异。总计 100d 观察期内，二者蛾量相符的天数为 64d（其中二者均诱到蛾且蛾量相符的天数为 3d，其余 61d 自动、人工计数均为 0 头）。如 6 月 28 日、30 日，7 月 1 日，自动计数系统蛾量分别为 23 头、25 头、74 头，人工计数数量分别为 10 头、11 头、17 头，二者间差异十分明显。

二点委夜蛾：由于赛扑星性诱捕器中一直未诱到二点委夜蛾成虫，因此对诱到的银纹夜蛾自动计数与人工计数情况进行了统计。6 月 23 日至 9 月 30 日，100d 内，自动计数系统显示累计诱蛾量为 1 096 头，人工计数诱蛾量为 454 头，二者间存在明显差异。总计 100d 观察期内，二者蛾量相符的天数为 20d（其中有蛾相符的天数为 8d，其余 12d 自动、人工计数均为 0 头）。如 7 月 13 日、16 日、17 日，8 月 4 日、15 日，自动计数系统蛾量分别为 46 头、31 头、35 头、53 头、85 头，人工计数数量分别为 11 头、14 头、13 头、4 头、15 头，二者间差异明显。

3.3　智能测报系统数据传输及客户端使用情况

监测试验期间，数据传输系统工作基本正常，利用手机、电脑客户端可随时掌握性诱捕器实时诱蛾情况。但在利用电脑客户端进行"历史数据"查询时，出现没有 7 月 24 日至 8 月 3 日的日诱蛾数据的情况。

4　结果分析及讨论

从 2016 年试验情况看，赛扑星性诱捕器小地老虎、棉铃虫性诱剂专一性较好，与佳多自动虫情测报灯相比，小地老虎蛾量消长动态基本吻合，能反映出田间虫量的消长变化情况。由于赛扑星性诱捕器棉铃虫诱集虫量少于佳多自动虫情测报灯，田间虫量消长变化不如佳多测报灯明显。二点委夜蛾性诱剂始终未诱到二点委夜蛾成虫，无法开展监测。分析赛扑星性诱捕器下棉铃虫蛾量较佳多自动虫情测报灯偏少的原因，可能与试验期间性诱试验田 7 月中下旬至 8 月上旬持续积水有关。7 月 20 日安新县出现强降水，当日降水量 205.3mm，7 月 25 日降水量 102.8mm，强降雨致使性诱试验田及周边较大范围区域农田出现较长时间的积水，对棉铃虫发生产生较为严重的影响。而佳多自动虫情测报灯所在区域农田未出现长时间积水，对棉铃虫的发生影响相对较小。

赛扑星性诱捕器实现了监测数据的自动计数、实时传输，对于减轻测报工作人员劳动强度、提高测报工作时效性具有十分重要的意义。但赛扑星性诱捕器自动计数系统与人工计数之间存在明显差异，自动计数系统不能真实反映实际诱蛾量。同时数据传输系统向电脑终端上传数据时，出现了 7 月 24 日至 8 月 3 日无数据上传的情况，其原因也有待于进一步分析。系统的准确性、稳定性有待于进一步改进、提高。赛扑星二点委夜蛾性诱捕器始终未诱到二点委夜蛾成虫，诱芯问题也亟待解决。

参考文献

罗金艳，陈磊，路风琴，等，2016. 性诱电子测报系统在斜纹夜蛾监测中的应用 [J]. 中国植保导刊，36（10）：50-53.

稻纵卷叶螟性诱剂应用于测报效果分析

朱凤[1]　王德江[2]　朱龙粉[3]

（1. 江苏省植物保护植物检疫站　南京 210036；2. 江苏省仪征市植保植
检站　仪征 211400；3. 江苏省常州市武进区植保植检站　武进 213116）

摘要： 2016 年在武进和仪征试验，宁波纽康生物技术有限公司提供的稻纵卷叶螟性诱剂对稻纵卷叶螟监测效果同田间赶蛾和白炽灯比较。两地试验，尤其武进结果表明，性诱剂诱蛾始见期早于田间赶蛾和白炽灯，诱蛾量较大，诱测蛾峰与田间赶蛾相似，峰期蛾量突出，尤其第一个蛾峰较田间赶蛾提前，与田间赶蛾效果相当；性诱剂诱测效果明显好于白炽灯。宁波纽康生物技术有限公司提供的稻纵卷叶螟性诱剂可用于田间监测，作为田间赶蛾重要补充甚至替代手段。

关键词： 稻纵卷叶螟；性诱剂；监测

为进一步探明性诱剂在稻纵卷叶螟测报中的应用效果及前景，2016 年在全国农业技术推广服务中心病虫害测报处的安排下，江苏省植物保护植物检疫站继续在仪征市、武进区开展稻纵卷叶螟性诱剂诱测效果研究，现将试验总结如下：

1　材料与方法

1.1　试验地点

仪征市真州镇胥浦农场、江苏（武进）水稻研究所。

1.2　试验对象

稻纵卷叶螟（*Cnaphalocrocis medinalis* Guenée）。

1.3　试验设计

试验安排在连片种植的同一水稻生态区域内进行，使用器具如下：

①飞蛾诱捕器与性诱芯（宁波纽康生物技术有限公司生产、提供）。

②常规田间竹竿赶蛾，竹竿长 1.5m。

③普通测报灯（毒瓶），200W 白炽灯。

仪征点：试验安排在水稻连片种植生态区域内，品种为武运粳 23、C 两优 608，处理 1 为飞蛾诱捕器与诱芯，设 3 次重复，共放置 3 个诱捕器，呈正三角形分布，每个诱捕器与田边距离 1～1.5m，诱捕器离地面高度根据水稻生长情况确定，先后调整 3～4 次，保持高出水稻 5～15cm，诱芯每 30d 更换一次，如遇风雨天气及其他损坏要及时更换诱芯。处理 2 为稻纵卷叶螟田间竹竿赶蛾系统观测圃，同样分为两块类型田，常规中粳稻田和常规中籼稻田，面积各为 500m²，距离诱捕器 50～150m。

武进点：试验安排在连片种植的同一水稻生态区域内进行，水稻品种为武运粳 31，处理 1 与处理 2 安排在相邻田块内，处理 2 面积 2 000m²；处理 1 面积 6 000m²，设 3 次重复，共放置 3 个诱捕器，相距 50m 呈正三角形放置，每个诱捕器与田边距离不远于 5m，诱捕器诱芯保持高出水稻植株 20cm。

1.4　试验时间

2016 年 6 月 20 日至 9 月 20 日在稻纵卷叶螟发生期进行。水稻移栽前性诱剂置于秧田附近，赶蛾在附近草地上进行，移栽后统一在本田进行。

1.5 调查内容与方法

逐日调查性诱剂诱蛾量、田间 66.7m² 赶蛾量和灯诱蛾量，每天 10：00 前调查，结果记入害虫调查情况记载表。竹竿赶蛾和虫情测报灯使用和记载方法按照害虫测报技术规范进行。

2 结果与分析

2.1 始见期比较

仪征点：性诱剂 7 月 9 日诱测始见蛾，田间赶蛾 7 月 22 日始见蛾，性诱剂诱蛾始见期明显早于田间赶蛾。

武进点：性诱剂 6 月 19 日诱测始见蛾，田间赶蛾 7 月 6 日始见，测报灯 7 月 7 日灯下见蛾，性诱剂诱蛾始见期明显早于田间赶蛾和灯光诱蛾。

2.2 诱（赶）蛾量比较

仪征点：试验结果表明，田间赶蛾 6 月 21 日至 9 月 20 日每 66.7m² 累计蛾量 3 713 头，性诱剂 6 月 21 日至 9 月 20 日（3 点平均）诱蛾 442 头，全代田间赶蛾量明显高于性诱剂监测诱蛾量（图 1）。

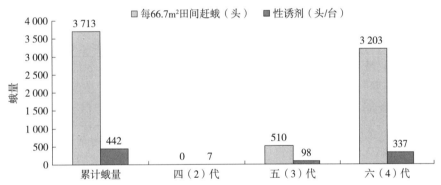

图 1 6 月 21 日至 9 月 20 日性诱剂与人工赶蛾诱集稻纵卷叶螟蛾量比较（江苏仪征）

武进点：试验结果表明，6 月 19 日至 9 月 20 日，田间赶蛾每 66.7m² 累计 171 头，性诱剂（3 点平均）诱蛾 701 头，白炽灯累计诱蛾仅 88 头。性诱剂诱蛾量明显高于田间赶蛾量，白炽灯诱蛾量最低（图 2）。

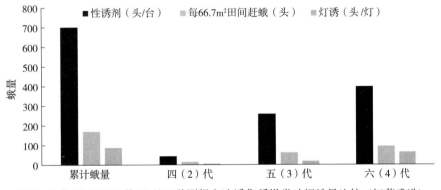

图 2 6 月 19 日至 9 月 20 日三种测报方法诱集稻纵卷叶螟蛾量比较（江苏武进）

2.3 峰次与峰期比较

仪征点：在稻纵卷叶螟观测期间，性诱剂诱测峰次及峰期总体效果差于田间赶蛾。田间赶蛾在 7 月 26~30 日出现第一个蛾峰，峰日每 66.7m² 平均蛾量为 21.2 头，性诱剂监测未发现蛾峰。赶蛾在 8 月 5~12 日出现第二个蛾峰，峰日每 66.7m² 平均蛾量为 24.5 头，性诱剂监测在 8 月 4~8 日出现蛾峰，峰日较田间赶蛾提前 1d；田间赶蛾最明显的蛾峰出现在 8 月 20~27 日，峰日每 66.7m² 平均蛾量为 300 头，此后又出现 1 个蛾峰，时间是 9 月 3～6 日，平均每 66.7m² 113 头，性诱剂在此期间陆续出现了 4 个小峰，分别持续 1d、2d、4d、1d，总体峰型不明显。2016 年仪征四（2）代零星发生，五（3）代轻发生，田间赶蛾和性诱剂监测效果相当，六（4）代田间赶蛾的峰期与峰次明显好于性诱监测（图 3）。

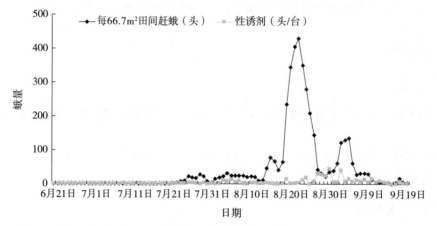

图 3　6 月 21 日至 9 月 20 日不同诱（赶）稻纵卷叶螟成虫动态曲线（江苏仪征）

武进点：在稻纵卷叶螟观测期间，性诱剂诱测峰次及峰期效果总体好于田间赶蛾及灯诱。性诱剂监测处理分别于 7 月 5～7 日、7 月 11～13 日、7 月 26～30 日、8 月 3～7 日、8 月 14～30 日出现 5 个明显的蛾峰，峰日蛾量分别为 7 月 5 日的 6.3 头/台、7 月 11 日的 9.7 头/台、7 月 27 日的 19.3 头/台、8 月 4 日的 18 头/台、8 月 23 日的 50.3 头/台。田间赶蛾分别于 7 月 27～31 日、8 月 4～8 日、8 月 22～30 日出现 3 个明显的蛾峰，峰日每 66.7m² 赶蛾量分别为 7 月 28 日的 13 头、8 月 8 日的 6 头、8 月 22 日的 13 头（图 4）。试验观测期间，白炽灯仅在 8 月 20～25 日出现 1 个小的成虫盛期。性诱监测峰期均早于田间赶蛾，整个峰次及峰期总体监测效果与田间赶蛾相当，明显好于白炽灯处理。

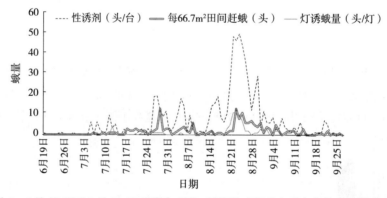

图 4　6 月 28 日至 9 月 25 日不同诱（赶）稻纵卷叶螟成虫动态曲线（江苏武进）

3　小结与讨论

1）仪征、武进两地试验结果不一致，其中武进结果表明，宁波纽康生物技术有限公司提供的稻纵卷叶螟性诱剂用于害虫监测效果较理想，诱蛾始见期早于田间赶蛾和白炽灯，诱蛾量较大，诱测蛾峰与田间赶蛾相似，峰期蛾量突出，第一个蛾峰较田间赶蛾提前，灵敏度高，能够正确反映田间蛾量变化动态，与田间赶蛾效果相当；性诱剂诱测效果明显好于白炽灯。

2）性诱剂作为一种新型的测报工具，专一性强，对天敌、人畜安全无毒，对环境友好，操作简单方便，是稻纵卷叶螟传统测报方法田间赶蛾的一种重要补充甚至可替代；结合物联网技术应用，还可实现害虫自动监测，进一步减轻测报调查工作强度，在害虫自动化、智能化测报中具有较好的应用前景。

2016 年科尔沁区测报灯和诱捕器
诱捕农业害虫分析

张海勃 麻海龙 孔祥杰

（内蒙古自治区通辽市科尔沁区农业技术推广中心 通辽 028000）

摘要： 根据 2016 年设置在科尔沁区农牧业科技园区内的高空测报灯、虫情测报灯和新型飞蛾诱捕器诱捕到的玉米螟、黏虫、小地老虎、甜菜夜蛾数量及雌蛾卵巢发育级别比率，对 2016 年科尔沁区虫情测报做分析总结，其中虫情测报灯单日诱捕玉米螟数量为 6 451 头，为近年来诱测到玉米螟数量最多的一次，高空测报灯和性诱剂诱得黏虫数量与 2015 年相比较少。2016 年诱捕农业害虫情况为 2017 年农作物备耕生产提供一定数据支持。

关键词： 科尔沁区；高空测报灯；诱捕器；监测

农作物重大病虫害监测预警是绿色和现代植保的重要内容，是农业防灾减灾的重要组成部分，是确保农业安全和促进农民增收的重要手段。农作物病虫害监测预警是植物保护工作的基础，通过丰富监测预警手段、提升预报准确率、创新预报发布途径等措施逐步建立完善的病虫测报体系，为实现植保防灾减灾任务发挥了重要作用。

性诱剂是利用人工合成的性外激素，引诱同种异性昆虫前来交配，结合诱捕器予以捕杀，减少田间雌雄性成虫交配次数，从而达到降低田间虫量的目的，由于其专一、灵敏及环保等特性，性诱剂在害虫测报和防治上应用日益广泛。玉米螟雌蛾性成熟时会分泌性信息素，雄蛾对雌蛾释放的性信息素具有明显趋性，依据此原理，通过人工合成雌蛾性信息素的化学成分，吸引田间同种寻求交配的雄蛾，将其诱杀在诱捕器中，使田间雌蛾成虫比例严重失调，从而减少雌蛾成虫交配概率和田间产卵量，降低后代种群数量，进而达到防治目的。设置性诱剂诱捕器是利用性信息素在玉米螟成虫期对雄虫进行诱杀的生物防治方法。黏虫性诱剂在虫情测报过程中，可提供更加准确的测报数据，能较准确地预测预报黏虫迁入蛾量和发蛾消长，为农作物进行统防统治提供重要的监测数据。二点委夜蛾具有一定的趋光性，根据此特性，可在二点委夜蛾成虫发生高峰期，于田间悬挂诱虫灯等诱杀成虫，最终降低田间成虫基数，减轻下一代幼虫对农作物为害。高空测报灯（探照灯诱虫器）能有效地诱集地面以上至少 800m 以内的具有趋光性的昆虫。据 2006—2015 年近 10 年农作物病虫害发生为害情况统计，每年通过植物保护防治挽回的粮食损失 1.0 亿 t 左右，占全国粮食总产的 16.00%～19.55%。

亚洲玉米螟、黏虫、小地老虎、甜菜夜蛾、二点委夜蛾、小菜蛾、棉铃虫皆为为害我国农作物的重要害虫，虫害轻发生时导致作物减产 10% 左右，重发生或大暴发时可减产 30%，甚至绝收。因此根据农作物害虫生理特性，采用不同害虫诱测设备，进行害虫诱测，不断健全农作物重大病虫监测预警体系，对农业生产植保工作进行预报预测，为将来农作物进行统防统治，农民增产增收和保障国家粮食安全发挥重要作用。本文根据 2016 年放置在通辽市科尔沁区农牧业科技园区内的高空测报灯、虫情测报灯和性诱剂诱测器诱到的害虫的种类和数量，进行总结讨论。

1 材料与方法

1.1 试验工具

高空测报灯为 1 000W 金属卤化物灯，由探照灯、镇流器、微电脑控制器、铁皮漏斗、支架和集虫网袋等部件构成,使用 220V 交流电源。灯具周边无高大建筑物、强光源和高大乔木遮挡。

虫情测报灯购于河南佳多公司。

新型飞蛾类性诱捕器距地面 1m,玉米螟和黏虫性诱剂购于宁波纽康生物技术有限公司。玉米螟诱芯为毛细管状,黏虫诱芯为橡皮头状。玉米螟诱芯和黏虫诱芯均 25d 替换一次。黏虫性诱捕器和玉米螟性诱捕器各设置 3 个,每个诱捕器间距为 20m。

1.2 试验地点

试验地点位于通辽市科尔沁区农牧业科技园区内,园区约有耕地 33.33hm²,大部分种植玉米。黏虫性诱捕器分别置于小麦田和谷子田中。玉米螟性诱捕器置于玉米田中。

1.3 试验时间

高空测报灯观测时间为 2016 年 4 月 20 日,于 8 月 28 日结束。其中 7 月 25 日、7 月 26 日、7 月 28 日、7 月 31 日、8 月 1 日园区高空测报灯处停电缺测。

性诱剂诱捕器和虫情测报灯测试时间:玉米螟开始测报时间为 2016 年 6 月 1 日,于 8 月 28 日结束,黏虫测报时间为 5 月 10 日至 8 月 20 日,其中 6 月 13 日、7 月 31 日、8 月 1 日虫情测报灯处停电缺测。

1.4 观测方法

每日上午收集高空测报灯、性诱剂诱捕器和虫情测报灯内虫体,人工计数。

2 结果与分析

2.1 玉米螟诱测情况

由图 1 可知,在 6 月 1 日至 8 月 28 日性诱捕器监测期间,玉米螟于玉米拔节期 6 月 14 日、6 月 20 日,玉米灌浆期 8 月 17 日、8 月 10 日出现 4 次明显波峰,分别诱测到玉米螟的数量为 73 头、89 头、57 头、56 头。玉米苗期后期拔节期前期,玉米灌浆期中期诱的玉米螟数量较多。

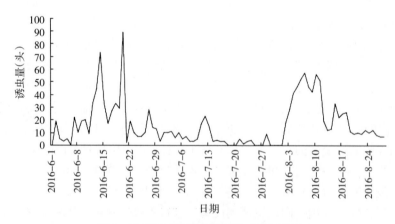

图 1　新型飞蛾性诱捕器诱捕玉米螟数量

由图 2 可知,虫情测报灯诱捕玉米螟期间,在 6 月 17 日、8 月 11 日、8 月 23 日出现 3 次明显波峰,诱得玉米螟数量分别为 255 头、6 451 头、972 头。玉米拔节期 6 月 17 日、6 月 20 日、6 月 27 日诱得玉米螟数量超过 100 头,分别为 255 头、139 头、112 头。玉米灌浆期单日诱得玉米螟数量超过 1 000 头的有 10d,分别是 8 月 4 日 1 111 头、8 月 5 日 1214 头、8 月 6 日 1 349 头、8 月 7 日 1 615 头、8 月 8 日 2 424 头、8 月 9 日 3 524 头、8 月 10 日 4 260 头、8 月 11 日 6 451 头、8 月 12 日 2 726 头、8 月 14 日 1 077 头。8 月 11 日单日诱得玉米螟 6 451 头,其中雌蛾 2 716 头,雄蛾 3 735 头,是测报员历年来测到玉米螟最高的一次。单日诱得玉米螟雄蛾量总体高于雌蛾。诱测期间诱测玉米螟雌

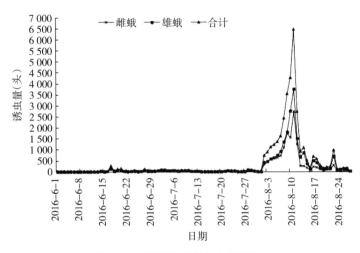

图 2　虫情测报灯诱捕玉米螟数量

蛾 13 880 头，雄蛾 20 639 头，雄蛾是雌蛾的 1.49 倍。

由图 3 可知，在玉米苗期，6 月 2 日玉米螟雌蛾卵巢发育级别为一级，达到 100%，6 月 3 日为一级，达到 50%，二级、三级、四级之和为 50%。在玉米拔节期，6 月 16～21 日，玉米螟雌蛾卵巢发育级别为二级在 20%～35%，6 月 15～23 日，玉米螟雌蛾卵巢发育级别为三级达到 100%，16～21 日、24～29 日在 20%～45%。6 月 24 日至 7 月 12 日，玉米螟雌蛾卵巢发育级别为四级，均超过 60%，其中 6 月 22 日、6 月 30 日、7 月 2～12 日玉米螟雌蛾卵巢发育级别为四级，达到 100%。在玉米吐丝期，7 月 22～24 日，玉米螟雌蛾卵巢发育级别为一级，达到 100%，7 月 21 日，玉米螟雌蛾卵巢发育级别为四级，达到 100%。在玉米灌浆期，8 月 11～28 日，玉米螟雌蛾卵巢发育级别为四级，从 10% 到 100% 不等。8 月 2～12 日，二级比例均高于三级。

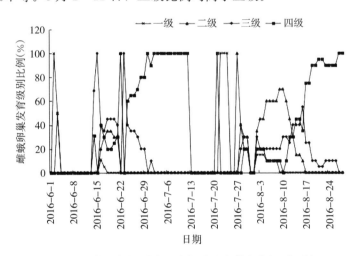

图 3　虫情测报灯诱捕玉米螟雌蛾卵巢发育级别比例

2.2　黏虫诱测情况

由图 4 可知，在小麦拔节期 5 月 21 日性诱捕器第一次诱到二代黏虫，诱到黏虫最多时间为小麦灌浆期 6 月 10 日，共诱到 6 头。在小麦孕穗期 5 月 26 日和小麦灌浆期 6 月 10 日出现两次明显波峰。小麦成熟期结束未诱到黏虫。

由图 5 可知，虫情测报灯下，在谷子拔节期和孕穗期黏虫出现两次幼虫峰期，分别诱到 7 头、4 头。7 月 14 日、7 月 17 日、7 月 25 日、7 月 27 日单日诱到黏虫数量最多，均为 2 头。

从图 6 可以得出，在 5 月 21 日、5 月 24 日、5 月 30 日虫情测报灯共分别诱到黏虫 1 头，在 7 月 14 日至 7 月 18 日共诱到黏虫 9 头。黏虫始测日为 5 月 21 日。在监测期内，测报灯共诱测雌蛾 3 只，雄蛾 12 只，雄蛾数量是雌蛾的 3 倍。

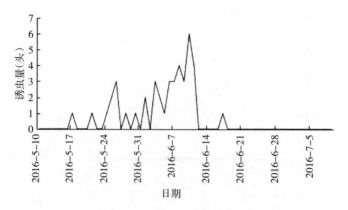

图 4 小麦田新型飞蛾诱捕器性诱剂诱捕黏虫数量

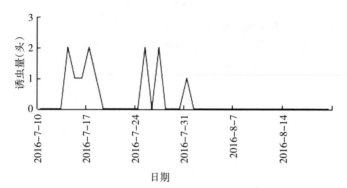

图 5 谷子田新型飞蛾诱捕器性诱剂诱捕黏虫数量

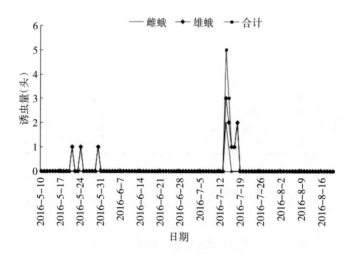

图 6 虫情测报灯诱捕黏虫数量

由图 7 可以知道，虫情测报灯监测下，7 月 14 日三代黏虫雌蛾卵巢发育级别为一级，达到 100%，7 月 15 日三代黏虫雌蛾卵巢发育级别为二级，达到 100%。

由图 8 可以看出，高空测报灯下，黏虫诱测期出现两次明显波峰，分别为玉米苗期（5 月 30 日至 6 月 7 日）；玉米拔节期末期至玉米吐丝期（7 月 10～23 日）。第一次波峰诱到黏虫数量为 39 头，其中雌蛾 13 头、雄蛾 26 头。第二次波峰诱到黏虫数量为 46 头，其中雌蛾 12 头、雄蛾 34 头。

由图 9 可以得出，高空测报灯下，5 月 23 日、5 月 24 日、5 月 30 日雌蛾卵巢发育级别为二级，达到 100%，6 月 2 日、6 月 3 日雌蛾卵巢发育级别为四级，达到 100%，6 月 5 日、6 月 7 日雌蛾卵巢发育级别为五级，达到 100%，6 月 1 日雌蛾卵巢发育级别二级达 67%。

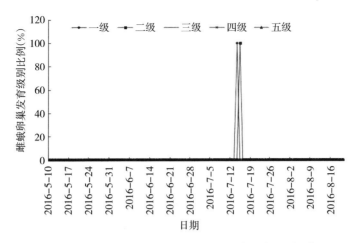

图 7 虫情测报灯诱捕三代黏虫雌蛾卵巢发育级别比例

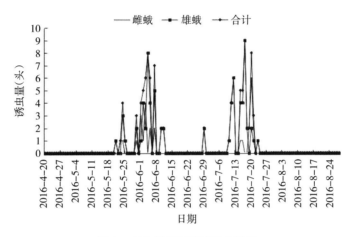

图 8 高空测报灯诱捕黏虫数量

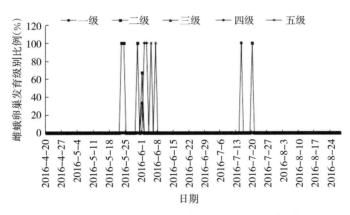

图 9 高空测报灯诱捕黏虫雌蛾卵巢发育级别比例

2.3 小地老虎诱测情况

从图 10 可以看出，高空测报灯第一次诱捕小地老虎为 5 月 16 日，诱到雄蛾小地老虎 1 头。7 月 24 日最后一次诱捕，诱到雄蛾 4 头。高峰日为 6 月 13 日，诱到 11 头，雌蛾 5 头，雄蛾 6 头。小地老虎集中诱测期为 6 月 13～29 日，共诱到 80 头，其中雌蛾 16 头，雄蛾 64 头，雄蛾数量为雌蛾数量的 4 倍；7 月 13～24 日，诱到小地老虎数量为 55 头，其中雌蛾 10 头，雄蛾 45 头，雄蛾是雌蛾的 4.5 倍。

由图 11 可以得出，高空测报灯下，5 月 24 日、6 月 21 日、6 月 22 日雌蛾卵巢发育级别为三级，

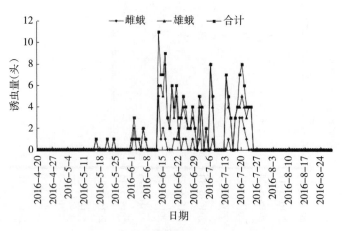

图 10 高空测报灯诱捕小地老虎数量

6月20日、6月24日、6月25日雌蛾卵巢发育级别为四级，6月2日、6月14日、6月16日、6月28日、7月1日卵巢发育级别为五级，均达到100%。

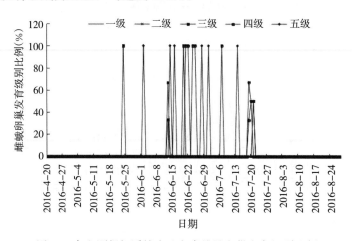

图 11 高空测报灯诱捕小地老虎雌蛾卵巢发育级别比例

2.4 甜菜夜蛾诱测情况

由图12可以看出，高空测报灯第一次诱捕到甜菜夜蛾为6月2日，雌蛾1头，雄蛾1头。6月25日共诱捕到雌蛾0头，雄蛾2头，6月25日之后至诱测期结束诱捕甜菜夜蛾数量为0。高空测报灯诱捕甜菜夜蛾主要在6月2~25日，诱得最高虫量为3头，分别为6月14日、6月20日、6月24日，且3头均为雄蛾。

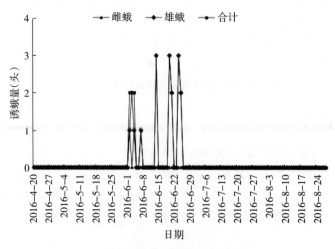

图 12 高空测报灯诱捕甜菜夜蛾数量

由图 13 可以看出，高空测报灯下，6 月 2 日、6 月 4 日甜菜夜蛾雌蛾卵巢发育级别为四级，均为 100％。

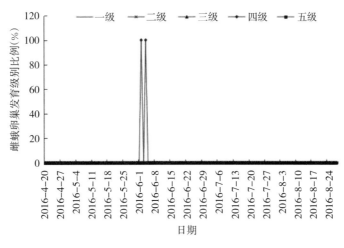

图 13　高空测报灯诱捕甜菜夜蛾雌蛾卵巢发育级别比例

2.5　二点委夜蛾、小菜蛾、棉铃虫诱测情况

由表 1 可以看出，在 4 月 20 日至 8 月 28 日，高空测报灯诱捕二点委夜蛾、小菜蛾、棉铃虫的数量为 0。

表 1　高空测报灯诱捕其他害虫情况

农业害虫	观测时间	累计虫量（头）	雌蛾卵巢发育级别比例（％）
二点委夜蛾	2016-4-20～2016-8-28	0	0
小菜蛾	2016-4-20～2016-8-28	0	0
棉铃虫	2016-4-20～2016-8-28	0	0

3　小结与讨论

新型飞蛾类性诱监测器和虫情测报灯诱捕玉米螟蛾量均在 6 月下旬玉米拔节期和 8 月上旬玉米灌浆期出现明显波峰，6 月中下旬、7 月上旬和 8 月中下旬虫情测报灯诱测玉米螟雌蛾卵巢发育级别为三级或四级，在 60％～100％。一代玉米螟幼虫主要在 7 月下旬玉米吐丝期蛀茎为害玉米，二代玉米螟幼虫主要在玉米穗期为害玉米。2016 年 8 月 11 日，通辽市科尔沁区植保植检站中心监测站在虫情测报灯内罕见诱测到玉米螟 6 451 头，其中雌蛾 2 716 头，雄蛾 3 735 头，在 2017 年应加大对玉米螟越冬基数、冬后幼虫存活率、秸秆残存量、各代次化蛹、羽化和玉米螟虫情监测，防止玉米螟为害大发生。

2016 年通辽市科尔沁区植保植检站中心监测站在小麦田新型飞蛾诱捕器性诱剂单日诱捕黏虫最高为 6 头，谷子田新型飞蛾诱捕器性诱剂单日诱捕黏虫数量最多为 2 头，虫情测报灯单日诱捕黏虫数量最多为 5 头。无论从单日诱得黏虫数量，还是诱得黏虫总数均不高，可能由于在 2012 年、2013 年黏虫大暴发后，在 2014 年、2015 年科尔沁区农业部门加大黏虫防治措施有关，还有就是南方温暖地区加大了黏虫防控力度，黏虫基数变小，春季向北迁飞的黏虫数量减少。在 2017 年应继续加大黏虫监测力度，关注南方黏虫发生情况，做好黏虫防控工作。小地老虎单日诱捕最多为 11 头，诱捕主要集中在 6 月中下旬。甜菜夜蛾一共诱捕数量为 20 头，主要集中在 6 月。

参考文献

陈炳旭，陆恒，董易之，等，2010. 亚洲玉米螟性诱剂诱捕器诱捕效果研究 [J]. 环境昆虫学报，32 (3)：419-422.

陈磊，赵秀梅，刘洋，等，2013. 性诱剂诱捕器对玉米螟的田间防治效果［J］. 黑龙江农业科学（10）：57-59.
党忠，向满峰，王宏宽，等，2008. 甜菜夜蛾在陕西省的发生危害特点及持续控制策略［J］. 陕西农业科学，3：91-93.
封洪强，2003. 华北地区空中昆虫群落及昆虫季节性迁移的雷达观测［D］. 北京：中国农业科学院.
冯夏，李振宇，吴青君，等，2014. 小菜蛾系统调查及抗药性监测方法［J］. 应用昆虫学报，51（4）：1120-1124.
郭予元，1997. 棉铃虫迁飞规律及其与寄主植物的互作关系研究进展概况［J］. 昆虫学报，40（增）：1-6.
江幸福，罗礼智，2010. 我国甜菜夜蛾迁飞与越冬规律研究进展与趋势［J］. 长江蔬菜（18）：36-37.
姜京宇，李秀芹，许佑辉，等，2008. 二点委夜蛾研究初报［J］. 植物保护，34（3）：123-126.
李光博，1979. 黏虫的综合防治［M］. 北京：科学出版社.
刘杰，李建民，谢友荣，等，2015. 通辽市农作物病虫害监测预警体系建设思考［J］. 中国植保导刊，35（6）：79-82.
刘年喜，周社文，肖铁光，等，2009. 不同性诱剂对橘小实蝇的监测作用［J］. 作物研究，23（3）：201-202.
刘万才，刘振东，黄冲，等，2016. 近10年农作物主要病虫害发生危害情况的统计和分析［J］. 植物保护，42（5）：1-9.
陆爽，陈时健，张顾旭，2013. 性诱剂测报黏虫的作用评价［J］. 上海农业科技，5：126.
盛全学，徐爱仙，李莉，等，2008. 斜纹夜蛾、甜菜夜蛾性诱剂在芦笋生产中的应用［J］. 长江蔬菜（19）：47-48.
王国迪，汪彦欣，洪文英，等，2013. 杭州市农作物重大病虫害监测预警工作现状及对策［J］. 杭州农业与科技，2：7-9.
王振营，鲁新，何康来，等，2000. 我国亚洲玉米螟历史、现状与展望［J］. 沈阳农业大学学报，31（5）：402-412.
魏鸿钧，张昭良，王荫长，1989. 中国地下害虫［M］. 上海：上海科学技术出版社.
向玉勇，杨茂发，2008. 小地老虎在我国的发生危害及防治技术研究［J］. 安徽农业科学，36（33）：14636-14639.
邢鲲，马春森，韩巨才，2013. 小菜蛾远距离迁飞的证据研究综述［J］. 应用生态学报，24（6）：1769-1776.
杨华，孙晓军，张升，等，2008. 性信息素对酱用番茄棉铃虫发生监测及防治应用［J］. 新疆农业科学，45（S1）：207-210.
邹永辉，张华，2009. 斜纹夜蛾性引诱剂在测报和防治上的应用研究［J］. 广东农业科学（8）：129-130.

2015 年黏虫标准化诱集监测试验小结

梅爱中　李瑛　邰德良　戚小勇　李锌

（江苏省东台市植保植检站　东台　224200）

摘要：东台市 2016 年采用飞蛾类通用型性诱测报标准诱捕器进行了黏虫监测试验，并与高空测报灯、自动虫情测报灯的诱测效果进行比较，通过比较成虫始见期、诱蛾量、逐日诱虫曲线、峰日蛾量等预报关键因素，得出了飞蛾类通用型性诱测报标准诱捕器有较好推广应用前景，可在本地黏虫测报上加以应用的结论。

关键词：通用诱捕器；黏虫

2015 年，江苏省东台市植保植检站参加了全国农业技术推广服务中心开展的黏虫标准化性诱监测试验示范，按照年度计划要求，东台市植保植检站进行了系统观察记载，取得了详细数据，基本完成了阶段性试验任务，现将一年来的观测结果小结如下：

1 材料与方法

1.1 黏虫性诱捕器

黏虫性诱捕器放置在东台镇灶南村，3 个诱芯，相距 200m 呈三角形放置，每个诱捕器与田边距离 5m。性诱剂材料采用宁波纽康生物技术有限公司的黏虫性信息素测报专用诱芯（橡皮头），按要求 30d 更换一次，诱捕器材为为宁波纽康生物技术有限公司飞蛾类通用型性诱测报标准诱捕器。2015 年 2 月 20 日放置，周围作物布局春季以麦田为主，间隔少量玉米，6 月上旬麦子收割，短时空档期后，6 月中旬移栽或直播水稻，10 月下旬结束。

1.2 高空测报灯

采用全国农业技术推广服务中心统一配发高空测报灯。观测点设置在东台市黄海原种场（具体点位 120°52′53″E、32°38′49″N），此处紧靠海边，场地开阔，四周农田，少有建筑，方便观测。观测时间为 2 月 1 日至 5 月 31 日、8 月 1 日至 10 月 31 日（高空测报灯 6～7 月没有数据）。逐日记载高空测报灯诱集黏虫雌雄成虫数量。对气象因素降雨、风力、月光等进行粗线条记录，同时在诱虫高峰时段对部分雌虫进行卵巢解剖。

1.3 佳多自动虫情测报灯

佳多测报灯放置东台镇丁林村，与性诱剂放置点相距超 2km，与性诱剂互不形成干扰，每日计蛾。2 月 20 日开灯，10 月 20 日结束，逐日观察记载。

2 结果与分析

2.1 性诱剂诱集情况

3～10 月性诱剂单芯诱蛾 324 头，佳多测报灯诱蛾 180 头，高空测报灯 4 036 头（少 6～7 月数据）。性诱剂诱集力明显优于佳多测报灯，弱于高空测报灯。本地处一代黏虫发生区域在 3～4 月间佳多测报灯仅诱得黏虫 4 头，量偏少，性诱剂诱蛾量 147 头，其诱集数是佳多测报灯的 36 倍，基本能体现出蛾量消长（图 1）。

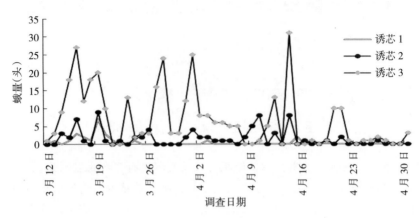

图 1　黏虫性诱剂诱测效果

2.2　高空测报灯诱集情况

高空测报灯诱蛾量多，高峰明显。2～5、8～10 月灯下共诱获黏虫 4 036 头，其中雌蛾 1 442 头，雄蛾 2 586 头。春季灯下黏虫 3 月 12 日至 5 月 16 日，总诱虫 3 598 头，其中雌蛾 1 200 头，雄蛾 2 389 头，雌雄比 1∶2；3 月最多，诱得 2 125 头，3 月 30 日当晚 538 头，单日最高，高峰明显（图 2）。秋季灯下黏虫 9 月 13 日至 10 月 3 日，总诱虫 438 头，其中雌蛾 242 头，雄蛾 197 头，雌雄比 1.23∶1。基本与田间发生实况一致（表 1）。经 3 月中旬对部分雌蛾进行解剖发现，黏虫卵巢级别主要为三级以上，占 87.5%（表 2）。卵巢级别高，确认昆虫迁入性质。

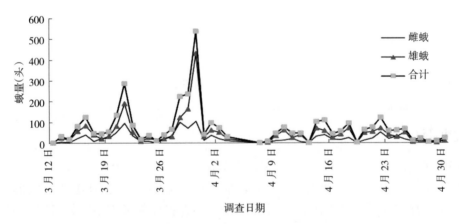

图 2　高空测报灯诱集蛾量

表 1　高空测报灯全年黏虫诱测情况

月份	雌蛾（头）	雄蛾（头）	总计（头）	始见日	高峰日	峰日蛾量（头）
2 月	0					
3 月	0	0	0	3 月 12 日	3 月 30 日	538
4 月	685	1 440	2 125			
5 月	460	920	1 389			
8 月	0	0	0			
9 月	0	0	0		9 月 21 日	43
10 月	229	172	401			

表 2　3 月中旬高空测报灯黏虫卵巢解剖情况

日期	解剖蛾量（头）	雌蛾卵巢发育级别比例				
		一级	二级	三级	四级	五级
3 月 15 日	20			30%	50%	20%
3 月 16 日	20	10%	10%	35%	30%	15%
3 月 17 日	8	12.50%	25%	25%	37.50%	
3 月 21 日	20		10%	50%	20%	20%
3 月 22 日	20		10%	45%	30%	15%

本地属一代黏虫发生区，经对一代黏虫诱测比较发现，性诱剂与高空测报灯始见蛾日为 3 月 12 日，佳多测报灯始见蛾日为 3 月 16 日，诱集虫量比较，高空测报灯最多，性诱剂居中，佳多测报灯量少，一代黏虫诱获量依次为 3 598 头、151 头和 7 头。与佳多测报灯相比，高空测报灯和性诱剂峰期较明显、峰日突出（表 3）。

表 3　几种方式对一代黏虫诱集的比较

方式	始见日	一代蛾量（头）	一代峰期	峰日	峰日蛾量（头）	备注
性诱剂	3 月 12 日	151	3 月 13 日至 4 月 30 日	3 月 16 日、4 月 1 日、4 月 14 日	12.3、9.7、13	蛾量不大 峰次明显
高空测报灯	3 月 12 日	3 598	3 月 13 日至 4 月 30 日	3 月 16 日、3 月 21 日、3 月 30 日、4 月 22 日	125、286、538、123	蛾量较大 峰次突出
佳多测报灯	3 月 16 日	7		3 月 17 日	2	蛾量稀少 峰不明显

从 2015 年性诱剂对一代黏虫诱集数据看，诱蛾量适中，既经济节省，又能大致反映出害虫发生动态。由于性诱捕器结构独特，蛾从下面钻进去，与高空测报灯光（蛾是往下落）诱集比，更不易受降雨等气象条件影响。不足之处是性诱剂只诱集雄蛾，若要进行卵巢解剖分析，则需辅以其他手段，另外 2015 年一代黏虫高峰显示也不如高空测报灯下突出。

本地属一代黏虫发生区，一代黏虫是本地监测重点，一代黏虫拟合度好，性诱虫情基本体现了田间实发情况。本地一代黏虫集中 6 月上、中旬成蛾外迁，二、三代本地不是主要，田间发生不明显，9～10 月应为回迁虫源，也不构成危害。各月诱获量见表 4。

表 4　几种方式对黏虫各月诱集量比较（头）

诱集方式	3 月	4 月	5 月	6 月	7 月	8 月	9 月	10 月
性诱剂	83.67	63.67	4	11.33	0.33	0.33	119	42.5
高空测报灯	2 125	1 376	97	/	/	0	389	49
佳多测报灯	4	0	3	119	12	0	38	4

3　小结与讨论

1）性诱与灯光诱集不同，对昆虫诱测对象相对专一，春季诱集虫量比佳多测报灯多，能较易看出消长趋势，其分拣昆虫的工作量比使用高空测报灯轻得多。使用黏虫性诱剂进行诱虫，一代黏虫诱集效果较好，可作为重要辅助手段，有较好推广应用前景，可在本地黏虫测报上加以应用。

2）黏虫不耐低温，越冬分界线在 33°N，本地靠近越冬分界线以南，本地黏虫主要发生在春季，属一代发生区，迁入盛期为 3 月 20 日至 4 月 10 日，所以一代黏虫是本地黏虫预测重点，进入 3～4 月盛发季后，性诱剂诱虫峰谷体现较为明显。从发蛾消长和趋势看，基本与当地害虫发生情况一致。

作为测报手段宜结合灯诱和草把诱卵等一并进行，相互补充，以提高测报准确性。

3）性诱只诱到雄蛾，诱蛾数量明显不如高空测报灯多，蛾峰显示也不如高空测报灯突出。若要进行卵巢解剖分析，则需辅以其他手段。

4）害虫性诱技术能够丰富弱光性害虫监测手段，简化害虫诱捕鉴定操作，促进虫情自动化记载和传递，是尽早实现农作物害虫监测预警技术标准化、自动化和智能化的重要手段，性诱自动计数系统在一些害虫上监测效果较好，适于在生产上应用。遗憾的是由于 2015 年工作的疏忽没及时衔接好，自动记录器材未能及时收到，错过了蛾量高峰期。

小地老虎标准化性诱监测器监测效果浅析

刘媛[1]　杨明进[1]　姬宇翔[1]　马瑞[2]　杨旭峰[2]　吴平[2]

（1. 宁夏回族自治区农业技术推广总站　银川　750001；
2. 永宁县农业技术推广服务中心　永宁　750100）

摘要： 为进一步规范小地老虎性诱监测技术，简化操作，丰富监测手段，2016年通过在宁夏永宁县进行的小地老虎性诱监测效果试验表明性诱监测器无论是在诱捕总量还是分代次诱捕量上均高于灯诱，蛾峰数量也明显高于灯诱。因此可作为小地老虎监测预警的依据之一。

关键词： 小地老虎；性诱监测；效果

宁夏小地老虎第一代成虫一般在3月中下旬到4月上旬出现，5月上旬到6月中旬第一代幼虫盛发，造成危害，第二、三代幼虫主要以杂草为食，成虫白天隐伏暗处，17：00～24：00出来活动，22：00左右活动最盛，趋糖、醋、酒及黑光灯。幼虫共6龄，一至三龄昼夜活动，取食玉米叶片或嫩梢，四龄后潜入土中，夜间活动，咬食玉米根茎或将幼苗拖入土中，五至六龄为暴食阶段，此时的为害量约占全期为害总量的95％。小地老虎每年在宁夏的发生面积33万hm²左右，造成损失1 000万kg左右。城市丰富灯光及其他因素的干扰，致使传统的灯诱诱测效果下降，基层测报队伍欠缺昆虫种类的识别，影响灯诱分类计数的准确性。为丰富监测手段，尽早实现监测预警技术标准化、自动化和智能化，2016年在宁夏永宁县进行了小地老虎性诱监测器监测效果试验，以验证小地老虎标准化性诱监测器的田间监测效果，从而丰富害虫监测预警手段。

1　材料与方法

1.1　试验材料

宁波纽康生物技术有限公司提供的害虫标准化性诱监测器（SHW-NMT型、SPT-R型）和性诱诱芯。

1.2　试验设置和田间环境

夜蛾类通用型性诱监测器SHW-NMT型：由支架、夜蛾类通用诱捕器组成。其中支架为不锈钢制品，分为固定器和支杆两部分，支杆可伸缩范围40～150cm，诱捕器通过高度调节扣（塑料质地）固定在支架上。夜蛾类通用诱捕器为塑料圆筒形，总长度（23.5±0.5）cm，外径（16.0±0.5）cm，内径（14.1±0.5）cm，进虫口为长方形大小为（1.5±0.1）cm×（1.75±0.1）cm；诱芯杆长为（11.0±0.5）cm。

反向双漏斗飞蛾类诱捕系统SPT-R型：除自动计数系统和支架外主要由反向双漏斗飞蛾类诱捕器组成。诱捕器为塑料双漏斗型，外壳高（40.0±0.2）cm，底部双孔直径分别为（18.2±0.2）cm与（4±0.2）cm；进虫漏斗高（28.0±0.2）cm，上口为正方形，边长为（2.2±0.2）cm；集虫瓶高（15.2±0.2）cm，直径（18.2±0.2）cm；药剂口直径（2.1±0.1）cm；诱芯杆长（14.5±0.2）cm；清虫口外径（3.1±0.2）cm，内径（2.7±0.2）cm。

诱捕器放置在玉米田中，每块田放置3个重复，相距50m呈正三角形放置，每个诱捕器与田边距离6m。

对照：虫情测报灯，由河南佳多公司提供。

田间环境条件：试验放置在望洪镇增岗村玉米田内。

1.3 调查时间和方法

试验时间：2016 年 3～8 月，在整个监测期内，每日 10：00 调查记录诱虫数量。

2 结果与分析

2.1 始见期

性诱监测器 3 月 29 日始见小地老虎，虫情测报灯 4 月 15 日始见，性诱比灯诱早 17d。

2.2 诱蛾量比较

总诱虫量性诱监测器 1、性诱监测器 2、性诱监测器 3 分别诱到成虫 213 头、372 头、711 头，虫情测报灯诱到成虫 81 头（表 1、图 1）。3 台性诱监测器分别比灯诱高 132 头、291 头、630 头。其中 3 台性诱监测器诱到越冬代成虫分别是 125 头、288 头、492 头，分别比灯诱的 75 头高 50 头、213 头、417 头；3 台性诱监测器诱到一代成虫分别是 86 头、81 头、205 头，分别比灯诱的 3 头高 83 头、79 头、202 头；3 台性诱监测器诱到二代成虫分别是 2 头、3 头、15 头。

表 1　2016 年宁夏永宁性诱监测器和虫情测报灯对小地老虎的诱捕效果

代次	性诱监测器 1（头）	性诱监测器 2（头）	性诱监测器 3（头）	虫情测报灯（头）
越冬代	125	288	492	75
一代	86	81	205	3
二代	2	3	15	3
合计	213	372	712	81

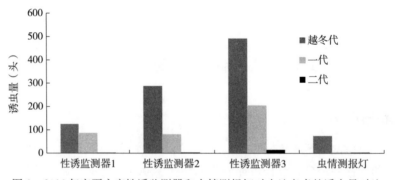

图 1　2016 年宁夏永宁性诱监测器和虫情测报灯对小地老虎的诱虫量对比

2.3 诱蛾峰值比较

在整个监测期，3 台性诱监测器诱虫动态曲线与虫情测报灯基本一致，性诱的蛾峰比灯诱多。性诱有 3 个蛾峰，分别在 4 月 19 日、5 月 20 日和 6 月 29 日；灯诱有 1 个蛾峰为 4 月 26 日。虽然两种诱测方法蛾峰日次数不同，但蛾峰基本能重叠，说明两种诱测方法对小地老虎的监测预报都可行，而性诱的预报准确性更高（图 2）。

2.4 气象因子对诱捕量的影响

监测期内越冬代成虫迁入期平均气温在 4.3～24.2℃，为小地老虎迁入适宜温度，通过图 2、图

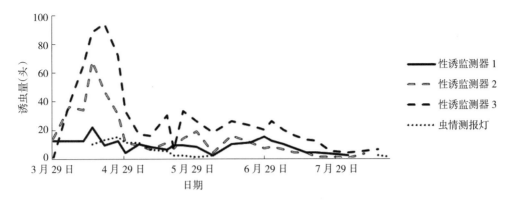

图 2　2016 年宁夏永宁县性诱监测器和虫情测报灯成虫发生动态对比

3 对比，在温度基本适宜的条件下，成虫量与日平均气温不存在数量相关性。从降水量来看，降水量并没有相对应的诱蛾高峰，4 月 2 日降水量最大，但未出现相应的蛾峰。因此降雨也不是影响小地老虎发生量的关键因素。

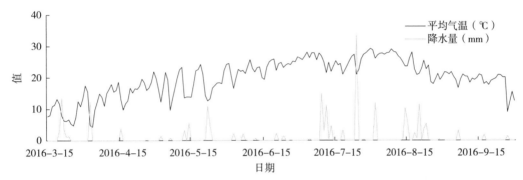

图 3　宁夏永宁县小地老虎监测期内平均气温、降水量

2.5　性诱监测情况与田间为害情况的对应关系

整个监测期间诱集小地老虎成虫的量较少，当年小地老虎在永宁县的发生程度为轻发生，诱蛾量与田间为害情况一致。

3　小结与讨论

3.1　结论

本试验验证了小地老虎标准化诱捕器的田间诱捕效果，从诱蛾量来看，无论是总诱蛾量还是分代次诱蛾量，性诱均高于灯诱。从诱蛾量动态来看，性诱和灯诱的蛾量消长动态基本一致，蛾峰基本能重叠且性诱的蛾峰比灯诱的多。宁夏小地老虎幼虫为害主要是一代幼虫，试验表明越冬代成虫诱集量最高，与宁夏本地发生情况一致。因此性诱基本能反映出小地老虎成虫的发生动态，且性诱监测操作简便、灵敏度高、人为误差小、成本低、田间设置方便，可作为小地老虎监测预警的依据之一。

3.2　讨论

小地老虎标准化性诱监测设备因自动计数设备频频出现故障，试验 3 月 25 日至 8 月 1 日使用夜蛾类通用型性诱监测器（SHW-NMT 型）；8 月 1 日至 10 月 10 日更换为宁波纽康公司升级的反向双漏斗飞蛾类诱捕系统（SPT-R 型），但两种监测设备自动计数均存在不能自动计数或自动计数不准确的问题，因此本试验没有自动计数的数据。建议进一步修改完善自动计数装置，提升准确性。

参考文献

刘媛，杨旭峰，吴惠玲，等，2016. 宁夏小地老虎标准化性诱监测器诱测效果初报 [J]. 宁夏农林科技，57（4）：33-34.

曾娟，杜永均，姜玉英，等，2015. 我国农业害虫性诱监测器技术的开发与利用 [J]. 植物保护，41（4）：9-15.

浙江省水稻害虫性诱剂自动监测的探索与研究

谢子正[1] 许渭根[2] 张晨光[1] 金亮[3] 曹婷婷[2] 李国钧[2]

（1. 浙江省龙游县植物保护站 龙游 324400；2. 浙江省植物保护检疫局 杭州 310020；
3. 绍兴市柯桥区农技推广总站 绍兴 312030）

摘要：为研究性诱剂在水稻二化螟和稻纵卷叶螟测报中的效果，探索自动监测系统在水稻害虫调查上的应用前景，本文系统总结近年来浙江省植保系统开展的二化螟、稻纵卷叶螟等水稻主要害虫的性诱监测及自动监测试验开展情况及主要结论，结合实际分析了新型害虫自动监测系统应用中存在的问题及建议，展望了未来自动监测系统在病虫测报中的应用效果及前景。

关键词：性诱剂；二化螟；稻纵卷叶螟；自动监测；探索研究

近年来随着耕作制度的改变和设施农业的快速发展，田间害虫种群动态和发生特点明显变化。一些弱光性害虫（如稻纵卷叶螟）对灯诱反应不强，赶蛾等传统测报方法又费时费力，相应的监测手段发展滞后。与传统的黑光灯诱蛾预报法比较，性诱测报具有专一性强、准确性高、方法简便、成本低廉和安全可靠、不杀伤天敌等优点，同时能有效减轻基层测报技术人员的工作量。本文系统总结了近年来浙江省植保系统开展的二化螟、稻纵卷叶螟等水稻主要害虫的性诱监测及自动监测试验情况，结合实际分析并提出了新型害虫自动监测系统应用中存在的问题及建议，展望了未来自动监测系统在病虫测报中的应用效果及前景。

1　稻纵卷叶螟性诱监测试验

1.1　供试材料

诱捕器为飞蛾类通用型（FMT）诱捕器，诱芯为 PVC 毛细管类型，分为新款和旧款，均由宁波纽康生物技术有限公司提供。

1.2　试验方法

本试验设 3 个性诱点，每个诱捕器放置间距 50m 左右，呈正三角形放置（其中 A 点和 C 点使用新款诱芯，B 点使用旧款诱芯）；水稻秧苗期诱捕器放置高度 0.8～1m，水稻成株期诱捕器放置高度稍低于水稻冠层，高度随着水稻植株长高而相应提升。试验采取逐日检查和清除诱捕器内捕获的稻纵卷叶螟成虫，计算每点平均诱蛾量。同时以田间赶蛾作比照，固定 3 块稻田，逐日早晨赶蛾，每块赶蛾 66.7m²，计算每 667m² 平均蛾量。监测时间：性诱监测为 2015 年、2016 年的 8 月 20 日至 9 月 28日，田间赶蛾为 7 月 9 日至 9 月 30 日。试验田块为单季晚稻，地点为浙江省绍兴市柯桥区福全镇兴联村。

1.3　试验结果

由图 1 可以看出，2015 年 6 月 15～22 日、7 月 16～28 日和 8 月 21 日至 9 月 10 日出现明显蛾高峰，其中 8 月 21 日至 9 月 10 日峰值蛾量较高。田间赶蛾和灯下均出现 3 个峰值，性诱仅出现 1～2个峰值，且个别峰值不明显，高峰日拟合度较高，有 1～2d 的前后差异；但田间高峰日较灯下及性诱提前，相同的峰期内赶蛾峰次逐渐减小、灯下峰次逐渐递增，性诱的峰值则基本相同；从诱蛾量来看，赶蛾和灯诱效果接近，性诱效果略弱。在未出现明显蛾高峰的时间段内，灯下和性诱监测的蛾量基本和赶蛾量相当。

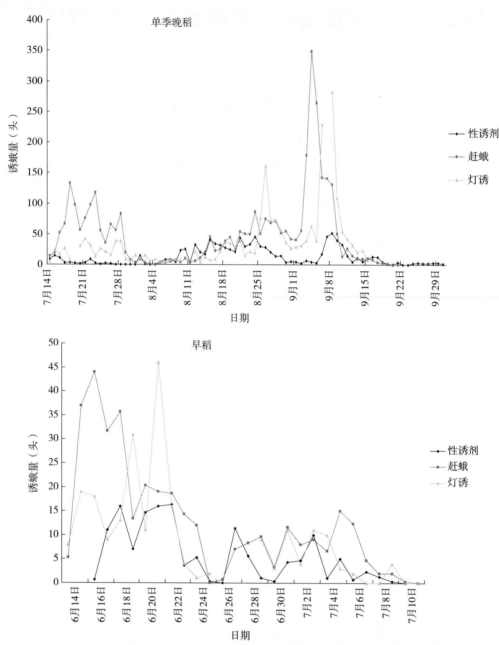

图1　2015年柯桥区单季晚稻及早稻稻纵卷叶螟性诱、灯诱及田间赶蛾量比较

由图2可以看出，2016年8月21～24日、8月29日至9月3日和9月7～9日出现明显蛾高峰，高峰日拟合度较高，但在田间蛾量较高时，性诱蛾量少于田间赶蛾量，在田间蛾量处于低水平时，性诱监测蛾量与田间蛾量接近，灯诱蛾量曲线与性诱蛾量曲线非常接近，除开始一段的峰值灯诱滞后性诱1～2d、蛾量也少于性诱外，后段曲线甚至多处完全重叠。

2　二化螟远程实时监测试验

2.1　供试材料

二化螟远程实时监测系统分为害虫诱捕器、环境监测器、数据处理和传输系统、供电系统、支架和避雷针、软件处理系统，分别由北京依科曼生物技术有限公司和宁波纽康生物技术有限公司提供。对照材料采用传统水盆诱虫。

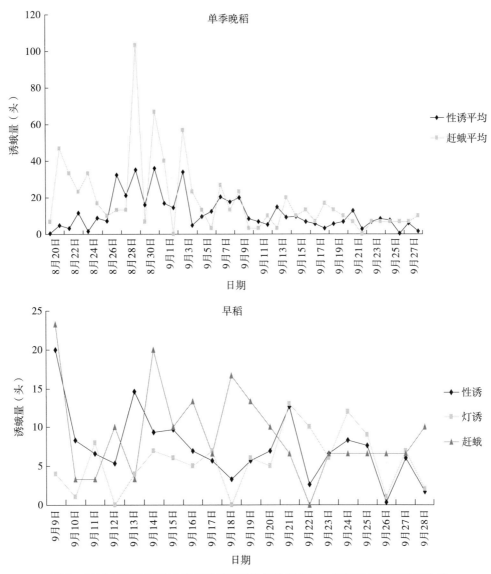

图 2　2016 年柯桥区单季晚稻及早稻稻纵卷叶螟性诱、灯诱及田间赶蛾量比较

2.2　试验方法

本试验系统诱捕器诱芯放置高度为离地面 86cm，根据水稻生育期诱芯离稻叶面 30cm。3 个诱捕器呈正三角形排列，相距 50m 左右。每台诱捕器放 1 枚二化螟诱芯。对照测报工具水盆于 2015 年 4 月 11 日早稻田就开始系统监测，4 个诱芯呈"一"字形排列，相互间隔 50m，诱捕器诱芯放置高度统一离水稻叶面约 30cm。试验监测时间为 4～7 月，试验田块为早稻，地点为浙江省龙游县龙洲街道柳村观察场。

2.3　试验结果

2.3.1　诱捕器诱虫量比较

宁波纽康生物技术有限公司提供的干式诱捕器改变了水盆每天需人工加水管理的麻烦，诱捕量尚可，但不同代次诱捕性能有变化，与水盆相比，越冬代诱捕量比水盆明显偏少（表1）。北京依科曼生物技术有限公司提供的为上口型电感应新型诱捕器，诱虫量有所增加，每天多时能诱到十几个，但越冬代诱蛾数还是比水盆明显偏少（表2）。对照工具水盆常年表现较为稳定，但需人工加水、防倒伏等管理。分析全年诱捕情况，以水盆较稳定，宁波纽康干式诱捕器次之，北京依科曼电感应诱捕器诱蛾数最少（图3）。

表 1　龙游县 2015 年二化螟性诱剂水盆与干式诱捕器越冬代诱蛾对比（头）

诱捕器类型	4 月下旬	5 月上旬	5 月中旬	5 月下旬	小计
干式诱捕器	64	160	57	11	292
水盆	313	454	208	46	1 021

表 2　龙游县 2015 年二化螟性诱剂水盆与电感应诱捕器越冬代诱蛾对比（头）

诱捕器类型	5 月上旬	5 月中旬	5 月下旬	6 月上旬
电感应诱捕器	24	20	12	5
水盆（单盆）	461	147	91	3

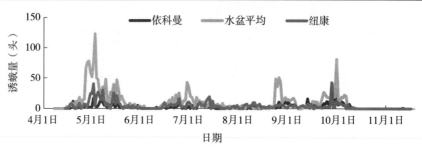

图 3　龙游县 2015 年二化螟性诱剂不同诱捕器诱蛾计数对比

2.3.2　计数准确率

由于蛾在诱捕器内的行动轨迹多样，宁波纽康和北京依科曼提供的计数装置计数均出现或多或少现象。根据数据统计，宁波纽康计数装置数据真实率（仪器的手机报数/人工实测数×100%）为90%，但个别单日的计数误差高达 546%，有些天不能监测出有效的诱虫数；北京依科曼计数装置重复计数会好些，具体到每天还是存在多计或没被计到的情况，总体自动计数多于诱虫桶里收集的蛾数（表 3）。

表 3　龙游县 2015—2016 年二化螟性诱剂电感应诱捕器自动计数和人工计数比较（北京依科曼）

计数方法	2015 年 5 月	2015 年 6 月	2015 年7 月上旬	累计多报（%）	2016 年 5 月	2016 年 6 月	2016 年7 月上旬	累计多报（%）
诱虫桶人工计数	56	63	80	/	189	155	141	/
自动计数	74	129	84	44.2	253	230	199	40.6%

3　分析及展望

3.1　性诱剂监测

稻纵卷叶螟性诱剂在田间虫蛾量较低时，引诱效果表现良好，性诱蛾量与灯诱及田间赶蛾量相差不大；但在水稻全生育期间，性诱蛾量明显低于田间赶蛾量；性诱监测与灯诱及田间赶蛾调查峰次数接近，高峰时间段接近，能在一定程度上反映田间蛾高峰时间，在田间蛾量不太高的情况下比较能够准确反映田间蛾量趋势。但单纯从性诱监测的数据曲线，无法完全从蛾量上区分出主峰与小峰，也不能区分本年度地区蛾量的多少。因此，还不能完全取代目前的灯诱及田间赶蛾预测方法，需要改进诱芯效果，并对性诱剂蛾量与灯诱蛾量及田间蛾量之间的关系进一步探索。

3.2　自动计数系统

宁波纽康生物技术有限公司提供的干式诱捕器计数仪器，缺乏计数后的外力协助，以及计数后收集蛾的独立空间，造成不必要的二次重复计数，试验过程中也发现蜘蛛比较喜欢停留在诱捕器的口上，这也许是自动计数系统产生误差的一个原因。北京依科曼生物技术有限公司的电感应诱捕器，在电感应后，电机带动旋转刷清理电圈上诱到的蛾，同时计数。但由于该诱捕器诱捕的蛾数量始终不高，不能真实地反映田间发蛾情况。有时蛾沿着诱捕器内壁慢慢往下爬，感应圈没有感应到，就造成计数偏少。诱捕器诱蛾数量不足已成为产品的短板，必须不断试验、改进和完善设计，提高诱捕器的诱捕量，丰富诱捕曲线。

水稻害虫标准化性诱监测器及其自动计数系统的使用，能够大大降低基层测报人员的工作量，同时，能够消除测报灯不工作无法及时获取数据以及调查过程中的人为误差，是一种高效的测报工具。如何保证各批次信息素诱集效果的稳定，防止蜘蛛等其他生物干扰性诱监测，以及信息素在田间均衡释放，不至于随着放置时间的延长释放量不断减少，而影响诱捕效果。同时，不断完善诱捕仪器自动计数的程序，确保自动采集的数据与人工计数和田间实际蛾量的峰值曲线在不同条件下能高度拟合。

参考文献

曾娟，杜永均，姜玉英，等，2015. 我国农业害虫性诱监测技术的开发和应用 [J]. 植物保护，41（4）：9-15.

昆虫性诱电子测报系统在四川省对
水稻二化螟监测效果评价

万宣伍[1]　彭成林[2]　陈霞[3]　王胜[1]　马利[1]　张国芝[1]　封传红[1]

(1. 四川省农业厅植物保护站　成都 610041；2. 犍为县农业局植保站　犍为 614400；
3. 眉山市东坡区农业局植保站　眉山 620000)

摘要：为评价昆虫性诱电子测报系统在四川省用于水稻二化螟监测的效果，2016 年分别在四川省犍为县和眉山市东坡区开展了昆虫性诱电子测报系统监测水稻二化螟的试验。结果表明：性诱与灯诱相比，水稻二化螟始见期相当、一代始盛期早于灯诱、一代诱集量高于灯诱，利用性诱监测水稻二化螟可实现提早预警。电子自动计数完全准确率在 68% 左右，对自动计数和实际诱集量的相关性分析表明，计数误差不影响对水稻二化螟真实发生动态的反映。

关键词：水稻二化螟；性诱；自动计数；灯诱

水稻二化螟 [*Chilo suppressalis*（Walker）] 是四川水稻生产中的第一大害虫，年发生面积 200 万 hm^2 左右，造成损失 7 万 t 以上。监测水稻二化螟的发生动态对及时发布预警、指导精准防控具有重要作用。20 世纪 70 年代以来，利用水稻二化螟成虫的趋光性，测报人员通过黑光灯、频振式诱虫灯等工具监测其发生动态，取得了很好的效果。但由于农田生态系统中趋光性害虫较多，水稻二化螟和其他趋光性害虫一起被诱集到测报工具中，各种害虫混杂在一起，对各测报人员识别监测靶标造成了较大困难。昆虫信息素特别是性信息素，由于其专一性强，诱集到的害虫不需要进行种类鉴定，解决了基层测报人员工作量大和昆虫鉴定知识缺乏的问题，近年来被越来越多地应用到农作物害虫监测上。昆虫性诱结合自动电子计数的昆虫性诱电子测报系统的开发成功，为实现害虫自动化远程监测提供了可能，并应用于棉铃虫等鳞翅目害虫的监测。为评估昆虫性诱电子测报系统在水稻二化螟监测上的应用前景，2016 年在四川省水稻主要产区开展了相关试验，以期为该系统的进一步改进提供科学依据。

1　材料与方法

1.1　试验设备

宁波纽康公司提供的 SPT-R-01 型昆虫性诱电子测报系统，由监测器和网关组成。

1.2　试验地点和时间

设备安置在四川省犍为县清溪镇和四川省眉山市东坡区太和镇，均为当地水稻连片种植区和水稻二化螟常发区。犍为县试验时间为 2016 年 3 月 28 日至 7 月 20 日，东坡区试验时间为 2016 年 4 月 1 日至 8 月 26 日。

1.3　试验方法

SPT-R-01 型昆虫性诱电子测报系统监测器安装在水稻田内，离田边 5m 以上。水稻苗期至分蘖期，监测器离水稻冠层 20cm 左右；水稻拔节至成熟期，监测器底部略低于水稻冠层。以自动虫情测报灯作为对照，与昆虫性诱电子测报系统处于同一生态区，相距 500m 以上。

试验期间，每日 10∶00 下载系统中的监测数据，人工对昆虫性诱电子测报系统监测器和自动虫情测报灯中的水稻二化螟进行计数。利用 Excel 2007 进行相关数据分析。

2　结果与分析

2.1　水稻二化螟始见期

水稻二化螟在犍为县试验点于 3 月 31 日在自动虫情测报灯下见虫，同日昆虫性诱电子测报系统也诱集到成虫，两种监测方式始见期一致；东坡区监测点于 4 月 8 日在自动虫情测报灯下查见水稻二化螟成虫，4 月 10 日昆虫性诱电子测报系统诱集到成虫，性诱始见期比灯诱晚 2d。

2.2　诱蛾高峰

对水稻二化螟昆虫性诱电子测报系统和自动虫情测报灯的逐日诱集量做折线图发现，性诱存在明显的诱虫高峰。根据 2016 年两个监测点诱集的二化螟数量，以单日诱集量达到 5 头为始盛期。犍为试验点一代二化螟性诱始盛期为 4 月 3 日，比灯诱早 5d，峰日为 4 月 14 日，比灯诱晚 2d，二代二化螟性诱始盛期为 6 月 13 日，比灯诱晚 5d，性诱无明显峰日（图 1）。东坡试验点一代二化螟性诱始盛期为 4 月 21 日，与灯诱相当，峰日为 5 月 6 日，比灯诱晚 8d；二代二化螟性诱始盛期为 7 月 28 日，比灯诱早 6d，性诱无明显峰日（图 2）。

对性诱和灯诱逐日诱集量进行相关性分析，犍为县性诱和灯诱的相关性为 0.55、东坡区为 0.26。

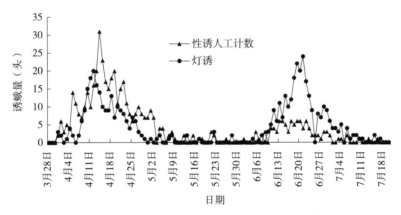

图 1　2016 年犍为县水稻二化螟性诱和灯诱逐日诱蛾量

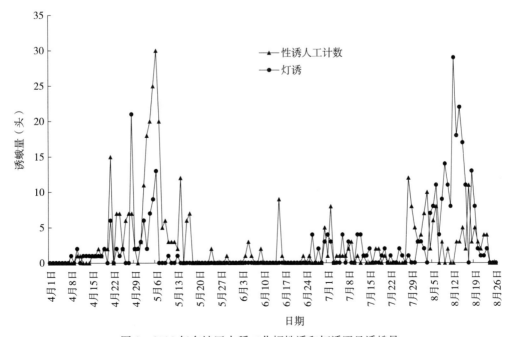

图 2　2016 年东坡区水稻二化螟性诱和灯诱逐日诱蛾量

2.3　诱蛾量

犍为试验点在监测期内昆虫性诱电子测报系统共诱集到 502 头，比灯诱少 1 头；东坡试验点在监测期内昆虫性诱电子测报系统共诱集水稻二化螟 405 头，比自动虫情测报灯高 68 头（表 1）。分代次比较，在四川的两个监测点，一代二化螟性诱诱集到的水稻二化螟明显高于灯诱，其中犍为试验点性诱诱集一代成虫 404 头，比灯诱高 173 头，东坡试验点性诱诱集一代成虫 248 头，比灯诱高 158 头；二代水稻二化螟性诱的诱集量则明显低于灯诱（表 1）。

表 1　水稻二化螟诱集量（头）

	犍为县			东坡区		
	一代	二代	总计	一代	二代	总计
性诱	404	98	502	248	157	405
灯诱	231	272	503	90	247	367

2.4　自动计数的准确性

犍为试验点计数 115d，其中一致天数 79d，准确率 68.7%，最大误差 6 头，最小误差 1 头；东坡试验点计数 148d，其中一致天数 102d，准确率 68.9%，最大误差 11 头，最小误差 1 头。分析昆虫性诱电子测报系统自动计数与实际诱集量的相关性，犍为试验点 0.99、东坡试验点 0.94。

3　结论与讨论

3.1　性诱与灯诱始见期相当，始盛期早有利于实现提早预警

昆虫性诱剂是仿造昆虫雌性释放的性信息素组分人工合成的，只对雄性昆虫有吸引作用，且雄性昆虫性成熟后才会对性诱剂做出行为反应。若水稻二化螟雌雄两性发育进度一致，同时羽化后面对光源和性诱剂的吸引，由于雄性二化螟性成熟还需要一段时间，不会受到性诱剂的吸引，而雌雄性都会受到光源的吸引，导致灯诱始见期早于性诱始见期。在实验室饲养中发现，水稻二化螟存在雄性先熟现象，雄性水稻二化螟的发育历期比雌性短 1.8d。春季，一代二化螟雄性先于雌性羽化，使犍为试验点和东坡试验点性诱始见期与灯诱相当，同时性诱始盛期早于灯诱。利用二化螟雄性先熟的现象，采取性诱的方式进行监测，可提早进行预警。

3.2　多个因素限制了性诱剂在二代二化螟监测预警上的应用

2016 年在四川省 2 个试验点的试验发现，二代二化螟性诱诱集数量明显低于灯诱，且无明显的峰日。二代二化螟性诱监测数据对田间害虫发生动态无实质性指导意义。调查发现，一代二化螟雌雄性比 1∶1 左右，而二代二化螟在四川局部雌雄性别比达 8∶1 甚至 10∶1，导致二代二化螟雄虫绝对数量减少，受性诱剂引诱的雄虫数量相应减少。同时大量二化螟雌虫释放大量的性信息素也会对二代二化螟雄虫进入性诱监测器造成干扰。另外，四川二代二化螟发生时正值盆地高温时期，田间温度远高于二化螟适宜交配的温度，雄虫对性诱剂的反应下降，性诱监测器诱捕量相应下降。

3.3　性诱监测数据与田间为害状况的关系需要深入研究

由于性诱剂监测的是水稻二化螟雄成虫发生动态，如果以性诱监测的发蛾始盛期、高峰期、盛末期加上产卵前期来预测产卵始盛期、高峰期、盛末期，再加上常年同温度下卵历期预测卵块孵化始盛、高峰和盛末期，就会导致偏差。性诱剂监测数据与田间对应的为害状况需要进行多年多地连续调查。在大量调查的基础上，对性诱监测数据和田间为害状况进行回归分析，才能利用性诱监测数据进行比较可靠的预测。

3. 4　自动计数的准确性较高，但仍需进一步改进

　　犍为、东坡 2 个试验点自动计数完全准确的比例约 70%，相关性分析发现，自动计数与实际诱集量之间的相关性都在 0.9 以上，说明自动计数呈现的害虫动态与实际动态吻合，可以用自动计数来预测害虫的发生情况。试验中发现，自动计数的准确性受到多种因素的影响，如非监测靶标进入监测器造成重复计数、雨水渗进监测器造成大量重复计数、设备故障不发送监测数据等。建议下一步充分考虑使用田间环境对设备的影响和不同监测靶标形态的差异，进一步提高设备的稳定性和适应性。

参考文献

姜玉英，曾娟，高永建，等，2015. 新型诱捕器及其自动计数系统在棉铃虫监测中的应用 ［J］. 中国植保导刊，35（4）：56-59.

肖丹凤，胡杨，2010. 二化螟雄成虫先羽化现象 ［J］. 昆虫知识，4：736-739.

曾娟，杜永均，姜玉英，等，2015. 我国农业害虫性诱监测技术的开发和应用 ［J］. 植物保护，41（4）：4-15.

2016 年红塔区害虫远程实时监测系统试验总结

杨莲　代玉华　合梅　赵艳梅

（云南省玉溪市红塔区植保植检站　玉溪 653100）

摘要： 2016 年云南省玉溪市红塔区植保植检站利用北京依科曼第三代闪讯害虫远程实时监测系统和宁波纽康生物技术有限公司 SHW-NMT-05 型昆虫性诱电子测报系统对小菜蛾、斜纹夜蛾进行监测，通过 2016 年 1～11 月观测看出远程实时监测系统对小菜蛾、斜纹夜蛾的发生消长趋势监测与常规监测工具监测结果一致，对大面积防控具有一定的指导作用，在生产中比较实用，可减轻人工监测工作量，但是计数准确率还需再提高。

关键词： 害虫远程实时监测；小菜蛾和斜纹夜蛾；试验结果

现代科技手段正在逐步改变传统病虫害监测预警方式，丰富监测手段，对提高病虫害预警水平将发挥越来越重要的作用。病虫害预警监测工作是植保工作的基础，传统监测方式工作量大，费时、费工，而病虫害远程实时监测系统就解决了这一难题，为测报员节省出更多的时间进行深入的研究工作。目前云南省玉溪市红塔区植保植检站试验实施的害虫远程实时监测系统就是现代科技手段在病虫害预警监测工作中的应用之一，该系统通过对害虫进行远程实时监控，监测数据通过无线网络发送至测报员手机或电脑终端，测报员根据掌握的害虫发生消长情况，及时指导大面积防控。2016 年红塔区植保植检站开展了小菜蛾、斜纹夜蛾远程实时监测系统应用试验，通过 1～11 月逐日的观察记载和对监测资料的研究分析，为害虫远程实时监测系统的应用提供了依据，试验达到了预期的效果。

1 试验时间、地点

时间：2016 年 1 月 1 日至 11 月 30 日。

地点：云南省玉溪市红塔区北城玉农蔬菜基地。基地种植面积 13.3hm²，种植作物种类以白菜、芥蓝、小葱为主，轮作鲜食玉米。

2 试验设计

2.1 试验监测害虫

小菜蛾、斜纹夜蛾。

2.2 试验材料

1）北京依科曼第三代闪讯害虫远程实时监测系统，纽康小菜蛾测报诱芯，诱芯 1.5 个月更换 1 次。

2）宁波纽康生物技术有限公司提供的 SHW-NMT-05 型昆虫性诱电子测报系统、纽康斜纹夜蛾测报诱芯，诱芯 1.5 个月更换 1 次。

2.3 常规监测工具

小菜蛾为普通三角屋＋粘虫板诱捕器，斜纹夜蛾为普通瓶式诱捕器。

2.4　田间设置

2.4.1　小菜蛾监测

闪讯害虫远程实时监测系统 1 个，常规诱捕器 2 个（诱芯及诱捕器与闪讯相同），3 个监测点间距 50m、正三角形放置。放置高度保持高出作物 20～30cm。

2.4.2　斜纹夜蛾监测

纽康电子实时监测系统 1 套、普通瓶式诱捕器 1 个，距离纽康电子实时监测系统 20m。诱捕器放置高度距离地面 1.6m。

2.5　记载内容

在整个监测期逐日记录害虫远程实时监测系统、常规监测工具诱虫数量，同时害虫远程实时监测系统诱虫数量进行人工计数，以验证系统计数准确性，每日调查时间为 10：00。

3　试验经过

3.1　闪讯害虫远程实时监测系统

1～5 月、8～11 月监测害虫小菜蛾，寄主作物分别为豌豆、菜心、白菜、小葱；6～7 月由于十字花科根肿病较重，轮作鲜食玉米，改为监测害虫玉米螟。

3.2　纽康 SHW-NMT-05 型昆虫性诱电子测报系统

从 1 月 1 日开始监测至 11 月 30 日，监测对象为斜纹夜蛾，田间种植作物白菜、鲜食玉米、豌豆、小葱。

4　试验结果

4.1　闪讯害虫远程实时监测系统对小菜蛾的监测结果

4.1.1　诱虫量

从 1 月 1 日到 11 月 30 日，诱虫闪讯监测系统计数共计 699 头、人工复核计数 298 头，普通三角屋 2 140 头（表 1），其中闪讯监测系统 10 月以后监测不到小菜蛾。

表 1　2016 年 1～11 月闪讯远程监测系统每 10d 对小菜蛾监测统计情况（头）

		实时监测系统		常规工具			种植作物	备注
		自动计数	人工复核	A	B	平均		
1 月	上旬	25	6	10	54	32	豌豆	
	中旬	2	0	11	8	10	豌豆	
	下旬	13	10	44	52	48	豌豆	
	合计	40	16	65	114	89.5		
2 月	上旬	25	17	88	64	76	豌豆	
	中旬	38	28	113	145	129	豌豆	
	下旬	24	22	101	144	123	豌豆	
	合计	87	67	302	353	327.5		
3 月	上旬	换卡没有发送信息	92	382	641	512		
	中旬	74	42	309	148	229	豌豆	

（续）

		实时监测系统		常规工具			种植作物	备注
		自动计数	人工复核	A	B	平均		
3月	下旬	105	97	381	449	415	豌豆	
	合计	179	231	1 072	1 238	1 155		
4月	上旬	103	18	374	20	196	菜心	
	中旬	61	18	330	20	174	菜心	
	下旬	85	11	281	24	146	菜心	
	合计	249	47	985	64	516		
5月	上旬	58	14	209	30	120	菜心	
	中旬	21	4	70	22	46	菜心	
	合计	79	18	279	52	166		
8月	上旬	22	3	40	36	38	白菜	
	中旬	13	2	63	28	45.5	白菜	
	下旬	欠费	4	12	12	12	白菜	
	合计	35	9	115	76	95.5		
9月	上旬	欠费	1	11	10	10.5	小葱	
	中旬	4	0	8	23	15.5	小葱	
	下旬	8	1	10	32	21	小葱	
	合计	12	2	29	65	47		
10月	上旬	0	0	70	19	44.5	小葱	从10月开始仪器诱集不到小菜蛾
	中旬	0	0	37	21	29	小葱	
	下旬	0	0	44	27	35.5	小葱	
	合计	0	0	151	67	109		
11月	上旬	0	0	81	31	56	小葱	
	中旬	0	0	133	34	83.5	小葱	
	下旬	0	0	115	41	78	小葱	
	合计	0	0	329	106	217.5		
累计		699	298	2 841	1 461	2 140		

4.1.2 发生消长趋势

从监测结果来看2016年小菜蛾发生高峰期在3月，2~4月是主要为害期，进入5月后虫口密度较低并一直持续到11月，其中6~7月由于栽种玉米未监测小菜蛾，改为监测玉米螟（图1）。

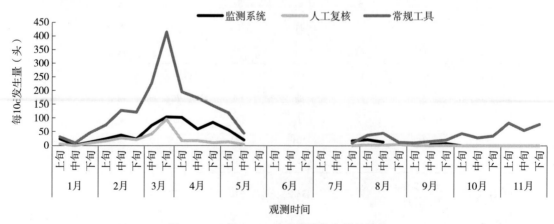

图1　2016年1~11月小菜蛾发生消长趋势

4.2 纽康电子监测系统对斜纹夜蛾的监测结果

4.2.1 诱虫量

2016 年 1 月 1 日至 11 月 30 日诱虫纽康监测系统诱虫共计 16 168 头、人工复核 14 282 头，普通诱捕瓶 26 407 头（表 2），其中 1～3 月仪器故障导致计数偏高，实际虫量较少。

表 2 2016 年 1～11 月纽康电子监测系统每 10d 对斜纹夜蛾监测统计情况（头）

观测时间		实时监测系统		常规工具	种植作物	备注
		自动计数	人工复核			
1 月	上旬	154	0	10	白菜	
	中旬	30	1	8	白菜	
	下旬	415	0	0	白菜	
	合计	599	1	18		
2 月	上旬	210	2	0	白菜	
	中旬	148	1	5	白菜	1～3 月系统故障，计数有误
	下旬	210	2	7	白菜	
	合计	568	5	12		
3 月	上旬	242	5	1	白菜	
	中旬	80	8	11	白菜	
	下旬	248	27	39	白菜	
	合计	570	40	51		
4 月	上旬	70	78	125	玉米	
	中旬	53	98	124	玉米	
	下旬	11	144	235	玉米	
	合计	134	320	484		
5 月	上旬	仪器故障，停止运行	303	516	玉米	
	中旬	883	405	879	玉米	
	下旬	2 005	1 141	2 997	玉米	
	合计	2 888	1 849	4 392		
6 月	上旬	1 369	678	1 542	玉米	
	中旬	2 043	905	2 224	玉米	
	下旬	2 026	888	2 367	空闲	
	合计	5 438	2 471	6 133		
7 月	上旬	1 842	715	1 363	空闲	
	中旬	737	538	1 001	小葱	
	下旬	仪器故障，停止运行	427	576	小葱	
	合计	2 579	1 680	2 940		
8 月	上旬	仪器故障，停止运行	837	986	小葱	
	中旬	仪器故障，停止运行	719	1 197	小葱	
	下旬	369	517	1 075	白菜	
	合计	369	2 073	3 258		

(续)

观测时间		实时监测系统		常规工具	种植作物	备注
		自动计数	人工复核			
9 月	上旬	318	408	930	白菜	
	中旬	314	674	1 092	白菜	
	下旬	449	976	1 362	白菜	
	合计	1 081	2 058	3 384		
10 月	上旬	493	895	1 438	豌豆	
	中旬	818	1 316	2 302	豌豆	
	下旬	376	709	788	豌豆	
	合计	1 687	2 920	4 528		
11 月	上旬	177	376	515	豌豆	
	中旬	288	444	597	豌豆	
	下旬	32	50	96	豌豆	
	合计	497	870	1 208		
累计		16 168	14 282	26 407		
扣除 1～3 月及 仪器故障虫量		14 431	11 950	23 051		

4.2.2　发生消长趋势

　　实时监测系统与常规诱捕瓶监测斜纹夜蛾发生消长趋势一致，高峰期均出现 2 个时段，分别为 5 月中旬至 7 月上旬和 9 月下旬至 10 月中旬，主害期 5～10 月，1～4 月发生较轻（图 2）。

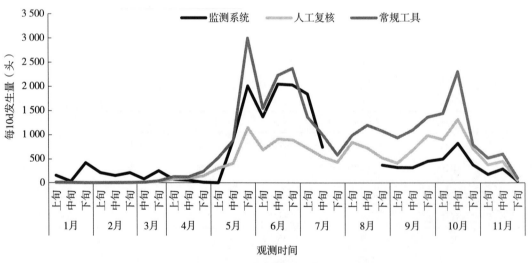

图 2　2016 年 1～11 月斜纹夜蛾发生消长趋势

5　结果分析

5.1　远程实时监测系统监测小菜蛾、斜纹夜蛾发生消长趋势与常规监测工具监测结果一致

　　从 2016 年应用情况来看，北京依科曼第三代闪讯远程实时监测系统、宁波纽康远程电子监测系统对小菜蛾、斜纹夜蛾发生消长趋势监测与常规工具监测结果一致，对大面积综合防控具有一定的指导作用；监测数据通过无线网络发送至测报员手机或电脑终端，实现对害虫远程实时监控，解决了测报技术人员频繁下地调查的难题，在生产中比较实用，可减轻人工监测工作量。

5.2 实时监测系统诱虫量比常规监测工具诱虫量偏少

从 2016 年 1 月 1 日到 11 月 30 日止，两套实时监测系统诱虫量均比常规监测工具诱虫量少。闪讯实时监测系统小菜蛾诱虫量 699 头，占常规监测诱虫量 2 374 头的 32.66%，虫量偏低主要原因是普通三角屋粘虫板诱捕器是直接粘虫，而自动诱捕系统是小菜蛾落入诱捕台后触发系统启动把虫扫入诱罐进行红外线计数，有部分小菜蛾因没有落入诱捕台就飞走了，相比普通三角屋诱捕器计数结果偏低；纽康自动电子监测系统斜纹夜蛾诱虫量 14 431 头，占常规监测诱虫量 23 051 头的 62.6%，原因有可能一是自动系统监测系统诱捕瓶上的诱捕孔只有 4 个，而普通诱捕瓶诱捕孔有 8 个，诱捕孔少导致部分虫没有进入就飞走了，二是监测系统红外线不够灵敏。

5.3 监测系统计数与人工复核比较，系统计数偏高

闪讯远程实时监测系统计数小菜蛾 699 头，人工复核计数 298 头，系统计数比人工复核约多 1.35 倍；纽康电子监测系统斜纹夜蛾计数 14 431 头，人工复核计数 11 950 头，系统计数比人工复核约多 20.8%。可能原因：一是系统存在重复计数；二是其他杂物触碰引起计数；三是闪讯远程实时监测系统诱罐底部（约占罐体 1/3）装水对虫体进行处理，中上部留有小圆孔，有部分虫没有落入水中从圆孔飞走，导致人工复核计数偏低。

6 存在的问题及建议

1）从 2016 年一整年应用情况来看，害虫远程实时监测系统监测小菜蛾、斜纹夜蛾可以看出其发生消长趋势，但是计数准确性还需在进一步提高。

2）由于实时监测系统是一种高科技现代化监测工具，在应用中出现故障后测报人员无法维修，需要系统管理专业人员才能解决，因此维修时间长，对监测数据有影响，因此这方面还需要继续完善。

3）进一步改进信息发送方式，避免由于欠费导致监测数据接收不到和丢失。

4）对诱捕虫体的处理，纽康监测系统还没有这一功能，闪讯监测系统用水处理，但是不太理想，还有待改进。

5）害虫远程实时监测系统的应用尚处于起步阶段，从资金、技术、试验研究等方面还需加强。

参考文献

黄冲，刘万才，2015. 试论物联网技术在农作物重大病虫害监测预警中的应用前景［J］. 中国植保导刊，35（10）：55-59.

2016 年泸西县果实蝇监测与防控技术探讨

金丽红

（云南省红河州泸西县植检植保站　泸西 652499）

摘要：近几年来，泸西县果实蝇发生呈上升态势，尤其是在一些采摘较晚的果园中发生较为严重，已对泸西水果产业健康发展造成严重威胁。2016 年根据泸西县水果栽植分布实况，利用性诱剂对白水镇八窝树和永宁乡阿峨村的梨、桃、柑橘园中果实蝇进行了为期 1 年的监测，通过采用性诱剂诱捕果实蝇的监测方法，对泸西县果实蝇的发生为害情况、发生规律和防治方法有了一些新的认识，但是由于经验不足，时间较短，一些工作不够深入细致，对果实蝇的发生规律和防治方法还有待进一步探索和实践，来年将进一步做好相关工作，探索完善相应防治技术，确保泸西县水果产业健康发展。

关键词：果实蝇；性诱剂；为害情况；发生规律；对策措施

泸西县通过多年的发展，目前共发展种植水果 1.512 万 hm²，其中梨 0.886 万 hm²，桃 0.37 万 hm²，柑橘 160hm²，其他水果 0.24 万 hm²，年实现产值 4.89 亿元。特殊的气候、土壤等条件，使泸西县的水果口感较好，营养价值高，市场前景好。水果种植已成为泸西县农民增收的主要产业支柱之一。但是由于果实蝇的为害，严重影响了泸西县水果的品质和产量，其世代重叠，为害隐蔽，幼虫蛀果以果内为害为主，在生产上监测及防治难度较大，对果实蝇的有效监测和防控一直是果品安全生产中亟待解决的难题。2016 年通过利用性诱剂诱捕监测调查，初步掌握了泸西县果园中果实蝇的发生为害情况，现将监测调查结果总结如下。

1　材料与方法

1.1　监测地的概况及监测时间

示范果园位于白水镇八窝树，面积 20hm² 左右，海拔在 1 767m，属典型的山地气候，年平均气温 14.6℃，平均日照 1 962.9h，全年无霜期 238d，年均降水量 1 031.7mm，相对湿度 77%，红壤土，光照充足，水肥条件中等，土壤有机质含量低。果园种植梨 16hm²，桃 4hm²，果树品种有雪花、金花、美人酥、水蜜桃等品种，基本上涵盖了泸西县的主要水果主栽品种。果园建园 16 年，处于盛果期。另一示范果园位于永宁乡阿峨村，面积 10 多公顷，东邻江边，南邻该乡的法衣村委会，西北面与弥勒县相邻，海拔 1 525m，年平均气温 20℃，夏长霜短，风小日照长，年均日照数 2 176h，年降水量 1 200mm，年平均相对湿度 80%左右，沙壤土，富含土壤有机质，矿物质含量丰富，属山地高原地形，地处低纬高原，立体气候明显，为典型的南亚热带气候。果园主要种植柑橘，果园建园 8 年，处于盛果期。果园实施常规化学防控。监测时间为 2016 年 1～12 月。

1.2　材料

诱捕器、性诱剂均由浙江纽康生物技术有限公司提供。

1.3　监测方法

用上述材料制成诱捕器分别在所选定的 2 个果园内，用细铁丝将诱捕器悬挂于枝叶繁茂的枝条上，诱捕器不能暴露于直射日光下，以免性诱剂过快挥发而失效，悬挂高度于地上 1.5m。采用每个点挂 2 个诱捕器，利用性诱剂诱杀成虫。诱捕器中的诱芯每月更换 1 次，于每月的 9 日更换，换下的诱芯及时回收，统一销毁。每个点均设专人负责，按时调查记数、上报数字、更换诱芯。泸西县植检植保站于 2016 年 1 月 1 日开始监测工作，1 月 4 日第一次上报数字，之后每周的周一早上由各监测点向植保站专职人员上报上一周的诱虫量，2 个诱捕器分开单独上报，并记录上一周基本天气情况。截至 2016 年 12 月 12 日，各监测点共上报监测结果 50 次，共 100 组相关数字（表 1）。各点更换诱芯 12 次。

1.4　调查方法

田间调查与性诱成虫需在同一区域同一果种上进行，作为性诱剂监测的补充，每个月调查一次，在每个月的上旬进行。随机 5 点取样，共调查 5 个点，每个点调查 10m²，一是记录自然落果数；二是每个点调查树上的 50 个果，记录受害虫果数，并计算虫果率（表 2）。

2　结果与分析

2.1　诱杀效果

根据各监测点监测结果，全年两个点共诱虫量 1 716 头。柑橘园果实蝇发生高峰在气温较高的 7～9 月，诱虫量分别为 7 月 193 头、8 月 271 头、9 月 198 头，10 月诱虫量少量下降；据田间调查落果率在幼果期较高，平均虫果率达 1.4%，8 月上旬最高虫果率达 3.2%。综合来看，泸西县柑橘园防治果实蝇从幼果期 6 月初开始，7 月为重点防治时期。梨园、桃园经监测及田间调查，泸西县上市较早的油桃基本上不受果实蝇为害，只有较晚熟的部分桃受害。梨园于 9 月发生较重，9 月诱虫量为 190 头，此时梨处于成熟期，部分果园落果、烂果相对较多，又不能及时清除，利于果实蝇发生发展。建议梨园于 8 月开始注意观察果实蝇发生情况，适时进行防治，尤其是要在采摘前进行一次果实蝇防治（表 1、表 2）。

表 1　2016 年果实蝇性诱成虫记录表

时间	永宁乡阿峨村柑橘园（头）			白水镇八窝树梨、桃园（头）			换芯时间	天气
	1 瓶	2 瓶	合计	1 瓶	2 瓶	合计		
1 月 4 日	4	2	6	2	1	3		晴
1 月 11 日	2	1	3	1	0	1	1 月 9 日	晴
1 月 18 日	0	0	0	0	0	0		晴
1 月 25 日	0	0	0	0	0	0		晴
2 月 1 日	0	0	0	0	0	0		雨
2 月 8 日	0	0	0	0	0	0	2 月 9 日	晴
2 月 15 日	0	0	0	0	0	0		雨
2 月 22 日	0	0	0	0	0	0		晴
2 月 29 日	0	0	0	0	0	0		晴
3 月 7 日	0	0	0	0	0	0	3 月 9 日	雨
3 月 14 日	0	0	0	0	0	0		晴
3 月 21 日	0	0	0	0	0	0		晴
3 月 28 日	0	0	0	0	0	0		晴
4 月 4 日	0	0	0	0	0	0		晴
4 月 11 日	0	0	0	0	0	0	4 月 9 日	晴
4 月 18 日	0	0	0	0	0	0		雨
4 月 25 日	1	1	2	0	0	0		晴
5 月 2 日	1	3	4	0	0	0		晴
5 月 9 日	2	2	4	0	0	0	5 月 9 日	晴
5 月 16 日	2	3	5	0	0	0		雨
5 月 23 日	3	4	7	0	0	0		雨

（续）

时间	永宁乡阿峨村柑橘园（头）			白水镇八窝树梨、桃园（头）			换芯时间	天气
	1瓶	2瓶	合计	1瓶	2瓶	合计		
5月30日	3	5	8	0	0	0		雨
6月6日	4	5	9	0	0	0		雨
6月13日	4	6	10	0	0	0	6月9日	晴
6月20日	6	11	17	0	0	0		雨
6月27日	7	13	20	0	0	0		雨
7月4日	15	24	39	0	0	0		晴
7月11日	19	27	46	0	0	0	7月9日	晴
7月18日	20	29	49	0	0	0		雨
7月25日	23	36	59	0	0	0		晴
8月1日	20	32	52	0	0	0		雨
8月8日	25	36	61	0	0	0		晴
8月15日	26	43	69	8	4	12	8月9日	晴
8月22日	19	37	56	13	7	20		雨
8月29日	13	20	33	16	11	27		雨
9月5日	18	34	52	18	13	31		雨
9月12日	16	32	48	27	22	49	9月9日	晴
9月19日	20	37	57	33	25	58		晴
9月26日	15	26	41	29	23	52		晴
10月3日	12	22	34	27	20	47		雨
10月10日	16	25	41	24	17	41	10月9日	晴
10月17日	17	27	44	22	16	38		雨
10月24日	15	24	39	21	14	35		晴
10月31日	13	22	35	19	12	31		晴
11月7日	14	23	37	17	10	27		晴
11月14日	12	18	30	15	11	26	11月9日	雨
11月21日	11	17	28	14	9	23		雨
11月28日	10	15	25	13	8	21		晴
12月5日	8	13	21	11	7	18		晴
12月12日	7	12	19	10	6	16	12月9日	晴

表2 2016年果实蝇田间调查记录表

调查日期	地点	果种	生育期	自然落果数（个）						有虫果数（个）						虫果率（%）
				1	2	3	4	5	小计	1	2	3	4	5	小计	
5月10日	永宁乡阿峨村	柑橘	幼果期	7	9	10	12	13	51	1	0	0	1	0	3	1.2
5月10日	白水镇八窝树	梨、桃	幼果期	5	6	7	6	8	32	0	0	0	0	0	0	0
6月10日	永宁乡阿峨村	柑橘	幼果期	3	5	2	8	6	24	1	1	1	0	1	4	1.6
6月10日	白水镇八窝树	梨、桃	幼果	4	3	4	7	3	21	0	0	0	0	0	0	0
7月10日	永宁乡阿峨村	柑橘	幼果期	2	3	3	2	3	13	1	2	1	1	2	7	2.8
7月10日	白水镇八窝树	梨、桃	果实膨大期	1	1	2	1	1	6	0	0	0	0	0	0	0
8月10日	永宁乡阿峨村	柑橘	幼果期	1	1	1	1	1	5	2	2	1	1	2	8	3.2
8月10日	白水镇八窝树	梨、桃	果实膨大期	1	1	0	0	1	3	1	1	1	1	1	5	2

（续）

调查日期	地点	果种	生育期	自然落果数（个）						有虫果数（个）						虫果率（%）
				1	2	3	4	5	小计	1	2	3	4	5	小计	
9月10日	永宁乡阿峨村	柑橘	果实膨大期	1	1	1	0	1	4	1	1	2	1	1	6	2.4
9月10日	白水镇八窝树	梨、桃	果实采收期	0	1	1	1	0	3	1	2	1	2	1	7	2.8
10月10日	永宁乡阿峨村	柑橘	果实膨大期	1	1	0	0	0	2	1	1	1	1	1	5	2
10月10日	白水镇八窝树	梨、桃	休肥期	0	0	0	0	0	0	1	0	0	0	0	0	0
11月10日	永宁乡阿峨村	柑橘	果实膨大期	1	1	0	1	0	3	1	1	1	1	2	6	2.4
11月10日	白水镇八窝树	梨、桃	休肥期	0	0	0	0	0	0	0	0	0	0	0	0	0
12月10日	永宁乡阿峨村	柑橘	果实采收期	1	1	0	1	1	4	1	1	1	1	1	5	2
12月10日	白水镇八窝树	梨、桃	休肥期	0	0	0	0	0	0	0	0	0	0	0	0	0

性诱剂对果实蝇产卵量的干扰作用在诱捕器摆放前1d进行调查。示范区梨园果实蝇产卵量比非示范区高13.9%，示范区桃园产卵量比非示范区高8.4%，示范区梨园幼虫量比非示范区高11.6%，示范区桃园比非示范区高6.2%。果实蝇诱捕器放置后，随着诱虫天数的增加，示范区内雄虫被诱杀，落卵量下降。示范区柑橘园落卵量比非示范区降低16.3%～70.8%，平均降低33.9%；示范区梨园落卵量比非示范区降低12.3%～62.8%，平均降低28.6%；示范区桃园落卵量比非示范区降低9.5%～56.3%，平均降低19.4%。由于落卵量减少，幼虫密度便随之下降，示范区柑橘园幼虫密度比非示范区降低13.6%～68.2%，平均降低31.3%；示范区梨园幼虫密度比非示范区降低10.6%～63.8%，平均降低29.1%；示范区桃园幼虫密度比非示范区降低7.3%～53.2%，平均降低25.8%。

2.2　为害率

示范区柑橘园虫果率比非示范区降低14.8%～33.6%，平均降低19%，示范区为害指数比非示范区降低16.2%～38.7%，平均降低31.9%；示范区梨园虫果率比非示范区降低8.2%～29.3%，平均降低16%，示范区为害指数比非示范区降低12.3%～33.6%，平均降低26.4%；示范区桃园虫果率比非示范区降低4.6%～17.8%，平均降低9.1%，示范区为害指数比非示范区降低7.2%～21.8%，平均降低13.9%。

2.3　效益

从对示范区、非范区柑橘园、梨园和桃园进行虫害药剂防治调查，每个果园每个品种调查面积2hm²，计算示范区、非示范区防治成本，比较效益。根据调查统计，示范区柑橘园、梨园和桃园共计喷施杀虫药剂6次，平均每667m²喷施6次，非示范区柑橘园、梨园和桃园共计喷施杀虫药剂4次，平均每667m²喷施4次，示范区比非示范区每667m²平均少喷杀虫剂2次，以每667m²每次平均药费12元计算，示范区每667m²比非示范区减少药剂投入24元。示范区诱捕器可重复使用，每套诱捕器费用8元，每667m²5套合计投入40元，示范区每667m²比非示范区实际每667m²节约16元，6.67hm²果实蝇性诱剂示范区节约开支1 600.8元。若按6.67hm²计算，每年果实蝇性诱剂示范区可增加收入1 600.8元，每667m²果园每次按使用农药250g计算，减少农药用量50.03kg。

2.4　发生规律

每年发生5代，第一代果实蝇幼虫于4～5月为害柑橘，第二代幼虫于6～7月为害梨，第三代幼虫于8～9月为害梨、桃，第四代幼虫于10～11月为害柑橘，早期羽化的成虫繁殖的第五代幼虫于12月至翌年1月为害晚熟的柑橘。果实蝇世代重叠明显，无越冬现象，成虫是全年均能活动为害。用性诱剂诱杀雄成虫的方法调查田间种群动态的结果表明，从6月开始田间种群数量增加，7～9月是全年种群发生高峰期，10 月种群数量开始下降。该虫为害时间有提前和加重的趋势，与当年的气温有着密切关系。果实蝇卵、幼虫、预蛹期、蛹期、成虫的有效积温分别为 25.82℃、175.72℃、6.04℃、138.12℃ 和 325.83℃，全代的有效积温是 671.53℃，发育起点温度为 10.21℃。

3 对策措施

根据果实蝇的发生为害情况及其发生规律，在防治策略上应该采取大范围的、持久的联防，实行统防统治；在防治方法上必须把好果品检疫、果实套装、人工防治、诱杀雄虫、化学防治"五关"，同时配合果园管理，改善光照条件等，才能有效地控制其为害。

3.1 加强果园管理

做好果树修剪工作，改善果园通风透光条件，减小荫蔽度，清洁果园，及时中耕松土，把蛹翻到地面，利用气候因素和天敌因素将蛹杀死，以减少虫源基数。

3.2 加强检疫措施管理

果实蝇疫情的传染主要是以被害果、种子和苗木为传播载体，因此，在疫情控制中，首先应该加强对被害果、种子和苗木等传播载体的科学防治，这样才能有效控制疫情的扩散和蔓延。强化科学检疫措施建设，严格按照《中华人民共和国植物检疫条例》规定，凡已发生疫情的地区均需要划为疫区，疫区内所有果实和种子、苗木未经检疫合格取得植物检疫证书不得运出和上市。

3.3 果实套袋

全面进行果实套袋，根据泸西县近几年梨的生产实况，对采摘时期相对较晚的雪花梨进行套纸质黄色果袋。经调查，此方法防治果实蝇效果较好，除少量因梨果较大把果袋撑破后有部分果面外露的梨受害外，其他的梨基本上没有受害，防效在 98% 以上。采果时果实与套袋一同采收，售果后将果袋与病虫果全面清理，集中销毁。

3.4 人工防治（田园清洁法）

及时对受害果园的落果、烂果进行捡拾，每 3d 一次，进行集中处理，处理方法可采用深埋、水浸、水烫等杀死果内幼虫或用封口塑料袋、编织袋收集烂果后倒入少量敌敌畏，扎紧袋口熏蒸。

3.5 诱杀雄虫

一是应用专用性诱剂和诱捕器诱杀雄性成虫，可起到诱杀大量雄性成虫而减少雌雄交配降低产卵数量的作用，及时压低虫源。诱捕器（推荐使用浙江纽康生物技术有限公司诱捕器）每 667m² 均匀安放 5 个，每个诱捕器内放进性诱剂进行诱捕雄性成虫，性诱剂（推荐使用浙江纽康生物技术有限公司性诱剂）每 25～30d 更换一次。二是应用物理诱粘剂粘王直接喷到割掉底部的空矿泉水瓶内外、塑料杯、肥料袋、塑料板等上，将其悬挂于果树阴凉通风处即可。每 15～20d 更换一次，每 667m² 安放 8～10 个，防治结束后将其取下清理销毁。三是应用黄板诱杀，每 667m² 挂黄板 8～15 片。四是应用杀虫灯诱杀。

3.6 化学防治

幼虫：果实蝇常在 4 月下旬 5 月初开始羽化出土，一般集中在上午，特别是在雨后晴天，气温高时孵化最多，在夏、秋、冬三季都有羽化活动，但以 7～11 月为多，因此，可以在 5 月中旬至 11 月，多次在地面撒施或喷施农药以毒杀初孵化出土的成虫。适宜药剂和方法有多种，如用 80% 敌百虫、40% 辛硫磷，或 48% 毒死蜱 800～1 000 倍液，每株树盘内喷灌 15～20kg；或在地面撒施毒土，一般每 667m² 用 10% 辛硫磷颗粒剂 1kg，拌细土 50kg 均匀，撒施 2～3 次，特别是冬季，这样可以大大减少虫源基数。与其他监测点相比，同期诱虫数明显降低。

成虫：根据果园果实蝇监测结果，7～9月是全年成虫发生高峰期，一是进行全园喷药，可用1.8%阿维菌素1 500倍液、80%敌敌畏1 000倍液、45%马拉硫磷、30%氰戊·马拉、48%毒死蜱800倍液，或75%灭蝇胺10g，对水50kg，并加3%红糖、少量白酒和米醋对树冠及其果园附近的林地进行喷雾，喷至雾点欲滴为止，一般成树每株用药液1.5kg，每周喷1次，连续喷施5～6次进行防治。二是毒饵诱杀果实蝇，用红糖3份＋白酒1份＋醋2份＋水15份，加少量敌百虫制成毒饵，装入瓦罐，挂在约1.5m高的树枝上，每10株挂1个，15d左右换一次毒饵。

4　小结

1）通过在梨、桃、柑橘园中实施性诱剂试验示范，表明果实蝇在泸西县果园中是主要的蛀果害虫，并且为优势种群。

2）果实蝇繁殖速度快，暴发性强，危险性大。成虫产卵于果肉内，幼虫在果肉内蛀食，造成水果腐烂与落果，严重影响水果品质和产量。

3）根据监测果实蝇在果园中的发生为害情况，必须改变以往的观念，对果实蝇的防控治理措施应以7～9月为重点防治时期，这样可以有效地降低虫口基数。

4）性诱剂对果实蝇有一定的诱捕作用，可减少化学药剂用量，在果园生产中具有一定的推广价值。

参考文献

鲁兴凯，周天祥，2010. 彝良县柑橘大实蝇的为害及防治［J］. 云南农业（4）：42-43.

袁盛勇，孔琼，田学军，等，2007. 蒙自石榴园橘小实蝇发生与综合防治技术研究［J］. 中国南方果树，36（4）：73-75.

袁盛勇，孔琼，肖春，等，2005. 红河石榴园橘小实蝇种群动态规律［J］. 山地农业生物学，24（3）：217-220.

2016 年三都县害虫新型性诱自动监测工具试验报告

艾祯仙　　白明琼　　刘燕　　赵安黔

（贵州省三都水族自治县植保植检站　　三都　558100）

摘要： 农作物病虫害监测预警是植物保护的基础工作。近年来我国大力推广新型测报工具试验、示范工作，为提高病虫害监测预警能力，减轻测报工作强度提供了有效手段。2016 年，贵州荀三都水族自治县植保植检站通过应用宁波纽康生物技术有限公司提供的新型害虫自动监测工具——赛扑星昆虫性诱电子智能测报系统来监测稻纵卷叶螟、二化螟、三化螟发生动态，并验证自动计数系统的准确性，为下一步推广应用提供了数据支撑。

关键词： 新型性诱；自动监测；工具

三都水族自治县位于贵州省南部，地处 107°59′E，25°59′N，海拔 370～1 000m，年均气温 18.2℃，属低山河谷区，森林覆盖率达 50%，水稻种植面积为 1.03 万 hm^2，旱地作物种植面积 0.67 万 hm^2。水稻发生虫害主要有稻纵卷叶螟、白背飞虱、褐飞虱、二化螟、三化螟、稻秆蝇、稻蓟马等，现阶段测报主要依据佳多自动虫情测报灯、糖醋液、田间拍盘、赶蛾、系统调查、跑面调查等，为提高害虫监测的自动化水平，不断提高害虫监测质量和预报水平，在全国农业技术推广服务中心与贵州省植保植检站的安排下，2016 年三都水族自治县开展了害虫新型性诱自动监测工具试验。

1　监测作物及对象

监测作物：水稻。

监测对象：稻纵卷叶螟、二化螟、三化螟。

2　环境条件

试验安排在贵州省三都水族自治县中和镇幸福村进行，试验区大面积种植水稻，视野空旷，连片面积共 20hm^2 左右，海拔高度为 710m。常年稻纵卷叶螟、二化螟、三化螟发生较重。三都水族自治县稻纵卷叶螟常年发生 5～6 代，主要为害代为第三、四代，第三代重于第四代，二化螟和三化螟 1 年发生 2～3 代，主害代为第二代，为害盛期为 7 月中下旬。

3　试验工具

宁波纽康生物技术有限公司提供的新型害虫自动监测工具——赛扑星昆虫性诱电子智能测报系统。

4　仪器安装

3 台新型诱捕器放置在试验田中，相距 55m，呈正三角形放置，安装时间为 2016 年 8 月 17 日，安装时水稻处于灌浆-乳熟期，由宁波纽康生物技术有限公司提供专业技术人员前来安装，试验田块水稻收割日期为 9 月 5 日，试验区收割时间集中在 9 月上旬。

5 对照工具

对照工具为河南佳多公司生产的佳多自动虫情测报灯，距离试验仪器安装地150m。

6 试验结果及分析

6.1 比较赛扑星诱捕器自动计数系统记录数据与人工复核数据之间的吻合程度，验证自动计数的准确性

通过监测，稻纵卷叶螟自动计数系统共计数15头，人工计数11头，准确率73.3%，30d中有25d吻合度达100%，吻合度较高；二化螟自动计数系统共计数424头，人工计数117头，准确率为27.6%，自动计数数据明显偏大；三化螟自动计数系统共计数2 824头，人工计数6头，准确率为0.2%，数据相差较多（图1至图3）。

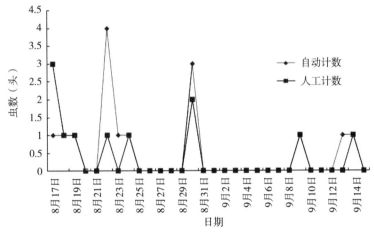

图1 2016年稻纵卷叶螟自动计数与人工计数虫口数

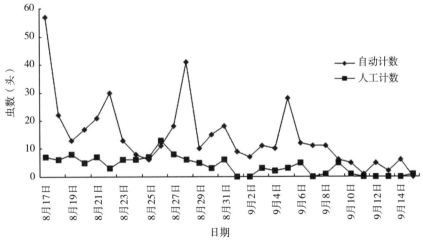

图2 2016年二化螟自动计数与人工计数虫口数

6.2 比较赛扑星诱捕器与佳多自动虫情测报灯的诱测效果，包括诱测始见期、虫量、峰值等

通过监测，赛扑星诱捕器通过人工计数监测到稻纵卷叶螟11头，无峰期；二化螟117头，峰期出现在8月25~27日；三化螟6头，无峰期。佳多自动虫情测报灯监测到稻纵卷叶螟22头，灯下无明显峰期；二化螟33头，峰期为8月25~27日；三化螟16头，无明显峰期。监测结果显示，试验

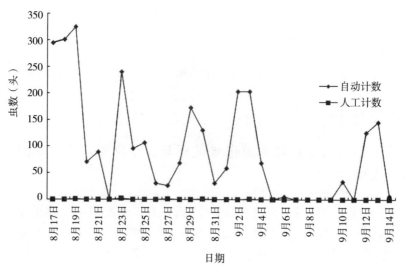

图 3   2016 年三化螟自动计数与人工计数虫口数

工具监测到的稻纵卷叶螟和三化螟数量没有对照工具的多，均无峰期，试验工具监测到二化螟明显多于对照工具，出现的峰期吻合（图 4）。

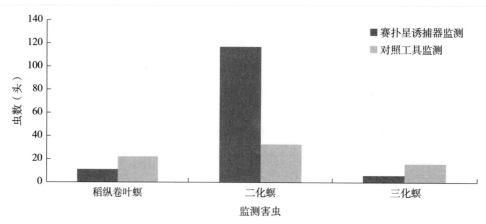

图 4   赛扑星诱捕器与佳多自动虫情测报灯的诱测效果

6.3   评价无线传输系统和太阳能等设备的稳定性和使用效果

通过在三都水族自治县试验结果显示，赛扑星诱捕器自动计数系统与人工复核计数数据相差大，说明其受外界干扰相对较大，由于今年试验时间相对较晚，而且监测时间较短，试验仪器安装时水稻已处于乳熟期，所以不能很好地评价其效果及监测情况与田间为害情况的对应关系。

7   结论

通过在三都试验的情况来看，赛扑星昆虫性诱电子智能测报系统能反映出当地稻纵卷叶螟、二化螟、三化螟的虫情消长规律，出现的峰期与对照工具吻合，但赛扑星诱捕器自动计数系统不稳定，存在计数偏大，重复计数与无虫计数的情况，且监测工具在田间安装稳固性不是很好，希望公司进一步改善。

夜蛾类通用型性诱监测器监测二点委夜蛾应用试验

陈哲[1]　王丽川[1]　张秋兰[1]　张燕[1]　刘莉[2]

(1. 河北省辛集市植保植检站　辛集 052360；
2. 河北省植保植检站　石家庄 050000)

摘要： 利用夜蛾类通用型性诱监测器（自动计数、人工计数两种）在河北省辛集市进行了二点委夜蛾监测试验。结果表明，该性诱监测器诱集二点委夜蛾的专一性较好，能反映田间虫量的消长变化情况，但二点委夜蛾诱捕器诱集虫量极少，远低于佳多自动虫情测报灯和传统性诱盆装置，世代、峰值均不明显。夜蛾类通用型监测器自动计数系统与人工计数之间差异不明显，数据自动传输系统相对稳定，遇极端天气影响不大。诱集器的颈口较小，诱集通道窄，不利于大量飞蛾飞进诱集器，二点委夜蛾诱虫量低的问题亟待进一步改进。

关键词： 夜蛾；性诱；智能；监测；试验

二点委夜蛾是 2011 年在河北省突然暴发的重大害虫，目前已成为河北省为害玉米作物的重大病虫害之一。为了进一步做好该害虫的监测预警工作，探索新型测报工具，提高监测水平，笔者在河北省辛集市利用夜蛾类通用型性诱监测器（自动计数、人工计数两种）进行了二点委夜蛾监测试验，以验证性诱监测器对二点委夜蛾的田间监测效果，以期为今后在预测预报工作中应用提供科学依据。

1　试验材料

1.1　性诱工具

夜蛾类通用型性诱监测器为宁波纽康生物技术有限公司生产的标准化害虫性诱监测工具，由支架、飞蛾类通用诱捕器组成。主要诱测害虫种类为二点委夜蛾。

性诱自动计数系统是由感应器、接收器、主控器、LCD 液晶显示屏、数据连接线和外机箱组成，与夜蛾类、飞蛾类监测器（自动计数系统专用）配合使用，满足 8 个月内每小时记录数据的存储和查询，支持 U 盘导出、手机短信接收等数据传输，系统采用太阳能板供电。

1.2　对照工具

传统性诱装置——性诱盆（市场购买）。

2　试验方法

2.1　试验地点

安置地点设在辛集市马庄农场，市区东南约 20km 处，主要种植作物为小麦、玉米，面积约千亩，地域空旷。对照工具性诱盆设置在辛集市区以北 10km 处辛集市马兰农场内，主要种植作物为小麦、玉米，面积约 33.3hm²，地域空旷。

2.2　性诱工具田间设置

马庄农场内放置了一台自动计数监测器，自动记录是由飞蛾类监测器自动识别、自动存储，通过手机短信接收数据。以农场以南距自动计数监测器约 50m、东西向 50m 两端呈正三角形处各放置了 1

台人工计数监测器，农场内共计放置了 3 台，离地高度均约 1m。对照马兰农场内自西向东依次放置了 10 个盆，盆间相距约 10m。

2.3 试验时间

诱虫器于 2014 年 7 月 27 日在马庄农场安置完成，自动监测器从 7 月 28 日、人工监测器从 8 月 1 日开始记录调查诱虫数量，性诱盆 4 月 30 日开始调查，专人进行记录当天每盆诱虫量。9 月 7 日结束。

2.4 调查方法

自动监测器从 7 月 28 日开始系统监测，主要通过手机短信接收数据；人工监测器从 8 月 1 日开始系统监测，每天 9:00 调查 1 次，记载诱虫种类、数量；性诱盆从 4 月 30 日开始系统监测，每天 9:00 调查 1 次，记载单盆诱虫数量。

3 试验结果

3.1 二点委夜蛾性诱消长动态

7 月 28 日至 9 月 7 日，通用型诱捕器人工记载累计诱集成虫 10 头，同期自动传输累计诱蛾 20 头。传统性诱盆 10 盆平均累计 126.3 头/盆；7 月 28 日诱捕器下出现成虫高峰日，当日诱蛾 7 头，而传统性诱盆高峰日为 7 月 29 日，日诱蛾 371 头（10 盆总量），峰值明显，基本吻合。将诱集期间通用型性诱捕器、传统性诱装置（10 盆平均）分别将逐日成虫诱蛾量，制作诱蛾量消长曲线图（图 1），从图 1 可以看出，通用型性诱捕器自动、人工与传统性诱装置相比，蛾量消长动态基本吻合，能反映出田间虫量的消长变化情况。

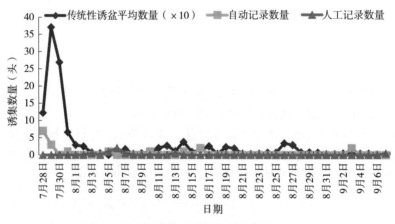

图 1　田间不同诱集方式诱集数量

3.2 性诱自动计数系统与人工计数比较

7 月 28 日至 9 月 7 日，43d，自动计数系统显示累计诱蛾量为 20 头，诱蛾天数为 8d，其他 35d 均为 0；人工计数诱蛾量为 10 头，诱蛾天数为 6d，其他 37d 均为 0。二者都是诱蛾量少，差异不显著。

用成对双样本均值分析同监测器人工和自动记录诱虫数量，处理间 T 值＝0.511 355 159，差异不显著（表 1）。

表 1　t-检验：成对双样本均值分析 1

	变量 1	变量 2
平均	0.184 210 526	0.131 578 947

（续）

	变量 1	变量 2
方差	0.262 446 657	0.144 381 223
观测值	38	38
泊松相关系数	0.010 961 249	
假设平均差	0	
df	37	
t Stat	0.511 355 159	
P（$T \leqslant t$）单尾	0.306 070 321	
t 单尾临界	1.687 093 597	
P（$T \leqslant t$）双尾	0.612 140 641	
t 双尾临界	2.026 192 447	

3.3 性诱自动计数系统与传统型性诱装置计数比较

7 月 28 日至 9 月 7 日，43d，自动计数系统显示累计诱蛾量为 20 头，诱蛾天数为 8d，其他 35d 均为 0；传统型性诱装置诱蛾量为 126 头（10 盆平均数），诱蛾天数为 45d。二者间差异十分明显。

用成对双样本均值分析性诱盆与自动记数监测器诱虫数量，处理间 T 值＝2.559 680 832，差异显著（表 2）。

表 2　t-检验：成对双样本均值分析 2

	变量 1	变量 2
平均	3.007 142 857	0.428 571 429
方差	48.82 360 627	1.519 163 763
观测值	42	42
泊松相关系数	0.448 230 538	
假设平均差	0	
df	41	
t Stat	2.559 680 832	
P（$T \leqslant t$）单尾	0.007 130 511	
t 单尾临界	1.682 878 003	
P（$T \leqslant t$）双尾	0.014 261 022	
t 双尾临界	2.019 540 948	

3.4 通用型自动诱捕器数据传输使用情况

监测试验期间，数据传输系统工作基本正常，利用手机可随时掌握诱捕器实时诱蛾情况。

4 结论与讨论

通过田间诱测结果显示，夜蛾类性诱监测器自动计数与人工计数基本吻合，由于安置时间偏晚，错过了发生盛期，因此有待进一步检验。通过飞蛾性诱监测器诱虫量与性诱盆诱虫量相比较，一是监测器诱虫量少。性诱盆诱虫量 7 月 28 日至 9 月 7 日平均单盆累计 126 头，监测器 7 月 28 日至 9 月 7 日累计诱虫 20 头，比性诱盆少 106 头。田间虫量消长变化不如传统型性诱装置明显，无法开展监测。传统型性诱盆诱虫数据与当年发生情况基本吻合，世代、峰值明显。监测器一是安置在发生盛期以后，时间较晚，未能对全年的发生情况进行监测，所以有待进一步试验。

分析夜蛾类性诱监测器诱蛾量比传统性诱装置偏少的原因，可能与性诱装置中的进虫口太小有关。进虫口为长方形，大小为（1.5±0.1）cm×（1.75±0.1）cm；颈口较小，诱集通道窄，不利于大量飞蛾飞进诱集器。

自动夜蛾类性诱监测器信息传输稳定。每天上午定时将诱集情况发送到手机上，遇极端天气影响不大。自动夜蛾类性诱监测器实现了监测数据的自动计数、实时传输，对于减轻测报工作人员劳动强度、提高测报工作时效具有十分重要的意义。但监测器自动计数系统与人工计数之间仍存在一定差异，自动计数系统仍需改进以便更加吻合实际诱蛾量。

赛扑星、闪迅监测黏虫、玉米螟试验报告

郑余良　张宝强

（陕西省西安市长安区农业技术推广中心　西安 710100）

摘要：通过对赛扑星和闪讯自动监测与人工调查数据的对比，两种设备在黏虫、玉米螟监测与人工监测的成虫发生趋势上基本吻合，但自动上报虫数与设备集虫箱内实际虫数有一定差异。两种自动化监测系统可以作为黏虫、玉米螟田间发生期预测预报依据。

关键词：赛扑星；闪讯；黏虫；玉米螟；发生趋势

1　试验目的

为改善玉米虫害传统监测预警手段，提高监测预警效率和准确性，逐步实现农作物病虫监测预警技术标准化、智能化，筛选出性能稳定、监测准确、适合生产实际的新型害虫自动化监测设备。

2　试验条件

2.1　试验地点

长安区灵沼街办里兆渠村（108.73°E，34.15°N，海拔 401.1m）。

2.2　试验环境

该区域为西安市长安区粮食主产区，常年小麦-玉米轮作，为黏虫、玉米螟常发区。试验地面积 6.67hm²，2016 年度种植的小麦品种为西安 240，玉米品种为裕丰 303。土壤类型为娄土，pH 8.1 左右。

3　试验设计和安排

3.1　使用设备

赛扑星重大害虫监测系统，型号为 SPT-R-01-2（3）。由宁波纽康生物技术有限公司提供。

闪迅重大害虫监测系统，型号为 3SJ-3。由北京依科曼生物技术有限公司提供。

人工诱捕器，型号为 PT-FMT。由宁波纽康生物技术有限公司提供。

3.2　使用性诱剂

黏虫诱芯，型号为 MS38；玉米螟诱芯，型号为 OF16，均由宁波纽康生物技术有限公司提供。两种性诱剂每 15d 更换一次。

3.3　试验安排

3.3.1　赛扑星监测黏虫、玉米螟

7月6日开始监测；1号、3号分机监测玉米螟，2号分机监测黏虫。

3.3.2　闪讯监测黏虫

从 4 月 17 日开始监测。

3.3.3　人工监测黏虫、玉米螟

黏虫设置 5 个人工监测点，玉米螟设置 3 个监测点。

3.3.4　田间仪器设置

赛扑星监测系统一套，闪讯监测系统 1 台，人工诱捕器 8 个。各监测设备间距 50m，田间具体放置如图 1 所示。

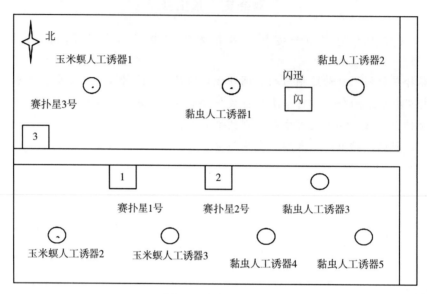

图 1　田间仪器设置

3.4　调查时间及方法

3.4.1　调查时间

2016 年 4 月 17 日至 9 月 30 日。

3.4.2　调查内容

每天 18：00 人工观察记录人工诱捕器、监测设备集虫箱及设备自动上报数据。

4　结果与分析

4.1　赛扑星监测数据

从赛扑星自动监测系统黏虫监测数据看，在发生趋势上基本吻合（图 2、图 3），在第二代成虫发

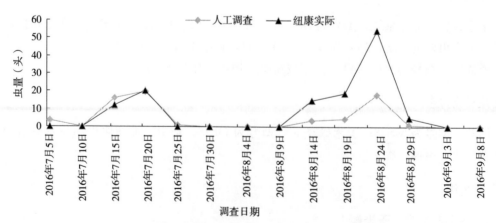

图 2　赛扑星自动监测黏虫实际虫数与人工调查虫数对比

生高峰上有一些差异。人工监测及赛扑星实际虫量高峰期在 7 月 20 日左右，赛扑星自动监测高峰在 7 月 25 日左右。第三代成虫高峰两者相吻合，在 8 月 25 左右。从该仪器监测玉米螟成虫发生趋势上看，也基本吻合（图 4）。但成虫期较长，且存在世代重叠现象。

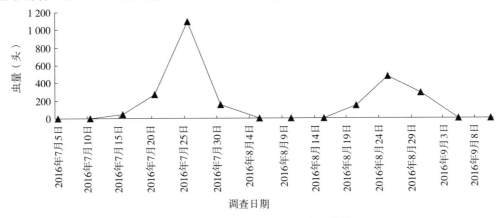

图 3　赛扑星自动监测黏虫的发生趋势

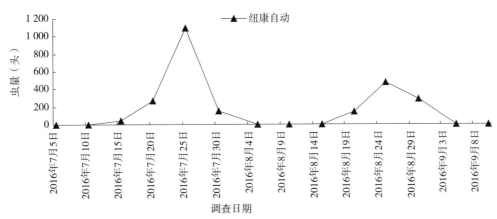

图 4　赛扑星自动监测玉米螟成虫发生趋势

4.2　闪讯监测数据

从闪讯监测黏虫发生趋势看，成虫发生盛期基本吻合。越冬代黏虫成虫从 4 月中旬开始至 5 月底，时间较长，峰期不明显。6 月 10 日左右为第一代成虫高峰期，7 月 20 日左右为第二代成虫高峰期。

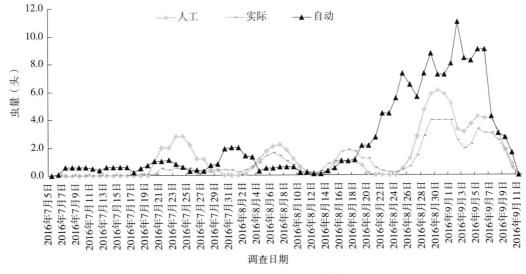

图 5　闪迅监测黏虫发生趋势

总之，赛扑星及闪迅害虫性诱自动化监测系统，收集的黏虫、玉米螟成虫发生数据与人工监测数据总趋势基本吻合，可以作为黏虫及玉米螟田间监测的依据。

5 问题与讨论

1）两种监测系统自动报虫数与设备集虫箱内实际虫数差异较大，赛扑星存在重复计数的可能性，闪讯集虫箱内实际虫数偏小。如赛扑星 8 月 24～26 日监测黏虫，自动报虫数分别为 257、215、251 个，但集虫箱中实际有虫数仅为 14、10、3 个，3d 人工监测分别为 5.4、2.6、1 个，7 月 19～25 日存在同样问题，自动计数过大。

2）赛扑星太阳能板设计过低，玉米生长后期影响采光。

3）两种设备需增设数据储备、备份系统，以便传输系统出问题时能够在主机内导出数据。

昆虫性诱测报工具在伊金霍洛旗
测报上应用的效果

李耀祯　赵汗春　斯日古楞　王予达

（内蒙古自治区伊金霍洛旗农业技术推广中心　伊金霍洛旗 017200）

摘要： 采用赛扑星昆虫性诱测报系统在内蒙古自治区伊金霍洛旗进行试验。结果表明，该系统所统计的结果与测报灯人工统计结果虫量增减近似相同，害虫诱虫量峰值接近。性诱测报技术具有精准度高、省工、省时等优点，适合在虫情测报中应用。

关键词： 性诱；灯诱；测报；工作效率

近年来，随着耕作制度的改变和设施农业的快速发展，导致害虫种群动态和发生特点显著变化。基层测报队伍目前欠缺昆虫种类鉴定知识，影响灯诱分类计数的准确性。同时基层队伍工作量大、工作人员短缺等众多因素影响病虫测报效率。赛扑星昆虫性诱系统较完美地代替了人工识别害虫与人工计数。笔者通过对赛扑星昆虫性诱系统与常规虫情测报灯（龙活音扎巴测报灯）对两种害虫诱虫情况进行分析比较，旨在提高昆虫测报工作效率。

1　材料与方法

1.1　试验材料

1.1.1　诱捕器材

诱捕器选取宁波纽康生物技术有限公司生产的赛扑星昆虫性诱测报系统，整套系统包括 1 个网关、5 个终端。由太阳能电池板、蓄电池、诱捕器、诱芯、计数器、气象收集装置（风速仪、温湿监测仪）等组成。一套主系统网关控制 5 个终端诱捕系统，每个系统相隔 50m，同时每个系统可放置不同诱芯，诱集不同种类害虫。诱芯种类分为毛细管和橡皮头两种。性诱电子测报仪通过太阳能板供电并充电，维持系统正常工作。供试诱芯有小地老虎、亚洲玉米螟、玉米黏虫、草地螟、小菜蛾。同时，继续加强龙活音扎巴测报灯灯诱测报点工作。

1.1.2　试验地点和时期

试验地点在鄂尔多斯市伊金霍洛旗乌兰木伦镇忽沙图村农田周边进行。诱捕器周边种植十字花科、茄科、伞形科等蔬菜，同时还种植大量禾本科作物。试验时期为对应害虫成虫始见期之前到终见期之后的整个时期。

1.2　试验步骤

1.2.1　安装性诱测报仪

2016 年 3 月 20 日龙活音扎巴测报灯开始运行。4 月 16 日安装性诱捕器，每个性诱捕器相隔50m，呈直线排布。同时放置诱芯运行测试。

性诱剂套装适配器见表 1。

1.2.2　运行与维护

为保证数据采集连续性，定时通过性诱测报系统终端，查看设备运行情况，对发现的问题及时进行维修或联系售后维修。对出现连阴雨天，要实地查看蓄电池是否存在亏电，并及时进行人工充电。

表1 性诱剂套装适配器表

害虫名称	学名	诱芯类型	设置高度（诱捕器底边）
亚洲玉米螟	*Ostrinia furnacalis*	毛细管	1.5m 或低于植物叶面
草地螟	*Loxostege sticicalis*	毛细管	1m 或低于植物叶面
小地老虎	*Agrotis ypsilon*	橡皮头	离地 1m
小菜蛾	*Plutella xylostella*	橡皮头	离地 1.5m 或高于作物 20cm
黏虫	*Mythimna separata*	毛细管	离地 1m

1.2.3 数据记录与记录内容

数据记录原理通过诱捕器上的红外感应计数器进行计数。收集的数据通过无线电 GPRS 发射系统，上传到网络服务器中储存。记录数据包括温度、湿度、风速、捕虫量。

2 结果与分析

2.1 以草地螟为例，性诱电子测报系统与普通测报灯效果比较

根据图 1 来看，随着时间的推移，性诱测报仪与测报灯诱虫量除 8 月上旬诱虫量异常偏高外，其余时间段增减趋势上基本相似，性诱测报仪与测报灯的草地螟始见期、峰期接近相同（表 2）。

表2 测报灯与性诱诱捕器捕获草地螟虫量统计表（头）

时间	4月下旬	5月上旬	5月下旬	6月上旬	6月下旬	7月上旬	7月下旬	8月上旬	8月下旬	9月上旬	9月下旬
测报灯	0	0	11	19	25	27	21	17	11	6	3
性诱测报仪	0	0	6	13	16	21	19	89	9	4	1

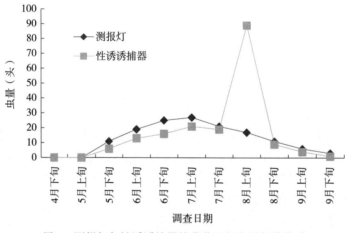

图1 测报灯与性诱诱捕器捕获草地螟虫量折线统计

2.2 以玉米黏虫为例，性诱测报系统与普通测报灯效果比较

依靠不同诱捕器，捕获黏虫成虫，根据表 3 所反映的情况来看，性诱捕器年累计诱虫量 56 头，测报灯诱虫量 40 头，从诱虫量上来看，对于黏虫性诱效果性诱捕器要比灯光诱虫效果要好。根据图 2 所反映的数据来看，测报灯与性诱诱捕器峰值相同；性诱捕器始见期早于灯诱始见期。综上所述，性诱测报灯在对黏虫进行测报时效果优于测报灯。

表3 测报灯与性诱诱捕器捕获黏虫量统计表（头）

时间	4月下旬	5月上旬	5月下旬	6月上旬	6月下旬	7月上旬	7月下旬	8月上旬	8月下旬	9月上旬	9月下旬
测报灯	0	0	0	0	0	5	11	13	7	3	1
性诱诱捕器	0	0	0	0	4	6	15	15	11	5	0

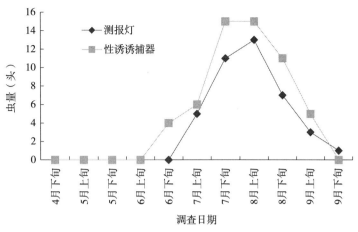

图2　测报灯与性诱诱捕器捕获黏虫量统计

3　讨论

3.1　自动技术不准确的原因

从图1来看，8月上旬性诱诱捕器异常，产生异常的原因是诱捕器内杀虫剂失效，诱入草地螟成虫未死亡，往复在诱捕计数器内徘徊，计数器重复计数。

3.2　性诱测报仪整体评价

从图1、图2来看，性诱测报仪与测报灯诱虫量时间段增减趋势上基本相似，性诱测报仪与测报灯诱虫量草地螟出现始见期、峰期接近相同，另外性诱测报仪同时还在工作量方面（自动技术）、工作人员专业技术方面（害虫识别）存在明显的优势。虽中途因杀虫剂失效导致技术异常，总体上性诱测报仪可以应用于虫害测报工作。

参考文献

陈生永，贾洪文，2005. 沙芥生物学特性及其开发利用研究初探［J］. 水土保持科技情报（5）：41-43.

加建斌，刘晓英，2007. 沙芥的价值及开发与利用［J］. 安徽农学通报，13（14）：82-83.

杨喜林，1987. 中国沙漠植物志［M］. 北京：科学出版社.

曾娟，杜永均，姜玉英，等，2015. 我国农业害虫性诱监测技术的开发和应用［J］. 植物保护，41（4）：9-15.

小菜蛾性诱剂测报诱芯的筛选试验研究

李利平　焦军　王俊英　王俊生　乜雪雷

（河北省邯郸市永年区农牧局　永年 057150）

摘要： 通过试验表明，从单诱捕器日均诱蛾量上分析，毛细管诱芯在夏、秋季的甘蓝、菜花诱蛾试验上要优于天然橡胶诱芯，能够作为小菜蛾测报调查工具应用。

关键词： 小菜蛾；性诱剂；测报

　　小菜蛾（*Plutella xylostella*）是十字花科蔬菜上的重要害虫，主要为害甘蓝、菜花、白菜、油菜。该虫繁殖力强，在华北地区一年可发生 4～6 代，在蔬菜生长季节田间可同时见到幼虫、蛹、成虫等虫态，世代重叠现象严重；小菜蛾抗药性强，目前已知对 50 多种杀虫剂产生了抗药性，农户在蔬菜生产上防治困难，损失严重。为了探索小菜蛾的调查监测方法，筛选合适的测报工具，按照河北省植保植检站试验工作安排，邯郸市永年区农牧局植保站进行了小菜蛾性诱剂测报诱芯的筛选试验，以便找到符合测报和防治要求的诱芯。

1　试验材料和方法

1.1　试验材料

　　试验材料由浙江宁波纽康生物技术有限公司提供，有小菜蛾船型粘胶诱捕器，性诱剂诱芯为天然橡胶诱芯 DBM2009482 和毛细管诱芯 DBM20095113，每个诱捕器放一枚诱芯，每隔 30d 左右更换诱芯。粘胶纸 3d 更换一次。

1.2　试验地点

　　试验于 2009 年在河北省永年区小西堡乡长桥村、王吕寨村的甘蓝田、菜花田进行，每次试验地面积约 667㎡。

1.3　试验方法

1.3.1　诱捕器田间设置
　　试验田诱捕器每 667㎡ 放置 3 个，距地边 10m，呈正三角形放置，诱捕器相距 30m，用竹竿固定，高度略高于作物 10cm。

1.3.2　诱测始期
　　夏季时间 6 月 6 日，秋季时间 8 月 22 日。

1.3.3　监测时间
　　夏季：6 月 6 日至 7 月 15 日；秋季：8 月 22 日至 10 月 1 日。

2　结果分析

2.1　夏季诱测试验数据分析

　　3 个天然橡胶诱芯诱蛾 18d，共诱蛾 3 596 头，单诱捕器日均诱蛾 66.6 头；3 个毛细管诱芯诱蛾

36d，共诱蛾 9 692 头，单诱捕器日均诱蛾 89.7 头。诱蛾比约为 0.7∶1，毛细管诱芯诱蛾效果优于天然橡胶诱芯（表 1）。

2.2　秋季诱测试验数据分析

3 个天然橡胶诱芯诱蛾 35d，共诱蛾 1 350 头，单诱捕器日均诱蛾 12.9 头；3 个毛细管诱芯诱蛾 35d，共诱蛾 1 603 头，单诱捕器日均诱蛾 15.3 头。诱蛾比约为 0.8∶1，毛细管诱芯诱蛾效果优于天然橡胶诱芯（表 2）。

表 1　不同类型小菜蛾性诱剂诱芯诱蛾情况（夏季）

诱芯类型	诱捕总数（头）				单诱捕器日均诱蛾量（头）	高峰日（月-日）/最高诱蛾量（头）
	I	II	III	合计		
天然橡胶诱芯	1 253	1 226	1 117	3 596	66.6	6-23/534
毛细管诱芯	3 528	3 343	2 821	9 692	89.7	6-21/342；6-30/521

表 2　不同类型小菜蛾性诱剂诱芯诱蛾情况（秋季）

诱芯类型	诱捕总数（头）				单诱捕器日均诱蛾量（头）	高峰日（月-日）/最高诱蛾量（头）
	I	II	III	合计		
天然橡胶诱芯	488	453	409	1 350	12.9	9-25/106
毛细管诱芯	533	553	517	1 603	15.3	9-25/115

3　小结与讨论

从试验结果看，船型粘胶诱捕器对小菜蛾具有非常好的诱捕效果，毛细管诱芯诱蛾效果优于天然橡胶诱芯，利用毛细管诱芯粘胶诱捕器可以对小菜蛾进行监测。通过走访农户和当地技术员，小菜蛾的发生量受气候影响大，春、夏季发生量大，秋季发生量明显少，这在试验中得到证明，也说明春、夏季是防治小菜蛾的关键时期。调查中发现，试验田的小菜蛾发生为害程度较轻，农户常规用药防治 10 次左右，试验田农户可以减少 3 次防治施药，能够减少农药使用量 30% 左右。通过性诱剂诱蛾可以减轻小菜蛾田间为害，从而减少农药使用量，降低用药用工成本，能作为绿色防控措施推广应用。

第三章

害虫远程实时监测系统试验报告

闪讯远程实时监测系统对斜纹夜蛾远程实时监测试验

罗文辉[1]　刘芹[2]　舒成星[1]　刘先辉[1]　刘昌敏[1]　郭瑞光[1]　马文斌[3]

（1. 湖北省大冶市植物保护站　大冶 435100；2. 湖北省植物保护总站　武汉 430070；
3. 湖北鑫东生态农业有限公司　大冶 435100）

摘要： 试验证明闪讯远程实时监测系统诱捕斜纹夜蛾成虫与杆式诱捕器诱捕斜纹夜蛾成虫效果一致，误差仅为 3.72%。闪讯远程实时监测系统手机短信计数与人工效对计数正确率为 85.24%。闪讯远程实时监测系统诱集成虫数据的手机短信与网络查看两种计数方式总体一致，166d 监测累计成虫数相差仅为 14 头，且每 5d 成虫累计数、发生趋势图相吻合，闪讯远程系统计数、数据储存与数据传输稳定可靠。闪讯远程实时监测系统、杆式诱捕器与人工计数成虫峰次趋势图吻合。6 次抽查所诱成虫种类鉴别，均为斜纹夜蛾成虫，诱捕成虫种类正确率为 100%，诱芯对斜纹夜蛾具有专一性。

关键词： 斜纹夜蛾；远程；实时；监测；试验

　　为加快推进先进实用的现代化监测工具研发应用，进一步提升重大害虫远程实时监测系统的应用效果，证实闪讯远程实时监测系统对斜纹夜蛾虫情信息实时采集技术、数据自动远程传输技术、数据信息化管理技术的应用前景，不断推进斜纹夜蛾自动监测预警信息化进程，提高斜纹夜蛾监测质量和预报水平，2016 年根据全国农业技术推广服务中心和湖北省植物保护总站的安排，大冶市在大箕铺湖北鑫东生态农业有限公司有机蔬菜生产基地进行斜纹夜蛾远程实时监测试验。

1　材料与方法

1.1　自动监测仪器

　　闪讯远程实时监测系统，由北京依科曼生物技术有限公司生产提供。

1.2　对照监测工具

　　用夜蛾类杆式性诱捕器，由宁波纽康生物技术公司生产，北京依科曼生物技术有限公司提供。

1.3　性诱剂

　　斜纹夜蛾毛细管性诱芯，由宁波纽康生物技术公司生产，北京依科曼生物技术有限公司提供。

1.4　参试作物

　　紫甘蓝、甘蓝、菜用甘薯、蕹菜、豇豆等蔬菜作物。

1.5　试验时间

　　2016 年 5～11 月。

1.6　试验区基本情况

　　试验区在湖北大冶鑫东生态农业有限公司第一期有机蔬菜基地进行。蔬菜地未施用化学农药，虫源基数高，试验区面积共 6.7hm²，地势平坦、肥力均匀，作物种类较多，未使用斜纹夜蛾性诱剂进行防治，8月3日安装毒·蜂卡（生物导弹）防治鳞翅目害虫；8月16日至10月5日在害虫高发期对虫口密度较大的菜地用苦参碱、Bt等农药防治6次。

1.7　试验设计与方法

试验地面积0.6hm²，设杆式性诱捕器2个、闪讯远程实时监测系统1台，按等边三角形布点，各边距离50m。为避免性诱剂对监测工具的误差，闪讯系统与2个对照区杆式性诱捕器均使用宁波纽康生物技术公司生产的毛细管同种诱芯，诱芯每月同时更换1次。为保障监测效果，在试验区周边均未设置性诱设施进行防治。闪讯远程实时监测系统每天8：30发送实时信息，每天0：00（24：00）储存当日诱集成虫数量，便于网上查阅；人工每天10：00～18：00不定时调查闪讯监测系统及杆式诱捕器1、杆式诱捕器2的成虫数。田间幼虫每5d调查1次，5点取样，每点5株，计25株。

2　结果与分析

闪讯远程实时监测系统于5月5日安装并发送手机短信，杆式性诱捕器于5月12日安装。于5月13日至11月3日实施监测试验，其中10月11～19日，因移动公司对网络用户实行实名制而停机9d，实际诱集成虫监测天数为166d。其中闪讯自动监测系统计数共诱斜纹夜蛾21 602头，人工对闪讯系统复核共诱斜纹夜蛾18 413头，闪讯系统正确率为85.24%；2个杆式性诱捕器平均诱蛾20 799头，与系统自动计数相比，相差803头，误差3.72%。手机短信查看与网络数据查看，166d监测累计数据基本一致，两者相差仅为14头，手机短信数据传递正确。于5月13日、6月6日、7月5日、8月6日、9月6日、10月8日进行诱集成虫种类鉴别，共鉴别闪讯自动监测系统诱集成虫635头均为斜纹夜蛾成虫，诱集成虫种类正确率100%。

2.1　自动监测系统与杆式诱捕器逐日成虫趋势数据多，成虫峰次较明显

从逐日自动监测系统计数、人工核对计数和2个杆式性诱捕器对照平均计数的趋势看，闪讯自动监测系统计数、人工对系统复核数和杆式性诱捕器平均数，三者之间每日诱集成虫数存在一定差异，但总体成虫峰次趋势较吻合（图1）。6月中旬之前成虫峰次不明显，6月底至7月初、8月初、8月下旬、9月底至10月初、10月下旬均有几次成虫高峰，其中8月下旬至10月中旬为世代重叠峰。

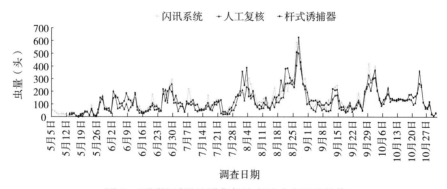

图1　不同性诱设施诱集斜纹夜蛾成虫逐日趋势

2.2　自动监测系统与杆式诱捕器每5d合计成虫趋势峰次十分明显

由于逐日监测斜纹夜蛾成虫数据大，且两种数据查看方式计数时间不统一，逐日成虫统计数与杆式诱捕器成虫实数存在差异，成虫峰次不是十分明显，根据斜纹夜蛾从产卵到幼虫孵化的间隔时间，在不影响预报与防治的情况下，每5d统计一次成虫数量，能准确预报成虫发生趋势，又不影响幼虫防治效果，所以本试验采取每5d累计一次斜纹夜蛾成虫数的方式，做出表1、图2。

表1 斜纹夜蛾成虫监测五日累计虫量统计表（头）

起止日期	系统计数	人工核对	杆式诱捕器	起止日期	系统计数	人工核对	杆式诱捕器
5月13～17日	89	88	68	8月11～15日	621	463	456
5月18～22日	105	105	134	8月16～20日	855	686	884
5月23～27日	284	216	291	8月21～25日	1 402	1 348	1 556
5月28日至6月1日	415	353	360	8月26～30日	2 188	1 893	1 930
6月2～6日	616	580	669	8月31日至9月4日	630	464	598
6月7～11日	557	396	656	9月5～9日	448	357	527
6月12～16日	390	327	386	9月10～14日	881	579	843
6月17～21日	442	342	307	9月15～19日	456	355	309
6月22～26日	581	572	499	9月20～24日	533	443	392
6月27日至7月1日	959	826	916	9月25～29日	958	923	790
7月2～6日	373	354	476	9月30日至10月4日	1 368	1 304	1 161
7月7～11日	549	408	532	10月5～9日	732	687	719
7月12～16日	421	306	362	10月10～14日		672	692
7月17～21日	506	433	502	10月15～19日		671	756
7月22～26日	197	116	291	10月20～24日	1 023	1 004	1 010
7月27～31日	564	537	715	10月25～29日	385	373	405
8月1～5日	1 221	938	1 314	10月30日至11月3日	233	226	249
8月6～10日	675	466	560				

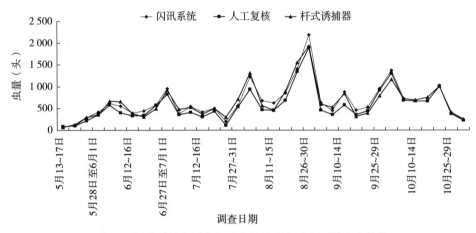

图2 不同性诱设施诱集斜纹夜蛾成虫每5日累计虫量趋势

从图2看，各代成虫高峰较明显，而且闪讯远程实时监测系统手机短信计数、人工复核计数和两个杆式性诱捕器对照平均成虫计数，成虫发生趋势高度吻合。分别于6月2～6日、6月27日至7月1日、8月1～5日、8月26～30日、9月30日至10月4日、10月20～24日均出现6次成虫高峰，8月中旬之前，各代成虫峰次明显，8月下旬至10月中旬出现世代重叠现象。

2.3 两种查看方式与人工复核5d成虫合计数相吻合，闪讯远程实时监测系统数据采集、储存和传输正常

为便于数据查看，闪讯远程实时监测系统采集的试验数据有两种查看方法，一种是用手机短信每天8：30定时发送实时数据，即前一日8：30以后至当日8：30采集的斜纹夜蛾数据；另一种是网络每天0：00自动计数，即从每日午夜0：00以后至第二日0：00采集的斜纹夜蛾数据，由于斜纹夜蛾多在夜间活动，两种查看方式对斜纹夜蛾采集时间不同，所以，两种查看方式按每日计数存在差异。但从两种查看方法总体数据分析，闪讯系统共采集166d斜纹夜蛾数据，手机短信计数为21 602头，

网络计数为 21 616 头，两种查看方法计数只相差 14 头。说明闪讯系统数据采集无误，计数准确，数据储存和数据传输十分稳定。从两种查看方式逐日的数据来看，数据差距较大，主要原因是两种查看方法斜纹夜蛾采集时间不同。从斜纹夜蛾监测 5d 成虫累计统计数发生趋势分析，手机短信计数、网络计数与工人复核计数趋势一致，手机短信计数与人工复核计数趋势更接近（图 3）。

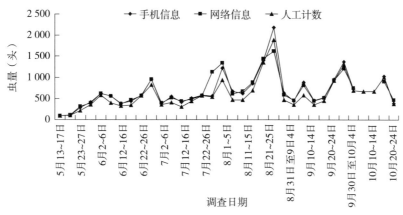

图 3 两种查看方式与人工复核斜纹夜蛾成虫 5 日虫量趋势

2.4 田间幼虫发生趋势受防治影响，田间虫量较小，但幼虫峰次与成虫峰次较吻合

试验区种植作物种类较多，为保障蔬菜生产安全，于 8 月 3 日成虫高峰时应用毒·蜂杀虫卡（生物导弹）防治鳞翅目害虫，8 月 16 日、8 月 25 日、9 月 1 日、9 月 8 日、9 月 26 日和 10 月 5 日对幼虫虫口密度大的菜地，用 Bt、苦参碱等生物农药防治田间幼虫，防治后虽然田间虫量较小，但总体田间幼虫峰与成虫峰次数较吻合（图 4）。

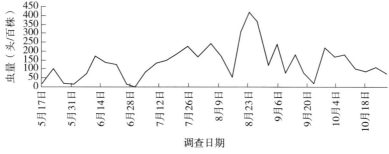

图 4 斜纹夜蛾田间幼虫发生趋势

3 结论与探讨

3.1 闪讯远程实时监测系统与杆式监测设施对斜纹夜蛾诱集效果相同

闪讯远程实时监测系统与 2 个杆式诱捕器监测斜纹夜蛾成虫数非常接近。166d 监测结果，闪讯远程实时监测系统共诱集斜纹夜蛾成虫 21 602 头，2 个杆式诱捕器平均每个诱集斜纹夜蛾成虫 20 799 头，闪讯远程不完善时监测系统比杆式监测设施多诱 803 头，两种监测工具误差 3.72%。

3.2 害虫远程实时监测系统手机短信计数与人工复核数准确率较高

166d 闪讯远程实时监测系统共诱集斜纹夜蛾成虫 21 602 头，人工对闪讯系统进行复核总数为 18 413 头，闪讯远程实时监测系统自动计数比人工复核读数 多 3 189 头，正确率为 85.24%。

3.3 闪讯远程实时监测系统数据采集计数准确，数据储存、传输系统正常

166d 监测结果，闪讯远程实时监测系统手机短信计数为 21 602 头，电脑网络计数为 21 616 头，误差为 14 头。闪讯远程实时监测系统手机计数与电脑网络计数相吻合，系统数据储存、传输均正常。

3.4　用闪讯远程实时监测系统手机短信 5d 成虫累计数据分析预测斜纹夜蛾发生趋势较适合

闪讯远程实时监测系统手机短信 5d 成虫累计数据与杆式诱捕器 5d 成虫累计数据和人工复核 5d 成虫累计数据的成虫发生趋势图高度吻合，峰次明显。

3.5　毛细管斜纹夜蛾性信息性诱剂效果明显

6 次抽查鉴别诱集害虫种类结果，共 635 头成虫，全部是斜纹夜蛾成虫，性诱剂诱集斜纹夜蛾正确率为 100％

3.6　该新型监测工具有推广应用价值

闪讯远程实时监测系统配合斜纹夜蛾性信息素应用于斜纹夜蛾虫情发生趋势监测，完全能替代人工监测，是减轻测报人员劳动强度、节约费用、提高监测预报准确率的一项现代化新型监测工具，适合在斜纹夜蛾监测方面推广应用。

3.7　部分监测设施需要改进

因斜纹夜蛾多在夜间活动，建议将网络计数时间改为每天 8：30，与手机短信计数时间一致。

3.8　监测设施标准化有待改进

监测标准化有利于数据分析、数据比较和技术档案积累，建议闪讯远程实时监测系统按气象部门标准，将温度、湿度监测系统安装在距地面 1.5m 的百叶箱中，每天传送最高气温、最低气温、平均气温和平均相对湿度等数据，便于进行虫情与气候条件分析预报。

参考文献

韩群营，李宁荣，黄明生，等，2013. 性诱剂在斜纹夜蛾监测预报中的应用 [J]. 安徽农业科学，41（31）：12333-12334.

姜玉英，曾娟，高永健，等，2015. 新型诱捕器及其自动计数系统在棉铃虫监测中的应用 [J]. 中国植保导刊，36（4）：56-59.

罗金燕，陈磊，路凤琴，等，2016. 性诱电子测报系统在斜纹夜蛾监测中的应用 [J]. 中国植保导刊，36（10）：50-53.

科尔沁右翼前旗新型测报工具使用现状及思考

王坤　李鑫杰　汪丽军　安晓宇

（内蒙古自治区科尔沁右翼前旗农业技术
推广中心植保植检站　科尔沁右翼前旗 137713）

摘要： 测报工具是植保工作的基础和前提，是病虫害监测预警的重要手段和途径。当前测报工具存在核心技术未根本突破、自动化和智能化程度不高、成熟度和轻便化程度不够等问题，本文针对这些问题提出了加快研发、强化协作、加大培训和政策倾斜等建议。

关键词： 测报工具；病虫害；监测预警

测报工具是植保工作的基础和前提，是病虫害监测预警的重要手段，是减少农药使用量、保障农产品质量安全和农业生态安全的关键。在病虫害测报工具的研发、推广、使用过程中，要坚持"预防为主、综合防治"的植保方针，树立"公共植保、绿色植保、科学植保、和谐植保"的理念，促进植保部门、研发企业与测报调查的有机融合，确保农业生产安全、农产品质量安全和农业生态环境安全。在内蒙古自治区植保植检站和兴安盟植保植检站的高度重视和大力推动下，科尔沁右翼前旗新型测报工具的推广应用工作稳中求进，取得了很大的进展，为实现病虫测报自动化、智能化、信息化和建设现代植保体系打下了坚实基础。

1　材料与方法

1.1　监测设备

监测设备由北京依科曼生物技术有限公司、浙江宁波纽康生物技术有限公司、河南佳多公司生产调试安装。

1.1.1　监测工具

北京依科曼（闪讯）性诱剂诱芯：天然橡胶诱芯（玉米螟）。

宁波纽康性诱剂诱芯：毛细管诱芯（玉米螟、草地螟、地老虎）。

1.1.2　监测对照工具

佳多自动虫情测报灯。

1.2　试验地点

北京依科曼（闪讯）害虫性诱实时监测系统设备安装在科尔沁镇中心测报点，监测种类为玉米螟。宁波纽康性诱监测设备安装在索伦镇吉拉斯台嘎查（监测种类为草地螟）、巴拉格歹乡三合村（监测种类为玉米螟）、俄体镇全胜村（监测种类为地老虎）。佳多自动虫情测报灯安装在科尔沁镇中心测报点，监测种类为草地螟、玉米螟、地老虎。

1.2.1　诱芯的放置

北京依科曼（闪讯）采用天然橡胶诱芯，诱捕器放置一枚诱芯，每30d更换一次；宁波纽康采用毛细管诱芯，每台诱捕器放置一枚诱芯，每30d更换一次。

1.2.2　监测时间

北京依科曼（闪讯）害虫性诱实时监测系统监测时间为2016年5月22日至9月10日，该设备为互联网统计诱捕数量同时监测温湿度。宁波纽康性诱监测设备监测时间为 2016 年 6 月 1 日至 9 月 10 日，该设备为手机短信统计日捕数量，9：00 自动接收短信。佳多自动虫情测报灯监测时间为 2016 年 5 月 20 日至 9 月 10 日，该设备为日别式诱捕，每天人工查虫统计记录。

2 结果与分析

2.1 性诱监测效果

北京依科曼（闪讯）害虫性诱实时监测系统监测时间从 2016 年 5 月 22 日开始，坚持每天上网查看实时监测数据，并严格按照要求更换诱芯，6 月 20 日诱测始见玉米螟雄蛾，20～30 日累计诱蛾 23 头。宁波纽康性诱监测设备监测时间从 2016 年 6 月 1 日开始，每天 9：00 接收监测数据，并严格按照要求更换诱芯，6 月 18 日诱测始见玉米螟雄蛾，6 月 18 日至 7 月 1 日累计诱蛾 41 头；5 月 25 日诱测始见草地螟雄蛾，5 月 25 日至 6 月 8 日累计诱蛾 47 头；6 月 27 日诱测始见地老虎雄蛾，6 月 27 日至 7 月 2 日累计诱蛾 8 头（表 1）。

2.2 佳多自动虫情测报灯监测效果

佳多自动虫情测报灯监测时间从 2016 年 5 月 20 日开始，玉米螟 6 月 16 日始见成虫，6 月 6 日至 7 月 2 日累计诱蛾 48 头。草地螟 5 月 24 日始见成虫，5 月 24 日至 6 月 8 日累计诱蛾 82 头。地老虎 6 月 26 日始见成虫，6 月 26 日至 7 月 2 日累计诱蛾 11 头（表 1）。

表 1 草地螟、玉米螟、地老虎野外性诱试验结果与佳多自动虫情测报灯诱测结果对比

时间	不同性诱设备诱捕蛾量（头/台）				佳多自动虫情测报灯（头/台）		
	闪讯（玉米螟）	纽康（玉米螟）	纽康（草地螟）	纽康（地老虎）	玉米螟	草地螟	地老虎
2016 年 5 月 22 日	0	0	0	0	0	0	0
2016 年 5 月 23 日	0	0	0	0	0	0	0
2016 年 5 月 24 日	0	0	0	0	0	2	0
2016 年 5 月 25 日	0	0	1	0	0	2	0
2016 年 5 月 26 日（小雨）	0	0	0	0	0	0	0
2016 年 5 月 27 日	0	0	2	0	0	5	0
2016 年 5 月 28 日	0	0	6	0	0	3	0
2016 年 5 月 29 日	0	0	5	0	0	6	0
2016 年 5 月 30 日	0	0	3	0	0	5	0
2016 年 5 月 31 日	0	0	4	0	0	7	0
2016 年 6 月 1 日	0	0	2	0	0	4	0
2016 年 6 月 2 日	0	0	3	0	0	11	0
2016 年 6 月 3 日	0	0	4	0	0	3	0
2016 年 6 月 4 日	0	0	5	0	0	7	0
2016 年 6 月 5 日	0	0	3	0	0	10	0
2016 年 6 月 6 日（雷阵雨）	0	0	0	0	0	0	0
2016 年 6 月 7 日	0	0	5	0	0	5	0
2016 年 6 月 8 日	0	0	4	0	0	3	0
2016 年 6 月 9 日	0	0	0	0	0	0	0
2016 年 6 月 10 日（暴雨）	0	0	0	0	0	0	0
2016 年 6 月 11 日	0	0	0	0	0	0	0
2016 年 6 月 12 日	0	0	0	0	0	0	0

（续）

时间	不同性诱设备诱捕蛾量（头/台）				佳多自动虫情测报灯（头/台）		
	闪讯（玉米螟）	纽康（玉米螟）	纽康（草地螟）	纽康（地老虎）	玉米螟	草地螟	地老虎
2016 年 6 月 13 日	0	0	0	0	0	0	0
2016 年 6 月 14 日	0	0	0	0	0	0	0
2016 年 6 月 15 日	0	0	0	0	0	0	0
2016 年 6 月 16 日	0	0	0	0	1	0	0
2016 年 6 月 17 日（大雨）	0	0	0	0	0	0	0
2016 年 6 月 18 日	0	1	0	0	2	0	0
2016 年 6 月 19 日	0	1	0	0	2	0	0
2016 年 6 月 20 日	1	2	0	0	2	0	0
2016 年 6 月 21 日	1	3	0	0	3	0	0
2016 年 6 月 22 日	2	4	0	0	5	0	0
2016 年 6 月 23 日	3	5	0	0	6	0	0
2016 年 6 月 24 日	3	4	0	0	5	0	0
2016 年 6 月 25 日（雷雨）	0	0	0	0	0	0	0
2016 年 6 月 26 日	3	6	0	0	4	0	2
2016 年 6 月 27 日	2	5	0	1	3	0	3
2016 年 6 月 28 日	3	4	0	2	5	0	1
2016 年 6 月 29 日	2	3	0	1	4	0	2
2016 年 6 月 30 日	1	2	0	2	3	0	1
2016 年 7 月 1 日	0	1	0	1	2	0	1
2016 年 7 月 2 日	0	0	0	1	1	0	1
2016 年 7 月 3 日至 8 月 15 日	0	0	0	0	0	0	0

2.3　不同性诱设备与佳多自动虫情测报灯效果比较

从表 1 可以看出，佳多自动虫情测报灯的诱测效果好于性诱捕器，虽然性诱设备诱捕玉米螟、草地螟、地老虎始见日期、蛾峰日期大致相同，但是通过实地踏查佳多自动虫情测报灯诱蛾量更加接近实际。

3　小结与讨论

1）性诱剂诱捕器诱杀玉米螟、草地螟、地老虎效果较好，均能较准确地诱测到成虫始见日期，其特点安全方便，不污染环境，同时由于诱杀专一性强，能够保护生物多样性。

2）通过互联网、手机短信平台，可以远程计数、报送，节省劳力，数据准确。

3）性诱剂诱捕器和传统的测报灯相比较诱虫数量不理想，诱蛾单一，无法查看雌蛾抱卵级别。

由于性诱剂诱捕器使用时间较短，监测数据不具备代表性，希望通过连年监测预报，为今后的推广应用提供可靠的数据支撑。

参考文献

刘万才，刘杰，钟天润，2015. 新型测报工具研发应用进展与发展建议［J］. 中国植保导刊（8）：40-42.

钟天润，2011. 总结成绩　明确思路　推动病虫测报事业可持续发展［J］. 中国植保导刊（2）：5-7.

闪讯害虫远程实时监测系统对蔬菜斜纹夜蛾性诱监测应用初报

彭卫兵[1]　夏风[2]　马晓静[2]　高宗仙[1]

（1. 安徽省繁昌县植物保护植物检疫站　繁昌 241200；
2. 安徽省植物保护总站　合肥 230001）

摘要： 使用闪讯害虫远程实时监测系统开展斜纹夜蛾田间动态监测，结果表明，该设备与常规监测方法对比，诱蛾蛾量大，峰期明显，较准确反映斜纹夜蛾田间的消长动态，其监测效果优于自动虫情测报灯和普通性诱捕器。系统远程监测实时准确，监测数据能及时通过网络、手机短信反馈给用户。该系统智能化和自动化程度高，为今后开展"互联网＋病虫监测"提供有力支撑。

关键词： 闪迅；斜纹夜蛾；监测

闪讯害虫远程实时监测系统是北京依科曼生物技术有限公司推出的新型害虫性诱测报系统，该系统主要运用生物信息、电子机械、无线传输、互联网等多项技术，具有害虫诱捕和计数、数据传输、数据分析等多项功能。为加快先进实用的现代化监测工具研发应用，推进虫情信息实时采集技术、数据自动远程传输技术、数据信息化管理技术的整合应用，进一步提升农作物重大病虫害监测预警信息化进程，逐步提高害虫监测质量和预报水平。2016 年繁昌县植物保护植物检疫站开展了闪讯害虫远程实时监测系统对斜纹夜蛾性诱监测效果的试验。现将试验结果初报如下：

1　试验材料

1.1　供试作物

蔬菜，以菜用大豆、豇豆等为主，植株长势均匀，日常管理一致。

1.2　供试诱芯

宁波纽康生物技术有限公司提供的斜纹夜蛾测报专用诱芯［毛细管型，毛细管为 PVC 毛细管，长度（80±5）mm，外径（1.6±0.2）mm，内径（0.8±0.1）mm。每包 3 枚诱芯］。

1.3　试验地点

安徽省繁昌县峨山镇沈弄村繁华农业生态园，面积约 20hm²。

1.4　试验时间

2016 年 5～10 月。

1.5　监测工具

北京依科曼生物技术有限公司生产的闪讯害虫远程实时监测系统。由害虫诱捕器（包括诱芯安置器、诱芯支架、害虫诱杀装置等部件）、环境监测器、数据处理和传输系统（主要用于对诱捕触杀的害虫进行自动计数以及气象因子的序列记载和远程传输）、供电系统（主要由太阳能电池板及蓄电池组成）、支架和避雷针、软件处理系统（采用电脑、手机、IPAD 等任何可接入互联网的设备）等组成。

1.6 对照工具

1）宁波纽康公司生产的夜蛾类干式性诱捕器。

2）河南佳多公司生产的自动虫情测报灯 JDA0-Ⅲ型，光源为 20W 黑光灯。

2 试验方法

2.1 田间设置要求

试验地位于繁昌县峨山镇沈弄村繁华农业生态园核心区域，试验田面积 0.7hm²，种植蔬菜主要为菜用大豆、豇豆等。闪讯害虫远程实时监测系统、夜蛾类干式性诱捕器以最小间距 50m、正三角形放置，每个诱捕器与田边距离不少于 5m（图 1）。对照诱芯与闪讯系统诱芯为相同批次，诱芯每个月更换一次，闪讯自动计数诱捕器和对照性诱捕器放置高度比作物冠层高出 20~30cm。

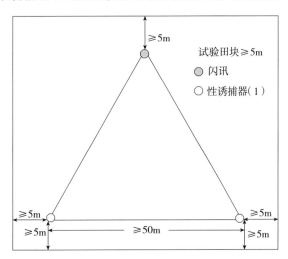

图 1 闪讯害虫远程实时监测系统及对照田间放置示意

2.2 调查和记录方法

在整个监测期逐日记录闪讯害虫远程实时监测系统自动报数（系统）、实际诱捕数量（人工）、性诱监测工具诱虫灯的诱获数量，每 5d 调查一次田间害虫的发生实况，每日查虫时间为10：00，结果记入害虫远程实时监测情况记载表。

3 结果分析

3.1 闪讯害虫远程实时监测系统自动记载数据与人工记载数据之间差异

从 5 月 5 日开始至 10 月 18 日止，闪讯害虫远程实时监测系统自动记载数据与人工记载数据累计诱蛾量分别为 14 333 头和 11 255 头（表 1、表 2），系统自动记载数据是人工记载数据的 1.27 倍，两者虽然有一定差异，但蛾峰期呈现高度一致（图 2），能真实反映斜纹夜蛾消长动态。初步分析，造成差异的主要原因可能是诱捕器中偶有其他昆虫进出，使自动计数器误动作。

表 1 闪讯害虫远程实时监测系统与佳多自动虫情测报灯对斜纹夜蛾诱蛾数量比较

项目	闪讯害虫远程实时监测系统（头）		普通性诱捕器（头）		佳多自动虫情测报灯（头）
	自动计数	人工计数	对照（1）	对照（2）	
见蛾日数（d）	160	160	153	154	74
累计诱量（头）	14 333	11 255	6 879	4 243	1 023

（续）

项目	闪讯害虫远程实时监测系统（头）		普通性诱捕器（头）		佳多自动虫情测报灯（头）
	自动计数	人工计数	对照（1）	对照（2）	
平均日诱量（头）	86.3	67.4	41.2	25.4	13.8
峰日最高诱量（头）	424	570	345	241	128

表 2　闪讯害虫远程实时监测系统与虫情测报灯监测斜纹夜蛾月份蛾量比较

月份	闪讯害虫远程实时监测系统（头）		普通性诱捕器（头）		佳多自动虫情测报灯（头）
	自动计数	人工计数	对照（1）	对照（2）	
5 月	381	233	71	82	1
6 月	1 763	963	443	256	2
7 月	2 239	1 341	485	498	70
8 月	4 858	4 683	3 146	2 111	812
9 月	3 387	2 761	2 028	931	121
10 月	1 705	1 274	706	365	17

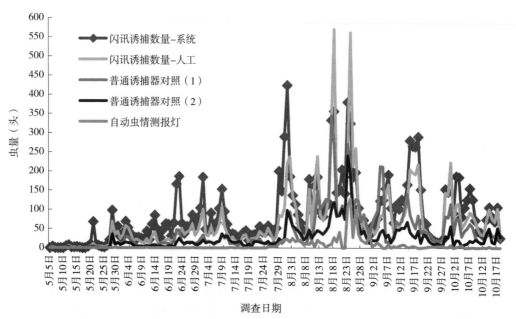

图 2　闪讯害虫远程实时监测系统与普通性诱捕器及自动虫情测报灯蛾峰消长动态

3.2　闪讯害虫远程实时监测系统与普通性诱捕器及自动虫情测报灯诱虫效果比较

从表1可以看出，闪讯害虫远程实时监测系统诱蛾量明显高于两个对照普通性诱捕器和自动虫情测报灯。累计诱蛾量自动记载数据分别是普通性诱捕器对照（1）、对照（2）和自动虫情测报灯的2.1倍、3.4倍和14.0倍；人工记载数据分别是普通性诱捕器对照（1）、对照（2）和自动虫情测报灯的1.6倍、2.7倍和11.0倍。表明闪讯害虫远程实时监测系统诱蛾效果明显优于普通性诱捕器和自动虫情测报灯。从表2中可以看出，自动监测系统对斜纹夜蛾各月份诱集效果均优于普通性诱捕器和虫情测报灯诱蛾，以8月诱集效果最佳，自动计数和人工计数误差率仅为+3.7%。用SPSS统计分析配对表2样本 t 检验，结果表明5～10月闪讯害虫远程实时监测系统自动计数与人工计数呈现无显著差异（ $r=0.05$ ），准确性较高。

从图2可以看出，闪讯害虫远程实时监测系统诱蛾虫峰明显，分别在6月下旬至7月上旬、8月上旬初、8月中旬末至下旬前期、9月上旬、9月中晚末、9月下晚末到10月上旬出现多个蛾峰，蛾峰与对照普通性诱捕器基本一致。而自动虫情测报灯仅在8月上旬初、8月中旬末至下旬出现较为明显的蛾峰。说明闪讯害虫远程实时监测系统与普通性诱捕器诱蛾效果比自动虫情测报灯好，且峰期更明显。

3.3　闪讯害虫远程实时监测系统数据与田间为害情况的对应关系

从图2可以看出，闪讯害虫远程实时监测系统诱蛾较大的蛾峰主要在8月上旬初和8月中旬末至下旬前期，而田间调查斜纹夜蛾田间幼虫量从8月中旬开始上升，8月下旬末至9月上旬出现为害高峰（图3），表明远程实时监测系统数据与田间为害情况的对应关系明显，闪讯害虫远程实时监测系统能较好地监测斜纹夜蛾田间发生情况。

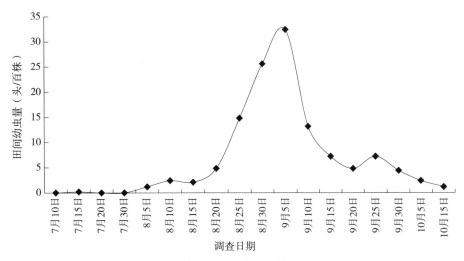

图3　斜纹夜蛾幼虫田间消长动态

4　小结与讨论

1）使用闪讯害虫远程实时监测系统监测斜纹夜蛾田间动态，监测出的诱蛾量、峰期与当地斜纹夜蛾田间发生情况吻合度高，蛾量、蛾峰特征更明显，较好地反映斜纹夜蛾田间种群数量动态消长情况，且规避了常规灯诱易受灯光干扰和电力限制等缺点，其监测效果优于普通性诱捕器和自动虫情测报灯。

2）闪讯害虫远程实时监测系统具有实时传输、远程监测功能，监测数据能及时通过网络、手机短信反馈给用户，系统有强大的信息采集、处理、保存功能，信息化、自动化程度高，应用于斜纹夜蛾测报更加省工、省力，建议其作为测报新手段并大力推广应用。

3）闪讯害虫远程实时监测系统在应用过程中仍有少量其他昆虫干扰计数，对自动监测数据产生偏差，希望厂家能在技术上加以改进。另外，系统收集到的害虫为活体，可能对诱虫计数产生重复计算，建议厂家增加自动杀虫功能和虫体处理功能。闪讯系统平台目前功能仅限于查看逐日数据，建议尽快开发更多统计分析功能，实现自动化处理分析数据，进而更加迅速地输出服务技术指导大田生产。

参考文献

徐爱仙，杨方文，徐建武，等，2016. "闪迅"害虫远程实时监测系统在蔬菜害虫监测应用初探［J］. 湖北植保（1）：44-49.

全国农业技术推广服务中心，2006. 农作物有害生物测报技术手册［M］. 北京：中国农业出版社.

闪讯远程实时监测系统在甜菜夜蛾中的应用

俞懿[1] 黄珏[2] 陆圣杰[2]

(1. 上海市农业技术推广服务中心 上海 201103;
2. 上海闵行区农业技术推广中心 闵行区 201100)

摘要: 采用新一代害虫自动测报系统,采集害虫诱捕、数据统计、数据传输、数据分析为一体,实现害虫预测的自动化和智能化,满足了害虫测报的技术要求,并能节省测报工作人员的劳动力。监测诱捕器的供电设备由锂电池和太阳能充电能保证一定时间的用电量,整个监测系统达到了测报工作上推广应用的总体性能要求。通过试验得到本监测仪器监测峰谷期明显且与常规监测结果一致,同时自动计数准确性好,趋势吻合度高;也分析了该系统在工作中的优点,同时提出了完善的建议。

关键词: 监测系统;自动计数;常规诱捕;甜菜夜蛾

甜菜夜蛾(*Laphygma exigua*)性诱监测技术已在测报中广泛应用,在测报规范中明确要求测报员对该虫性诱调查工作需逐日开展,且调查时间长达6~7个月,因此出现了费工和费时的实际情况。昆虫性诱电子智能测报系统是利用昆虫性信息素对引诱靶标害虫的专一性诱集,集成电子感应检测的智能化,害虫诱捕、数据记录、存储及查询自动化,应用于种植业的相关害虫种群动态的检测和数据分析的新型测报系统。该系统对降低基层测报人员的专业技能要求,减少测报人员工作量以及提高测报工作准确度有较大贡献。为进一步了解和验证远程实时监测系统的诱捕效果、自动计数系统的准确性,上海市闵行区农业技术推广中心于2016年5~10月采用北京依科曼公司生产的闪讯害虫远程实时系统监测仪对甜菜夜蛾的发生动态开展了监测试验示范。

1 材料与方法

1.1 试验材料

由北京依科曼生物技术有限公司生产提供闪讯害虫远程实时系统监测仪1个,此系统是该公司推出的新一代害虫自动测报系统;以常规同种昆虫性诱测报诱捕器(3个)(诱芯相同,每个诱捕器相隔约100m,监测仪和普通性诱捕工具放置高度一致)、佳多测报灯作为对照。

1.2 试验地点

上海市闵行区航育种子基地场,监测甜菜夜蛾。该试验地周边较空旷,一边为露地0.13hm²,主要种植叶菜类蔬菜,一边为大棚,占地0.2~0.27hm²,作物种植多样化,主要有番茄、茄子、十字花科蔬菜等。

1.3 试验时间

2016年5月9日至10月16日。

1.4 试验方法

每日8:30由闪讯害虫远程实时监测系统平台通过短信把数据(18:00至翌日8:30的累计数量)发至监测人员手机,每日9:00左右人工清点各诱捕器内诱虫数量,并及时清理诱瓶内的成虫,进行人工复核；同时，每日调查常规性诱诱捕器监测与灯诱监测的诱虫数量，并进行记录。保证每日查虫时间一致。

2　结果与分析

2.1　诱虫数量

监测仪器统计自 7 月 8 日至 10 月 8 日，各诱虫数量情况比较如表 1 所示。

表 1　不同方式监测的诱虫数量（头）

项目	7 月	8 月	9 月	合计
闪讯自动监测	264	454	138	856
人工复核	210	338	126	674
常规性诱	96	142	99	337
常规灯诱	6	7	1	14

由表 1 可见，自 7 月 8 日至 10 月 8 日止，闪讯自动监测到甜菜夜蛾 856 头，人工复核为 674 头，常规性诱诱捕 337 头，常规灯诱诱捕 14 头；其中，自动监测数量高于人工复核值，与人工复核的准确率为 73%。

由表 2 可见，自 7 月 8 日至 10 月 8 日止，闪讯自动监测数值与人工复核数值吻合度达 72d，占总天数的 77.4%，吻合度较高。自动监测少于人工复核的有 3d，占总天数 3.2%；自动监测大于人工复核的有 18d，占总天数 19.4%。

表 2　自动监测与人工复核的吻合度比较

	自动监测＝人工复核	自动监测＜人工复核	自动监测＞人工复核
天数	72	3	18
占比	77.4%	3.2%	19.4%

注：由于人工复核也存在误差，故定义 3d 以内（含 3d）为正常误差范围。

2.2　蛾峰期

2016 年上海地区 7 月初进入甜菜夜蛾第二代发生期，第三代蛾峰期出现在 7 月 27 日至 8 月 1 日，第四代蛾峰出现在 8 月 26～31 日。图 1 表明，监测系统仪器诱捕数量的总体发生趋势及蛾峰期与常规性诱、常规灯诱调查保持一致。

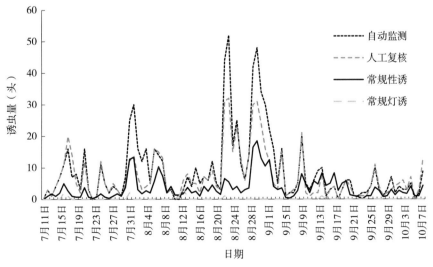

图 1　不同监测方式的诱虫量发生消长

2.3 自动监测数据准确性

统计自 7 月 8 日至 10 月 8 日,短信诱虫量趋势方程 $y=-0.043x+1844$,相关性系数 $R^2=0.011$。单日实际数量的趋势线方程是 $y=-0.031x+1328$,$R^2=0.012$。因此准确性为 $0.011/0.012\times100\%=91.7\%$,趋势吻合度为 $0.0117/0.0125\times100\%=93.6\%$。如图 2 所示。

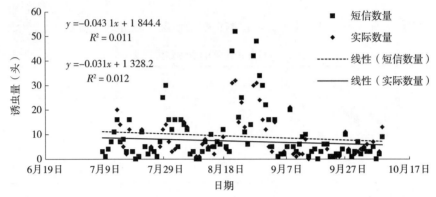

图 2　短信数量与实际数量的线性关系

其中,甜菜夜蛾发生高峰期为 7 月 8 日至 8 月 29 日,短信诱虫量趋势方程 $y=0.0375x-15979$,相关性系数 $R^2=0.212$。单日实际数量的趋势线方程是 $y=0.252x-10752$,$R^2=0.209$。因此准确性为 $0.209/0.212\times100\%=98.6\%$,趋势吻合度为 $0.2097/0.2121\times100\%=98.8\%$。如图 3 所示。

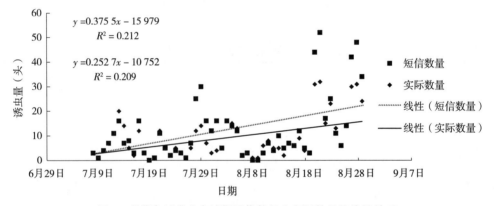

图 3　甜菜夜蛾发生高峰期短信数量和实际数量的线性关系

3　小结与讨论

3.1　峰谷期明显且一致

应用闪讯害虫远程实时监测系统监测甜菜夜蛾发生动态,其诱蛾量峰谷期明显,且发生趋势及峰期与常规监测结果保持一致,可以真实反映甜菜夜蛾的田间消长动态。

3.2　自动计数准确性好,吻合度高

应用闪讯害虫远程实时监测系统监测甜菜夜蛾发生数量,其监测系统短信与实际诱虫量数据之间的准确性和趋势吻合度皆较好,达 90% 以上。尤其在甜菜夜蛾发生高峰期期间,准确性和趋势吻合度皆高达 98% 以上。可以较准确地统计甜菜夜蛾的田间实际发生数量。

3.3　节省人力资源

闪讯害虫远程实时监测系统具有准确的实时、远程监测功能,强大的信息采集、处理、保存功能;仪器能自动统计虫口数量,并能将其数据发至网上平台和工作人员手机上,操作方便和简单,测

能；仪器能自动统计虫口数量，并能将其数据发至网上平台和工作人员手机上，操作方便和简单，测报人员不需要每天去性诱现场清点虫数。信息化、自动化程度高，应用于蔬菜害虫测报更加省工、省力、实用、高效、先进。

3.4　仪器放置位置需进一步探讨

应用闪讯害虫远程实时监测系统监测甜菜夜蛾发生动态期间，在与常规性诱调查的数量上显示发现，仪器自动监测的数量明显高于常规性诱数量，可能受周边作物的影响。因此，在常规性诱诱捕器和仪器的放置时，应该在保持正确高度的安置下，确保正确的间距，同时，常规性诱诱捕器装置应在仪器的前后两边各有均匀分布，以减少作物环境对害虫诱捕带来的影响。

3.5　稳定性仍需进一步完善

由于该系统安置在周边空旷的露地，环境复杂，并受到各种特殊气候的影响，导致系统偶尔出现故障，造成监测间断；也易造成几个时间段监测数据突然忽高忽低，与实际数量差异大，影响对害虫发生趋势预测预报的准确性。因此在仪器设备的稳定性和成熟度上，需进一步完善和提高，以确保该系统的应用正常运转，从而能真正推广普及应用于测报工作。

参考文献

刘万才，刘杰，钟天润，2016. 新型测报工具研发应用进展与发展建议 [J]. 中国植保导刊，35（8）：40-42.

广东惠阳应用闪讯害虫远程实时监测系统监测斜纹夜蛾试验效果

黄德超[1]　张永梅[2]　钟宝玉[1]

(1. 广东省农业有害生物预警防控中心　广州　510000;
2. 广东省惠州市惠阳区农业技术推广中心　惠州　510500)

摘要: 2016 年 4～10 月,广东省在惠阳区开展了闪讯害虫远程实时监测系统诱测斜纹夜蛾田间试验。闪讯远程实时监测系统和干式诱捕器诱捕数据整体吻合度较高,监测到的斜纹夜蛾的蛾峰期是一致的,表明闪讯害虫远程实时监测系统能有效地反映出斜纹夜蛾的发生消长和蛾峰动态。但该系统在自动计数上存在明显的重复计数现象,因而准确性仍需要进一步提高。

关键词: 斜纹夜蛾;害虫性诱;闪讯远程实时监测系统

1　引言

近年来,随着产业结构调整,广东省经济作物,尤其是蔬菜作物栽培面积不断增大,据统计 2014 年全省蔬菜面积 135.04 万 hm²,总产量 32 747.5kt。斜纹夜蛾 [*Prodenia litura* (Fabricius)] 是广东省重要的蔬菜害虫,该虫以幼虫取食花生、甘薯、芋头、莲藕、豆角和十字花科蔬菜等作物叶片为害,在广东夏季常间歇性暴发为害。据全国植保专业统计,广东省 2014 年发生面积 29.831 3 万 hm²,年造成损失 34 460.7t。

由于斜纹夜蛾是间歇性暴发害虫,田间种群常呈现大起大落,田间监测难度大,目前常用性诱捕法进行监测。近年来,北京依科曼生物技术有限公司以性诱捕监测为基础,将田间自动计数和无线网络广东送数据相结合,生产了闪讯害虫远程实时监测系统。闪讯远程实时监测系统实现了虫情信息实时采集、数据自动记载和远程传输、数据信息化管理等技术的整合应用,加快推进农作物重大害虫监测预警信息化进程,提高预测预警能力,成为我国新型、易行、实用的先进现代监测工具,得到专家的肯定,并在全国进行试验示范。在全国农业技术推广服务中心病虫害测报处的部署和指导下,为了进一步验证该系统的田间监测效果,广东省 2016 年在惠州开展了闪讯害虫远程实时监测系统诱测斜纹夜蛾田间试验。

2　材料与方法

2.1　试验材料

2.1.1　试验工具

北京依科曼生物技术有限公司生产的闪讯害虫远程实时监测系统;对照工具为普通夜蛾类干式性诱捕器。

2.1.2　性诱剂类型

采用宁波纽康生物技术有限公司生产相同批次的斜纹夜蛾性信息素(毛细管),每25d 更换一次诱芯。

2.2　试验设计和方法

2.2.1　试验地点和作物选择

试验地设在广东省惠州市惠阳区平潭镇光辉村为民蔬菜合作社,海拔高度 566m,114°64′31″E,

23°04′29″N，主要种植豆角、辣椒、南瓜、茄子、玉米等作物，总面积约 9hm²。据调查，斜纹夜蛾在豆角和相邻辣椒上发生危害较重，豆角上发生更为突出，因此选择在豆角地安装监测工具，并作为人工田间系统调查点，调查点留 333m² 不施任何杀虫剂。

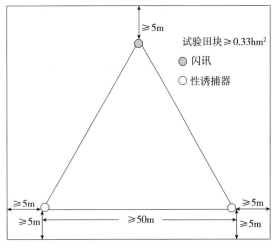

图 1　闪讯害虫远程实时监测系统及对照田间放置示意

2.2.2　试验工具设置

闪讯害虫远程实时监测系统 1 个（台），夜蛾类干式性诱捕器 2 个（设对照 1 和对照 2）。3 个诱捕器的试验设置如图 1 所示，以 50m 间距呈正三角形放置，每个诱捕器与田边距离≥5m。按试验方案要求，诱捕器放置高度应比作物冠层高出 20～30cm，但豆角是高架作物，约有 2m 高，考虑到多种因素，放置高度均为 1.2m。2016 年 4 月 20 日下午安装完成并开始运行。

2.2.3　调查时间

2016 年 4 月 21 日至 10 月 15 日，共计 178d。

2.3　调查和记录方法

2.3.1　闪讯害虫远程实时监测系统诱捕数据调查和记录

系统自动计数：试验期间闪讯害虫远程实时监测系统都能正常运行。每天 8：30，系统自动报数发送信息到专职植保员手机并记录数据，但 10 月 13 日不知为何无信息发送到手机上。

系统人工调查：人工逐日调查记录闪讯害虫远程实时监测系统诱捕的斜纹夜蛾的数量，作为验证，在每天 9：00 前完成调查记录，并清除诱捕器内的虫子。

2.3.2　对照调查

试验期间，人工逐日调查记录普通夜蛾类干式性诱捕器 1 和诱捕器 2，即对照 1 和对照 2 斜纹夜蛾数量，在每天 9：00 前完成调查记录，并清除诱捕器内的虫子。

2.3.3　田间调查

每 5d 开展 1 次田间系统调查，10：00 前调查并记录数据。田间系统调查按 5 点取样法，每次调查 50 株豆角，详细记录每株的卵量和幼虫量，卵粒按 100% 孵化率折算，折算成百株虫量。

3　结果分析

3.1　害虫远程实时监测系统自动计数准确性

将不同监测工具诱得斜纹夜蛾调查数据整理得表 1，从表 1 中可以看出闪讯害虫远程实时监测系统自动计数报送总计诱虫量 6 274 头，人工复核总诱虫量 3 314 头，准确率 52.82%，自动计数普遍较人工计数高，存在着明显的重复计数现象。干式性诱捕器两个对照平均诱虫 3 678 头，其中对照 1 诱虫 4 482 头，对照 2 诱虫 2 874 头。通过对 4 种计数方法进行比较，闪讯自动计数明显高于闪讯人工计数和对照 1 和对照 2；闪讯人工计数与对照 2 无差异。

表 1　不同处理诱捕斜纹夜蛾试验统计

寄主作物：豆角							试验地点：惠阳区平潭镇光辉村		
项目	4 月	5 月	6 月	7 月	8 月	9 月	10 月	月平均	合计
闪讯自动（头）	15	120	1 777	2 121	1 202	778	261	896.3 A	6 274

（续）

项目	4月	5月	6月	7月	8月	9月	10月	月平均	合计
闪讯人工（头）	0	105	799	1 190	657	427	136	473.4 B	3 314
对照1（头）	71	833	1 803	862	399	310	204	640.3 AB	4 482
对照2（头）	84	654	570	513	446	380	227	410.6 B	2 874
准确率（%）	0	87.5	44.96	56.11	54.66	54.88	52.11	52.82	52.82

注：表中相同字母表示在0.05水平下差异不显著（Duncan's多因素分析法）。

3.2 不同诱捕器诱蛾情况

对闪讯远程实时监测系统和干式性诱捕器诱捕斜纹夜蛾的结果进行研究整理得图2，从图2中可以看出，闪讯远程实时监测系统自动计数和人工计数，闪讯远程实时监测系统和干式性诱捕器诱捕对照1和对照2等对斜纹夜蛾诱捕数据整体吻合度较高，4种方法监测到的斜纹夜蛾的蛾峰期是一致，均监测到2次主要的蛾高峰，其中主峰期在6月中旬至8月初，在10月上中旬还有一次小蛾峰。

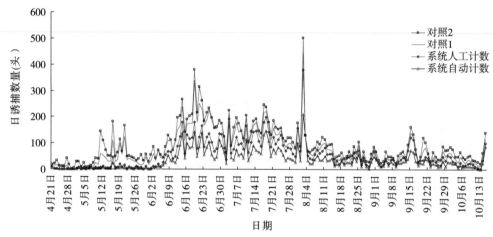

图2 不同诱捕器监测下的斜纹夜蛾峰年发生动态

3.3 性诱与田间监测试验对比

将闪讯远程实时监测系统、干式性诱捕器诱捕和田间种群调查等调查数据进行整理得表2。并利用表2中数据作图3。从表2和图3中可以看出斜纹夜蛾在田间出现的高峰有5月中下旬、6月下旬至8月上旬；通过前面分析得知，闪讯和干式性诱捕器监测到成虫出现2个蛾高峰，其中主峰期在6

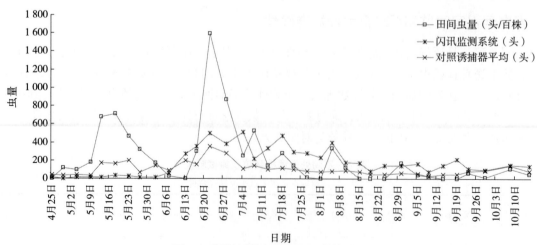

图3 不同性诱捕与田间调查数据对比

月中旬至 8 月初。田间调查和性诱捕间数据存在一定差异，主要表现在田间 5 月中下旬虫量出现一次高峰，而性诱虫量则在 6 月下旬才出现主高峰，分析原因认为，由于田间监测到的虫态为卵和幼虫，由卵和幼虫发育至成虫还需一段时间，因而性诱蛾峰较田间虫峰明显偏迟。

表 2　斜纹夜蛾不同手段监测情况

寄主作物：豆角　　　　　　　　　　　　试验地点：惠阳区平潭镇光辉村

调查日期	生育期	调查株数（株）	田间虫卵量				远程实时监测系统诱蛾量（头）	对照平均诱蛾量（头）	备注
			卵粒数/卵块数	幼虫量（头）	合计	折百株量（粒或头）			
4 月 25 日	生长期	50	0	0	0	0	14	41.5	
4 月 29 日	生长期	50	58/1	0	58	116	0	34.5	
5 月 4 日	生长期	50	0	48	48	96	11	38	
5 月 9 日	成熟期	50	81/1	9	90	180	14	35.5	
5 月 13 日	收获期	50	336/4	2	338	676	13	168.5	
5 月 18 日	收获期	50	104/1	252	356	712	35	163	
5 月 23 日	收获期	50	187/2	47	234	468	24	195.5	
5 月 27 日	收获期	50	0	162	162	324	13	66.5	
6 月 2 日	收获期	50	0	86	86	172	16	140.5	
6 月 7 日	收获期	50	0	13	13	26	59	88.5	
6 月 13 日	收获期	50	0	0	0	0	275	195.5	
6 月 17 日	收获期	50	152/1	0	152	304	357	158	
6 月 22 日	收获期	50	684/7	114	798	1 596	500	357.5	
6 月 28 日	收获末	50	0	436	436	872	381	278	
7 月 4 日	收获末	50	0	128	128	256	514	111	
7 月 8 日	生长期	50	262/2	0	262	524	221	143.5	换田块搬迁
7 月 13 日	生长期	50	0	73	73	146	335	103.5	
7 月 18 日	收获期	50	136/1	5	141	282	471	119.5	
7 月 22 日	收获期	50	72/1	0	72	144	294	105.5	
7 月 27 日	收获期	50	0	8	8	16	284	82.5	
8 月 1 日	收获期	50	0	0	0	0	234	78	台风"妮妲"登陆
8 月 5 日	收获期	50	168/2	0	168	336	395	82	
8 月 10 日	收获期	50	0	60	60	120	180	89	
8 月 15 日	收获期	50	0	0	0	0	172	76.5	
8 月 19 日	收获期	50	0	0	0	0	83	46.5	
8 月 24 日	收获期	50	0	0	0	0	146	50	
8 月 30 日	收获期	50	85/1	0	85	170	146	60	
9 月 5 日	收获末	50	0	20	20	40	161	52.5	
9 月 9 日	生长期	50	0	12	12	24	77	25	换隔离豆角田
9 月 14 日	生长期	50	0	0	0	0	145	48	
9 月 19 日	生长期	50	0	0	0	0	209	46	
9 月 23 日	生长期	50	0	31	31	62	108	85	
9 月 29 日	生长期	50	0	7	7	14	97	86.5	
10 月 8 日	收获期	50	52/1	2	54	108	153	141	
10 月 15 日	收获期	50	0	23	23	46	137	85.5	

4 结论与讨论

通过试验得出以下结论：一是综合考虑安装及环境等因素，闪讯害虫远程实时监测系统诱蛾效果与干式性诱捕器无明显差异。二是闪讯害虫远程实时监测系统，配合斜纹夜蛾性信息素应用于斜纹夜蛾发生情况监测，诱捕效果好，能有效地反映该虫的蛾峰发生消长动态。综上认为，闪讯害虫远程实时监测系统适合斜纹夜蛾的田间发生预报。

但是，该系统仍存在一些缺陷，主要表现在系统自动计数性能不够稳定，存在明显重复计数现象，导致自动计数明显偏大，影响了计数的准确性；此外，该系统的湿度计也常与实际天气不相符。建议重点解决重复计数问题，以此提高系统稳定性和自动计数准确性。

参考文献

程晓兵，2015. 斜纹夜蛾性诱监测技术的应用和防治效果分析 ［J］. 南方农业（27）：6-7.

邓海滨，王晓容，陈永明，2006. 不同寄主作物对斜纹夜蛾分布和生长发育的影响研究 ［J］. 广东农业科学（4）：53-55.

广东农村统计年鉴编辑委员会，2015. 广东农村统计年鉴 ［M］. 北京：中国统计出版社.

2016 年闪讯斜纹夜蛾远程实时监测
系统性诱监测试验初报

李忠彩　邓金奇　李先喆　何行建　邓丽芬

（湖南省汉寿县植保植检站　汉寿 415900）

摘要： 斜纹夜蛾是汉寿县棉花和蔬菜上的主要害虫。为了准确预报斜纹夜蛾的发生规律、减轻劳动强度，对斜纹夜蛾的常规测报方法与运用闪讯害虫实时监测系统诱蛾测报方法进行对比试验，结果表明，闪讯害虫实时监测系统能有效地反映该虫的发生消长规律，具有推广应用价值。

关键词： 斜纹夜蛾；性诱；监测系统；预测预报

为开发先进实用的现代化监测工具，研究虫情信息实时监测、自动记载和远程传输技术，进一步推进农作物重大病虫害监测预警信息化进程，不断提高害虫监测质量和预报水平，根据全国农业技术推广服务中心 2016 年新型测报工具试验示范工作部署和湖南省植保植检站的安排，汉寿县植保植检站在沧港镇报国村开展了以性诱技术为基础的闪讯斜纹夜蛾远程实时监测系统试验，现将试验结果报告如下：

1　试验材料与方法

1.1　试验地基本情况

试验地点设在汉寿县沧港镇报国村，海拔高度 31.9m，111°57′E，28°55′N，试验点主要栽培作物是棉花、蔬菜，总面积约 6.33hm²。

1.2　检测对象

斜纹夜蛾。

1.3　试验期间气象条件

试验时间为 2016 年 4 月 22 日至 10 月 9 日，试验时间 171d。试验期间日平均气温为 26.09℃，日最高温 39.7℃，日最低温 13.4℃；总降水量为 685.7mm，暴雨天气有 5 月 2 日 42.1mm、5 月 26 日 40.4mm、6 月 28 日 42.5mm、7 月 2 日 74.2mm、7 月 5 日 36.7mm、7 月 18 日 30.3mm 和 9 月 10 日 47.4mm；日照时数在 8.6h 以上的最长持续时间为 12d，出现在 7 月 21 日至 8 月 1 日，试验期间日照时数最少的是 5 月下旬，日照总时数为 24.3h，其次是 6 月下旬，日照总时数为 37.1h。其他时间段无影响试验结果的恶劣气候条件。

2　试验材料

2.1　试验监测工具

第三代闪讯斜纹夜蛾远程实时监测系统 1 台，生产厂家为北京依科曼生物技术有限公司，2016 年 4 月 22 日安装完成并开始运行。

2.2 对照监测工具

2.2.1 传统性诱钵

材料为普通土陶钵，用三脚竹架支撑，钵内装水，性诱剂用铁丝悬于水面上，性诱剂高度约 1.2m。

2.2.2 蛾类通用诱捕器

材料为塑料制品，高 23.5cm，诱捕器外径 12cm，连接接虫袋口外径 4.2cm；进虫口数量为 4 孔；另附有漏斗和诱芯杆。宁波纽康生物技术有限公司生产。

2.3 诱芯

斜纹夜蛾诱芯为毛细管式，材料是 PVC，规格为长度（80±5）mm，外径（1.6±0.2）mm，内径（0.8±0.1）mm。诱芯每包 3 枚，生产厂家宁波纽康生物技术有限公司；诱芯每 30d 更换一次，试验监测系统与对照监测工具同时更换，使用前打开诱芯密封包装袋，并在每天计算诱虫数量时及时清理诱集的虫体。诱芯室外使用持效期为性诱剂维持均匀释放的最短期限，到期要定时更换。诱芯存放在−15～−5℃的较低温度的冰箱中，避免暴晒，远离高温环境。

3 试验设计与方法

3.1 田间设置

选择常年主要种植棉花、比较空旷的田块作为试验田，试验田面积约 6.33hm²。设置闪讯斜纹夜蛾远程实时监测系统 1 个、传统性诱钵 2 个、蛾类通用诱捕器 2 个，诱蛾诱芯相同，诱捕器间最小间距 50m、梯形分布，每个诱捕器与田边距离约 5m。闪讯斜纹夜蛾远程实时监测系统和蛾类通用诱捕器工具放置高度依据作物而定，保持高出作物 20～30cm。

3.2 监测时间

闪讯斜纹夜蛾远程实时监测系统试验监测时间为 4 月 22 日至 10 月 9 日，共计 171d，试验期间闪讯斜纹夜蛾远程实时监测系统全部正常运行，没有出现停机故障。

3.3 数据记录

试验期间逐日记录闪讯斜纹夜蛾远程实时监测系统、传统性诱钵、蛾类通用诱捕器的诱蛾数量。闪讯斜纹夜蛾远程实时监测系统的监测结果分为手机发送监测数据信息（监测数据信息发送到手机的时间为每日 8：30）和人工计数（每日查虫时间在 8：00 左右），结果记入害虫远程实时监测情况记载表，进行计数准确性对比。

4 试验结果

4.1 诱蛾监测结果

4.1.1 闪讯斜纹夜蛾远程实时监测系统监测结果

试验期间系统监测记录的累计诱蛾量 18 750 头，平均每日诱蛾量 109.65 头，日最高诱蛾量 594 头。

4.1.2 人工计数结果

闪讯斜纹夜蛾远程实时监测系统全程 171d 试验期间，人工计数到的累计诱蛾量 21 212 头，平均每天诱蛾量 124.05 头，日最高诱蛾量 592 头。

4.1.3 传统性诱钵诱测结果

2 个传统性诱钵 171d 试验期间，人工计数到的累计诱蛾量 24 063 头，单钵累计蛾量平均

12 031.5头，平均单钵每天诱蛾量 70.36 头，单钵日最高诱蛾量 535 头。

4.1.4　蛾类通用诱捕器诱测结果

2 个蛾类通用诱捕器 171d 试验期，人工计数到累计诱蛾量 44 672 头，单个诱捕器诱蛾量平均 22 336 头，平均单个诱捕器每天诱蛾量 130.62 头，单个诱捕器日最高诱蛾量 572 头。

4.2　监测诱蛾量比较

1）闪讯害虫实时监测系统自动计数与人工计数的诱蛾量比较如图 1 所示。

2）闪讯害虫实时监测系统自动计数与传统性诱钵的诱蛾量比较如图 2 所示。

3）闪讯害虫实时监测系统自动计数与通用诱捕器的诱蛾量比较如图 3 所示。

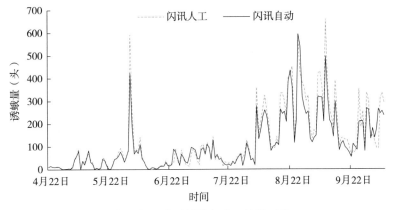

图 1　闪迅自动计数与人工计数对比

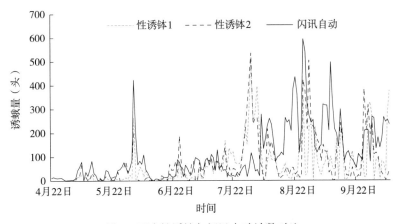

图 2　两个性诱钵与闪迅自动计数对比

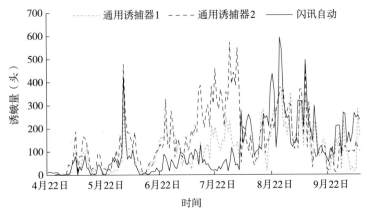

图 3　两个通用诱捕器与闪讯自动计数对比

5 结果分析

图 1 是闪讯斜纹夜蛾实时监测系统自动计数与人工计数情况，从中可看出闪讯害虫实时监测系统自动计数与人工计数数据吻合度很高，计数准确性高。

图 2 是闪讯斜纹夜蛾实时监测系统自动计数与传统性诱钵诱蛾量的情况，从中可看出两种性诱监测方法都能监测到斜纹夜蛾的发蛾盛期和高峰，且基本一致；5 月、6 月、8 月闪讯斜纹夜蛾实时监测系统比传统性诱钵敏感；但 7 月 29 日前后传统性诱钵高峰期出现一次蛾高峰，而闪讯斜纹夜蛾实时监测系统未监测到。

图 3 是闪讯斜纹夜蛾实时监测系统自动计数与两个通用诱捕器诱蛾量的情况，从中可看出两种性诱监测方法都能监测到斜纹夜蛾的发蛾盛期和高峰，且基本一致；但闪讯斜纹夜蛾实时监测系统不如通用诱捕器敏感。

试验结果表明，闪讯害虫实时监测系统对斜纹夜蛾的诱捕效果在大部分时间内好于传统性诱钵，但不如通用诱捕器；自动计数准确，能有效的反应该虫的发生消长及峰值情况，具有推广应用价值。

6~7 月闪讯害虫实时监测系统诱蛾量明显低于通用诱捕器，原因目前尚不清楚，有待进一步试验。

建议：在闪讯害虫实时监测系统中增加杀虫设施，未杀死的蛾在罐式害虫诱捕器内飞动，易导致重复计数，影响计数的准确性。

新型测报系统使用效果初探

刘海茹　孙洪忠　李楠　张利

（内蒙古自治区赤峰市翁牛特旗农牧业局　翁牛特旗 024500）

摘要：本文通过应用闪讯害虫远程实时监测系统和马铃薯晚疫病物联网实时监测预警系统，并与传统监测工具进行对比，初步探究现代新型监测工具的使用效果，分析其在试验示范工作中的预测准确性，并评估其推广应用价值，为进一步推广提供决策依据。

关键词：害虫远程实时监测；玉米螟；马铃薯晚疫病；效果

随着新型测报工具的研究开发，相关企业和各级植保部门积极组织试验示范，推广了一批自动化、智能化的新型测报工具。自 2015 年，翁牛特旗安装了闪讯害虫远程实时监测系统和马铃薯晚疫病物联网实时监测预警系统，启用了重大病虫害实时监测、自动记载和远程传输技术。闪讯害虫远程实时监测系统与虫情测报灯监测玉米螟，马铃薯晚疫病物联网实时监测预警系统通过田间气候仪与全国马铃薯晚疫病预警系统联网，以期对现代新型监测系统使用效果探索研究，推广应用集自动化、智能化、信息化于一体的新型测报工具，为政府做好参谋，及时做出防治决策。

1　闪讯害虫远程实时监测系统监测玉米螟试验

春玉米是翁牛特旗的主要粮食作物，播种面积 110hm² 左右，而玉米螟是为害本旗玉米的主要害虫之一，发生危害程度逐年加重。历年田间观测资料表明，玉米螟在本地区 1 年发生 2 代，以老熟幼虫越冬。越冬代 6 月开始化蛹、羽化，6 月下旬田间出现卵块，7 月出现幼虫，第二代出现在 8 月。

1.1　监测工具

闪讯害虫远程实时监测系统，由北京依科曼生物技术有限公司提供。

对照工具为佳多虫情测报灯，是河南佳多公司生产的第一代虫情测报灯。

1.2　试验方法

1.2.1　试验地点
试验安排在乌丹镇桥南植保站观测场的玉米田中，地势平坦，供试品种为先玉 696。

1.2.2　调查和记录方法
闪讯害虫远程实时监测系统安装完毕后与电脑、手机联网，每天接收监测系统诱集的玉米螟成虫的数量；佳多虫情测报灯为查虫量（雌雄蛾），每日上午查虫量后清空，使用和记载方法按害虫测报技术规范执行。

1.2.3　监测时间
根据本地历年玉米螟成虫主要发生期，监测时间为 6 月 1 日至 9 月 1 日。在整个监测期间，每日 8：30 记录虫情测报灯所诱捕的成虫数量，闪讯害虫远程实时监测系统诱捕成虫量为每日 8：30 手机短信提醒兼人工调查。

1.3 气象资料

2015—2016 年 6 月 1 日至 9 月 1 日逐日记录平均温度、降水情况、相对湿度，5d 汇总合计，见表 1、表 2。

表 1 2015 年监测期气象数据

日期	诱虫头数	温度（℃）	相对湿度（%）	日期	诱虫头数	温度（℃）	相对湿度（%）
2015-6-5	2	17.95	53	2015-7-20	5	17.85	96.25
2015-6-10	7	18.81	41.8	2015-7-25	0	16.2	105
2015-6-15	5	11.92	98	2015-7-30	2	22.5	88
2015-6-20	3	19.3	73.7	2015-8-5	9	20.41	98
2015-6-25	7	17.14	94	2015-8-10	27	16.7	79
2015-6-30	12	17.14	96	2015-8-15	9	19.58	92.6
2015-7-5	6	18.65	89	2015-8-20	7	18.8	90.4
2015-7-10	7	23.18	94.5	2015-8-25	14	18.87	96
2015-7-15	8	18.8	102.4	2015-8-30	8	17.35	89

表 2 2016 年监测期气象数据

日期	诱虫头数	温度（℃）	相对湿度（%）	日期	诱虫头数	温度（℃）	相对湿度（%）
2016-6-5	3	25.05	94.5	2016-7-20	4	16.95	108
2016-6-10	11	17.35	91.3	2016-7-25	1	16.7	97
2016-6-15	3	10.7	86	2016-7-30	2	31	103
2016-6-20	2	13.6	70	2016-8-5	5	19.28	109
2016-6-25	2	17.85	102	2016-8-10	7	22	104
2016-6-30	7	18	103.67	2016-8-15	2	14.85	108
2016-7-5	1	15	109	2016-8-20	6	18.7	108.5
2016-7-10	7	25.7	104	2016-8-25	1	18.5	95
2016-7-15	6	20.4	105	2016-8-30	2	22.5	96

1.4 结果与分析

1.4.1 监测系统与测报灯诱蛾量比值

2015 年、2016 年闪讯害虫远程实时监测系统性诱蛾量和灯诱蛾量统计结果显示，虽然闪讯害虫远程实时监测系统绝对性诱蛾量不如灯诱蛾量高，两者比值为 0.76，但因为性诱只诱雄蛾不诱雌蛾，所以相对诱蛾量两者基本接近。系统监测玉米螟成虫的波峰与测报灯诱捕到的成虫量波峰期基本吻合，二者均能较好地反应玉米螟成虫的发生动态（表 3）。

1.4.2 诱捕量

从表 3 可知，监测系统诱集和测报灯诱集各代次数量的比较地位相同，即诱集到的二代虫量较多，一代相对较少，与本地历年发生规律一致。两年合计自 6 月 1 日到 9 月 1 日监测系统总诱捕量 210 头（雄），测报灯总诱虫量 329 头（雌＋雄）。由此可见，在全监测期内，监测系统相对诱虫量略多于测报灯诱虫数量（雄虫），说明监测系统比测报灯略敏感。

1.4.3 诱虫动态

在整个监测期（本地玉米螟发生的两代），监测系统诱捕量与测报灯诱捕量平均值基本一致。两代次的始见期、高峰期和终见期基本相近。一代和二代的发生盛期系统监测比测报灯监测峰日早 2～4d，更有利于成虫盛期的判断和下一代幼虫发生期的推断（表 4）。

1.4.4 气象因子对诱捕量的影响

在整个监测期间，日平均气温在 19～33℃，为玉米螟生长发育的适宜温度区间。在温度适宜的条件下，玉米螟成虫发生量与日平均气温不存在数量相关性，即在玉米螟主要发生期内，气温并不是决定成虫发生量的关键因素。从降水量与成虫发生量的关系来看，降雨不能出现成虫诱蛾高峰，在各代成虫盛期，是否降雨也不是成虫发生量的关键因素。此外，空气湿度过大或连续阴雨天气，测报灯会出现断电，虽然系统仍正常运转，但自动计数显示为零。

表 3 2015 年、2016 年翁牛特旗玉米螟监测期期系统与灯诱量比较

时间		闪讯系统诱蛾量（头/钵）	灯诱蛾量（头/台）	性诱蛾量/灯诱蛾量
2015 年	6 月	36	32	1.13
	7 月	28	45	0.62
	8 月	74	144	0.51
2016 年	6 月	28	58	0.48
	7 月	21	28	0.75
	8 月	23	22	1.05

表 4 2015 年、2016 年翁牛特旗玉米螟监测期高峰闪讯系统诱捕量与灯诱量比较

调查日期	作物生育期	害虫代别	闪讯系统诱捕数量（头/台）	灯诱数量（头/台）
2015-6-29	苗期	一代	7	9
2015-8-7	花穗	二代	19	11
2016-6-9	苗期	一代	5	9
2016-8-10	花穗	二代	5	7

1.5 结论

2015 年、2016 年玉米螟监测期诱捕量动态显示，玉米螟时序性监测系统诱集数量与测报灯诱集数量变化存在三大特征：①种群成虫发生的连续性，从越冬态、一代、二代呈规律性发生。②种群发生周期性。玉米螟种群数量代次间消长呈周期性变化，年度之间相对稳定。一般 6 月上旬为始发期，6 月下旬至 7 月上旬为一代成虫盛期，8 月上旬为二代成虫盛期，9 月进入终期。但年度之间诱集量变化较大，从而形成不同年度间不同的发生程度。③种群趋势具有波动性。受玉米螟种群内因和气候外因等协同作用，加上代次之间数量变化，时序（日或月）系统诱集量有明显的上升或下降的波动趋势（图 1、图 2）。

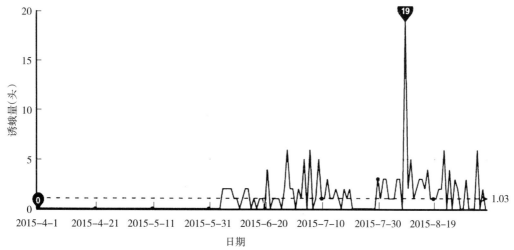

图 1 2015 年玉米螟日发生量趋势

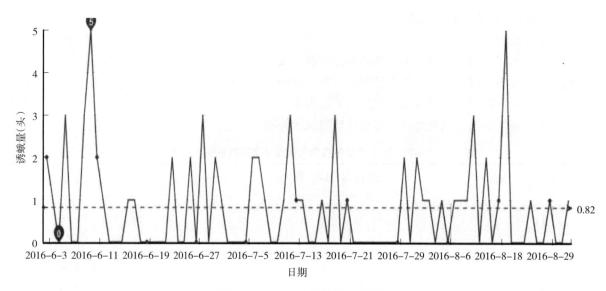

图 2　2016 年玉米螟日发生量趋势

1.6　讨论

1）实时监测系统诱捕及其自动计数的准确性。在翁牛特旗对玉米螟成虫的监测中，系统诱集与测报灯诱集的种群动态基本一致，无论是在总诱集量、各代次诱集量、峰期诱集量上，还是在盛期判断，实时监测系统均优于测报灯，且不受雷雨天气的影响而停止运行。从整个监测期看，自动计数的数据与人工核查有一定的差距：一是连续阴雨天气使太阳能板蓄电池供能不足而漏记；二是其他昆虫误闯而多计；三是虫体进入后上下飞而重复计数。总体而言，从虫量日发生趋势看，闪讯害虫远程实时监测系统自动记载数据与人工记载数据之间具有较高的吻合程度，系统可准确监测玉米螟的发生动态，体现了自动计数的准确性。

2）闪讯害虫远程实时监测系统与测报灯等常规监测工具比较，提升了峰期的预测预报能力，在经济损失之前做出正确的防治策略。性诱技术还可以减少田间玉米螟产卵和幼虫数量，减轻为害。

3）以性诱技术为基础的远程实时监测玉米螟系统，以其准确的自动计数和峰值的出现可以指导玉米螟生物防治的具体时间，也可指导选择最佳的喷施农药时间。

4）远程实时监测系统监测与测报灯监测均反映玉米螟种群动态。本试验诱集的成虫数量均是二代＞一代，2015 年＞2016 年。分析可能原因：一是田间、房前屋后弃置秸秆清理较干净；二是玉米秸秆、玉米芯用于农副基料增多、还田量增多，存量减少，玉米螟越冬场所锐减、越冬基数降低，从而导致一代成虫数量较低。三是玉米防治集中在大喇叭口期，而穗期田间植株高大，难以采取有效的防治措施。只要加强 6 月田间系统监测，及时掌握日虫量动态，闪讯害虫远程实时监测系统可提升峰期预报预警能力，对指导防控、狠治一代玉米螟具有重要意义。

2　马铃薯晚疫病物联网实时监测预警系统

马铃薯是我国第四大粮食作物，在翁牛特旗地区种植面积达 2 万 hm²。马铃薯晚疫病是一种典型的气候型流行病害，一般流行年份造成马铃薯减产 10%～30%，严重时可达 50%，甚至绝收。2015 年翁牛特旗地区安装了田间气候仪与马铃薯晚疫病物联网连接，通过实时田间气候传输、分析处理，实现马铃薯晚疫病实时监测预警。

2.1　系统安装

马铃薯晚疫病物联网实时监测预警系统田间气候仪安装在乌丹镇铃志马铃薯公司杨家营子种植区内，作为田间监测点。系统数据由田间监测点采集田间温度、温度、降水等气象数据，传输到气象数据库，经过后台对侵染情况进行分析处理。应用端通过手机或电脑实时了解马铃薯本田监测气象结果，可及时发布预警信息。

2.2　监测预警

2.2.1　侵染分析

一是通过 GIS 插值和警示分析，通过全国所有种植马铃薯区域侵染发生情况，间接反映当地马铃薯晚疫病发生情况。二是通过采取监测点 3d 内的天气预测数据，预测马铃薯晚疫病的侵染情况。

2.2.2　防治决策

测报人员利用马铃薯晚疫病物联网实时监测预警系统对马铃薯晚疫病情况进行统计分析，比较分析历年及地区间侵染情况，分类指导，因地制宜，确定防治时间和用药建议，通过短信和本级信息平台发布预警防治信息。

2.3　应用效果及结论

1）通过安装应用马铃薯晚疫病物联网实时监测预警系统，具体实现了气象数据采集自动化、侵染分析智能化，提高了系统的可应用性。但有些核心技术还没有根本突破，田间中心病株调查还要人工完成。

2）马铃薯晚疫病物联网实时监测预警系统的成熟度、轻便度还不够，价格比较昂贵。该地区马铃薯种植面积虽然较大，除几家大的公司外（公司自己安装田间小型气候仪），其余都为散户种植，不会专门购置。安装此系统还需要有一定的防护设施，以免他人破坏，便携式马铃薯晚疫病监测仪（便于拆卸安装，价格低廉）是广大马铃薯种植户未来的选择趋势。

3）马铃薯晚疫病物联网实时监测预警系统总体来说监测预警能力强，能精准监测马铃薯本田晚疫病的发生为害，在指导马铃薯产业生产和发展中发挥着重要作用。只有加密布置田间监测点，提高系统与田间发病情况的关联度，才能进一步提高监测预警效果，应用到指导防治中。

4）马铃薯晚疫病物联网实时监测预警系统可以为气象管理部门实时提供当地农业气象数据。该系统配备的田间小气候采集仪可以不间断的记录、传输当地风速、气温、湿度、土壤温度等农业气象数据，可为病虫害预测预报和气象管理部门提供参考依据。

参考文献

黄冲，刘万才，张君，2015. 马铃薯晚疫病物联网实时监测预警系统平台开发及应用［J］. 中国植保导刊，35（12）：
　　45-47.

杨秀君，曾娟，2016. 玉米螟标准化性诱监测器及其自动计数系统的监测效果浅析［J］. 中国植保导刊，36（11）：
　　50-53.

中国农业科学院植物保护研究所，中国植物保护学会，2015. 中国农作物病虫害：上册［M］. 3 版 . 北京：中国农业
　　出版社 .

病虫害数字化监测预警技术应用

邢振彪[1]　高常军[2]　王丽芬[2]

(1. 内蒙古自治区包头市植保植检站　包头 014000;
2. 包头市九原区农业技术推广中心　包头 014000)

摘要: 农作物病虫害数字化监测预警技术是植保技术发展的重要内容和体现。在应用病虫害数字化监测预警技术的基础上,通过新型测报工具的研发及应用,准确采集田间病、虫情况,建立业务化服务预报系统,为及时、准确监测预报作物病虫害提供参考。

关键词: 病虫害;数字化;监测预警

农业病虫害监测预警是植保工作的基础,历来受到内蒙古自治区包头市各级领导和植保工作者的高度重视,肩负着为政府决策提供依据和为防控工作提供情报信息指导的重任。近年来,随着全球气候变暖,农业结构调整,以及耕作制度的变化,农作物病虫害的发生日趋复杂和严重。包头市 2008 年草地螟大发生,2012 年马铃薯晚疫病暴发,2015 年玉米叶螨大发生,对农业生产带来严重影响。一些次要害虫为害加重,如双斑萤叶甲,近 10 年来,对玉米的为害由取食叶片转向取食花丝,损失危害逐年加重。针对这些情况,包头市植保植检站通过狠抓病虫害监测预警体系建设,稳步推进重大病虫害数字化监测预警工作的开展。特别是随着信息技术和网络技术的发展,农作物病虫测报工作,包括病虫害发生数据的采集、传输、处理、情报发布,以及信息咨询服务和会商防控指挥等,都必须借助计算机网络平台来完成。数字化和信息化建设将成为今后植保测报能力建设的主题和长期任务。包头市着力加强病虫测报技术研究,开展技术创新,加快病虫害测报数字平台建设,引进、示范和应用害虫实时监测系统,通过病虫害数字化监测预警技术应用,提高病虫害监测水平和预警能力。

1 传统测报面临的困难

农作物病虫害是影响作物最终产量的关键因素之一,对病虫害进行早期预警是控制病虫害的大范围蔓延、保护作物产量的有力方法之一。田间病虫调查监测作为有害生物防治决策的重要依据,已被广大农业生产者普遍采用。包头市区域面积为 27 万 km^2,测报点与点之间直线距离最大超过 300km,病虫测报工作任务重、强度高,同时,测报队伍中许多新同志经验不足、知识不全,有的甚至未掌握测报的基本技能。致使病虫调查数据代表性不强。特别是县乡级植保机构管理方式发生了较大变化,很多地方植保技术人员兼职工作较多,个别基层没人负责这项工作。这些问题在逐步解决的同时,更需要植保新技术的介入。

2 数字化监测预警技术应用情况

2.1 数字化建设是提高病虫监测预警能力的迫切要求

近些年包头市农作物重大病虫害呈持续重发态势,对农业生产的稳定发展和粮食安全构成了严重威胁。这些都迫切要求尽快提高监测预警能力,提高预报的准确性和时效性,为制定科学的防控决策、适时开展防治提供依据。同时,测报工作作为"公共植保,绿色植保"的重要组成部分,更需要加大科技投入,为公众提供准确及时的病虫害预测预报服务,达到保产增收,保障国家粮食安全和主要农产品有效供给的目的。

2.2　数字化监测预警技术应用

包头市病虫害数字化预警监测始于 2013 年，当年购置 2 台马铃薯晚疫病监测仪安装在固阳县和达尔罕茂明安联合旗，为马铃薯晚疫病预测预报提供实时数据，并启动"包头市农作物监测预警平台"建设项目，2015 年预警平台建设完成投入使用。这一举措加强了重大灾害的预报预警，有效提高了灾害的防御能力和水平。截至目前，已安装马铃薯晚疫病监测仪 8 台，分别安置在固阳县、达尔罕茂明安联合旗，每个旗县各 4 台，重点监测马铃薯晚疫病。已安装闪讯害虫自动监测仪 5 台，其中闪讯害虫自动监测仪安置在九原区哈业胡同镇 1 台，监测地老虎；东河区沙尔沁镇 1 台，监测玉米螟；土默特右旗将军尧镇、苏波盖镇各 1 台，分别监测黏虫和玉米螟；固阳县兴顺西镇 1 台，监测小菜蛾。仪器工作时间从 3 月初开始，10 月底结束。马铃薯晚疫病监测仪开机后即可正常开展工作。闪讯害虫自动监测仪每台仪器监测 1 种害虫，采用性诱方式，每月更换 1 次性诱剂，巡检 3～5 次。监测仪实时采集监测对象数量和环境要素，保存数据，根据动态监测数据自动生成表格、图表。通过登录包头市农作物监测预警平台，链接相关网站，可随时查询实时监测数据和不同年份的相关数据。

随着物联网、云计算、移动互联及地理信息技术的飞速发展，大力推进包头市病虫害数字化预警监测系统建设，是提高重大灾害预测预报准确率和精细化水平、提升灾害应急能力的重要途径和技术手段。

3　远程测报数据的分析研判

3.1　马铃薯晚疫病发生预测

马铃薯晚疫病发生流行与气象因子具有重要的相关性。马铃薯晚疫病监测仪自动采集田间温度、湿度、降雨等气候数据，并利用采集数据，分析马铃薯晚疫病菌的侵染状况，根据气象条件和晚疫病流行规律对未来晚疫病菌的侵染情况做出预测，进行预警提示。

3.2　重大虫害发生预测

闪讯害虫远程实时监测系统利用性诱剂诱捕和计数，通过分类统计、实时报传，实现害虫的定向诱集和虫害预警。包头市安装闪讯害虫远程实时监测仪共监测小地老虎、玉米螟、黏虫、小菜蛾 4 种害虫。其中，2016 年小地老虎、玉米螟、黏虫在包头市零星发生，小菜蛾为大发生。小菜蛾发生期间，通过数据实时监控，小菜蛾性诱数量从 7 月 1 日起，逐日增高，峰值出现在 7 月 5 日，为 261 头（表1）。结合田间调查，7 月 8 日，包头市植保植检站发布小菜蛾虫情测报信息，预测 2016 年包头市油菜籽小菜蛾将大发生，发生时间预计 7 月中下旬。情报发出后，旗县区积极组织、指导专业化组织开展防治工作。由于测报准确及时，防控技术指导到位，使小菜蛾在最佳防治时期得到了积极有效防治，确保油菜籽生产未遭受重大损失。全市小菜蛾发生面积 3.87 万 hm²，防治 2.67 万 hm²，挽回损失 4 030t。

表 1　包头市小菜蛾性诱数量

地点	名称	时间	数量（头）	温度（℃）	相对湿度（%）
固阳	小菜蛾	2016-06-30	1	13.00	92
固阳	小菜蛾	2016-07-01	7	12.70	92
固阳	小菜蛾	2016-07-02	25	20.79	84
固阳	小菜蛾	2016-07-03	86	21.96	83
固阳	小菜蛾	2016-07-04	196	21.75	83
固阳	小菜蛾	2016-07-05	261	21.66	83
固阳	小菜蛾	2016-07-06	203	19.33	85
固阳	小菜蛾	2016-07-07	2	16.05	92

表 2 为田间调查数据，成虫数量为估测，目测百步蛾量，折算成每平方米成虫数量。幼虫调查选取有代表性的田块，采用平行线 10 点取样，每点 10 株，记录各虫态、虫龄及数量。

表 2　小菜蛾田间调查

时间	成虫 (头/m²)	幼虫（头/株）				蛹 (头/株)
		一龄	二龄	三龄	四龄	
2016-07-04	15	0.7	1.8	0.7	0.5	0.1
2016-07-06	22	1.5	2.7	1.3	1.1	0.1
2016-07-09	20	4.5	7.2	3.1	1.6	0.3
2016-07-15	18	10.3	12.3	8.2	5.8	1.2
2016-07-20	17	14.2	17.7	15.1	3.7	3.5
2016-07-26	16	15.0	28.1	23.7	15.6	4.7
2016-08-02	16	9.6	6.3	10.1	7.2	4.6

通过田间调查，小菜蛾发生为害与性诱数量相关，在性诱数量峰值后 5～7d，田间为害达到防治标准。而小菜蛾成虫田间数量相对稳定，未见明显峰值，与性诱数量差距较大。

表 3 为其他 3 种害虫通过闪讯害虫远程实时监测仪性诱数量，由于为害轻，诱虫数量按月统计。小地老虎为迁飞性害虫，性诱数量 5 月为 8 头，其他月份未诱到。小地老虎在包头市成虫始见为 4 月中下旬，幼虫始见为 5 月中下旬，主要为害苗期玉米。性诱与历史数据相吻合。在东河区、土默特右旗闪讯害虫远程实时监测仪性诱黏虫的数量每月均有一定数值，在包头市成虫始见为 5 月上中旬，幼虫始见为 5 月中旬，主要为害苗期小麦、玉米，为害代为二代黏虫。田间调查，黏虫零星为害，闪讯害虫远程实时监测仪巡检中发现，集虫器中未见诱到的成虫，报送数据多为误报。玉米螟在包头市为轻发生，巡检中集虫器未见诱到的成虫。

表 3　3 种害虫不同月份闪讯害虫远程实时监测仪性诱虫量（头）

名称	地点	5 月	6 月	7 月	8 月	9 月	10 月
小地老虎	九原区	8	0	0	0	0	0
黏虫	东河区	35	121	32	36	179	48
黏虫	土默特右旗	23	41	36	34	26	18
玉米螟	土默特右旗	0	0	0	0	0	0

4　存在的问题及对策

随着全球气候变化及农业栽培模式、管理方式的改变，导致一些病虫害发生范围增大，发生频率提高，发生程度加重，已影响到农业生产安全。而病虫害数字化监测预警技术的应用，实现病虫监测预警规范化、网络化、自动化和可视化，对推动包头市农作物病虫测报事业发展，为广大农民开展病虫害防治提供指导服务，起到积极作用。通过近两年的应用，数字化远程监测技术应用应在降低使用成本，提高测报准确率等方面做好以下工作：

4.1　加大研发力度，降低物化成本

在病虫害预测预报中，每一个地区针对的测报对象多达十几种甚至数十种，而当前所使用的远程性诱实时监测仪每台仪器只能针对 1 种害虫。大量田间试验数据表明，在同一作物生境中，其他害虫种群虫口密度大时，释放的信息素也可能影响靶标害虫的诱捕。然而实际应用时，通常需要同时监测多个靶标害虫，若将几种害虫的性信息素诱芯放置于同 1 个诱捕器内，其性信息素相互干扰，几种靶标害虫有可能都诱捕不到。因此 1 个诱捕器内只能设置 1 种靶标害虫诱芯，且必须在一定的安全间隔距离之外分别设置不同的诱捕器和不同的诱芯。因此，针对不同害虫，需安置数个监测仪，极大地加

重了基层植保部门的经济负担，不利于推广应用。同时在监控中发现，个别害虫记录数据出现误报，需要通过技术研发和监测仪设计上予以解决。

4.2　做好监测点合理布局，提高测报准确率

在包头市重点监测的农业害虫中，针对草地螟、黏虫、小地老虎、小菜蛾、蚜虫等害虫的预测预报，往往需要大范围跨区域的监测数据。而每一个地方病虫预测预报都局限于本行政区域。现有的远程实时监测仪通过内部数据处理系统、传感设备、数据传输系统，利用互联网，已经实现远距离害虫实时监控。因此需要上级农业主管部门在加大对测报工作支持力度的情况下，利用现有的病虫远程实时监测仪，针对每一病虫，科学合理地布置监测点，不同省份、不同地区通过数据整合，建立大区域病虫监测预警体系，开展病虫的发生规律研究，提高测报技术水平，进一步提高病虫预测的准确性和时效性。

4.3　提前制定标准，规范远程监测

数字化监测预警特别是害虫远程实时监测中，不同害虫诱虫量和实际发生虫量的对应关系、诱虫量和危害程度之间的关系还需要农业部门和科研机构进一步研究明确。同时在性诱剂制造、使用上也需要通过研究进一步标准化，保证性信息素释放的一致性，避免性诱剂释放量不同对虫量诱集产生影响。另外，同一种害虫远程实时监测方式及放置时间，都需要提前制定好标准。只有统一使用方式，才能保证调查数据的科学可靠。

4.4　做好田间调查，确保数据准确

现阶段，在数字化监测预警技术应用过程中，病虫远程实时监测系统极大地提升了病虫害测报的技术水平和工作效率。但由于所应用的远程实时监测仪监测对象少，覆盖面窄，大部分病虫害的监测方法仍需要利用传统手段。特别是针对一些特定害虫，在性诱的基础上，还必须进行田间调查。而病虫害测报实地调查是测报工作的基础，新技术、新设备应用的同时，更应该努力做好田间调查工作，确保调查数据准确真实，录入数据及时可靠，为数字化监测预警提供基础数据保障。在注重植保新技术发展的同时，稳定植保专业人才，加大植保队伍的培养力度，也是植保工作的关键。

5　结束语

由于气候影响及耕作制度的改变，包头市农业病虫害的发生呈加重趋势，测报工作任重道远。通过病虫害数字化监测预警技术应用，农作物病虫害预警以信息技术为支撑，以预警应急管理流程为主线，通过整合现有资源，完善预警服务机制，提高包头市病虫害预警水平，适应现代农业发展趋势。这也对实现病虫监测预警规范化、网络化、自动化和可视化，推动包头市农作物病虫测报事业发展起到积极作用。

参考文献

刘万才，刘宇，龚一飞，2011. 论重大病虫害数字化监测预警建设的长期任务 [J]. 中国植保导刊，31（1）：25-29.
曾娟，杜永均，姜玉英，等，2015. 我国农业害虫性诱监测技术的开发和应用 [J]. 植物保护，41（4）：9-15.

达拉特旗害虫性诱监测工具试验及示范项目总结

贾改琴 任艳 周慧玲 李文连 王丽春 李平

（内蒙古自治区达拉特旗农业技术推广中心 达拉特旗 014300）

摘要： 为了进一步做好农作物病虫害监测预警工作、探索新型测报工具、改善测报技术、提高监测水平，对闪讯新型实时监测系统与黑光灯进行了数据对比，通过对比发现，二者对于小地老虎、草地螟、玉米螟的诱捕量相差不大，对于黏虫的诱捕数据显示，闪讯新型实时监测系统较黑光灯更为敏感。

关键词： 闪讯新型实时监测系统；黑光灯；农作物病虫害

达拉特旗是鄂尔多斯市玉米的主产区，也是我国重要的商品粮基地，达拉特旗现有耕地面积 14.87 万 hm²，8 个苏木镇均以种植玉米为主。为了进一步做好农作物病虫害监测预警工作、探索新型测报工具、改善测报技术、提高监测水平，达拉特旗植保站于 2014 年 7 月底分别将 3 台依科曼闪迅性诱害虫实时监测系统安装在位于东部吉格斯太镇蛇肯点素村（40.191007°N，110.302568°E）、西部中和西镇南伙房村（40.477822°N，109.168398°E）、中部树林召镇新民村试验场（40.473000°N，109.978694°E）。从 2015 年 4 月 13 日开始对小地老虎、草地螟、黏虫、玉米螟进行阶段性的试验观测，设备已运行了 2 年，为达拉特旗的测报工作提供了快捷、准确、科学的依据。

1 闪讯新型实时监测系统的主要功能及运行原理

1.1 主要功能

闪讯害虫远程实时监测系统，通过太阳能板 12V/75W 长期运行。监测系统包括诱虫系统、自动计数系统、诱捕器清理系统。

1.1.1 诱虫系统

充分利用螟虫类边爬行边扇动翅膀飞行的原理，采用漏斗型诱捕器。

1.1.2 自动计数系统

自动计数采用灵敏度极高的触碰盘瞬间高压电击的模式，基本不会漏记一头虫。

1.1.3 诱捕器清理系统

清理系统采用国际先进的绝缘绝水材料和高压盘清扫的模式，尽可能确保不产生重复计数。

1.2 运行原理

机器内置手机移动卡一张，通过害虫诱捕自动计数终端，然后数据通过 GPRS 无线传输至服务器，再通过手机或电脑登录系统进行数据设置、查看及分析等。

2 监测时间与方法

2.1 监测时间

根据本地玉米种植生长周期及达拉特旗的气候特点，在全年害虫发生期（3 月下旬至 9 月下旬）内进行监测预报。

2.2　监测方法

小地老虎在达拉特旗始见最早，所以闪迅监测系统首先从小地老虎开始诱测。其次为草地螟、黏虫、玉米螟。根据测报调查规范，黑光灯所诱雄蛾与闪迅性诱监测系统所诱蛾量进行对比，两者安放地周围均为玉米田，从 4 月 20 日开始至 9 月 30 日止进行全程监测对比，每天上午对黑光灯诱到的雄虫进行分拣登记，每周对闪迅监测系统进行查看汇总，并将两者数据进行比较分析。

3　监测数据分析

现就小地老虎、草地螟、黏虫、玉米螟进行阶段性的监测汇总，将具体监测情况总结分析如下：

3.1　小地老虎监测数据

从 3 月 14 日至 5 月 29 日共 11 周时间，普通黑光灯对小地老虎雄蛾的诱测总量为 182 头；闪迅 3 台监测系统对小地老虎的诱测平均总量 177.6 头；其中诱蛾量最大的是 3 号中和西镇。普通黑光灯与其距离最近的 2 号闪讯监测系统相比，小地老虎较多（表 1、图 1）。

表 1　2016 年达拉特旗监测小地老虎雄蛾记录（头）

日期	闪讯监测系统				黑光灯
	1 号	2 号	3 号	平均值	
3 月 14~20 日	19	7	0	8.67	0
3 月 21~27 日	0	3	0	1	0
3 月 28 日至 4 月 3 日	8	13	25	15.33	7
4 月 4~10 日	1	2	20	7.67	7
4 月 11~17 日	2	24	79	35	11
4 月 18~24 日	5	9	40	18	15
4 月 25 日至 5 月 1 日	0	15	94	36.33	85
5 月 2~8 日	4	4	25	11	23
5 月 9~15 日	22	9	18	16.33	20
5 月 16~22 日	0	7	40	15.67	13
5 月 23~29 日	2	10	26	12.67	1
合计	63	103	367	177.6	182

注：表中 1 号为吉格斯太镇（闪迅）；2 号为树林召镇（闪迅）；3 号为中和西镇（闪迅），下同。

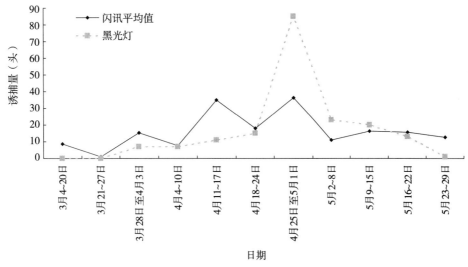

图 1　2016 年达拉特旗监测小老虎雄蛾记录

3.2 草地螟监测数据

从 5 月 30 日至 6 月 26 日共 4 周时间，普通黑光灯对草地螟雄蛾的诱测总量为 14 头；闪迅监测系统对草地螟的诱测总量依次为吉格斯太镇（1 号）5 头、树林召镇（2 号）为 13 头、中和西镇（3 号）为 133 头；其中诱蛾量最大的是中和西镇，而距离黑光灯最近的 2 号闪讯监测系统与黑光灯数据基本一致（表 2）。

表 2 2016 年达拉特旗监测草地螟雄蛾记录（头）

日期	闪讯监测系统				黑光灯
	1 号	2 号	3 号	平均值	
5 月 30 日至 6 月 5 日	0	6	44	16.67	11
6 月 6～12 日	3	5	23	10.33	0
6 月 13～19 日	1	1	37	13	0
6 月 20～26 日	1	1	29	10.33	3
合计	5	13	133	50.33	14

3.3 黏虫监测数据

从 6 月 27 日至 7 月 31 日共 5 周时间，黑光灯对黏虫雄蛾的诱测总量为 1 头；闪迅监测系统对黏虫的诱测总量依次为吉格斯太镇（1 号）18 头、树林召镇（2 号）为 10 头、中和西镇（3 号）为 104 头。

表 3 2016 年达拉特旗监测黏虫雄蛾记录（头）

日期	闪讯监测系统				黑光灯
	1 号	2 号	3 号	平均值	
6 月 27 日至 7 月 3 日	1	1	29	10.33	1
7 月 4～10 日	3	1	25	9.67	0
7 月 11～17 日	9	2	10	7	0
7 月 18～24 日	2	2	20	8	0
7 月 25～31 日	3	4	20	9	0
合计	18	10	104	44	1

3.4 玉米螟监测数据

从 8 月 1 日至 10 月 2 日共 9 周时间，普通黑光灯对玉米螟雄蛾的诱测总量为 73 头；闪迅监测系统对玉米螟的诱测总量依次为吉格斯太镇（1 号）为 16 头、树林召镇（2 号）为 32 头、中和西镇（3 号）为 63 头；其中诱蛾量最大的是中和西镇，除中和西镇闪讯监测系统（3 号）诱蛾总量与黑光灯诱蛾总量没有较大偏差外，吉格斯太镇闪讯监测系统（1 号）、树林召镇闪讯监测系统（2 号）诱蛾总量均明显低于黑光灯诱蛾总量。

表 4 2016 年达拉特旗监测玉米螟雄蛾记录（头）

日期	闪讯监测系统				黑光灯
	1 号	2 号	3 号	平均值	
8 月 1～7 日	1	9	2	4	18
8 月 8～14 日	1	9	15	8.33	23
8 月 15～21 日	1	4	9	4.67	15
8 月 22～28 日	0	2	18	6.67	9
8 月 29 日至 9 月 4 日	2	2	9	4.33	3

（续）

日期	闪讯监测系统				黑光灯
	1 号	2 号	3 号	平均值	
9 月 5～11 日	3	1	2	2	4
9 月 12～18 日	5	2	2	3	1
9 月 19～25 日	1	1	3	1.67	0
9 月 26 日至 10 月 2 日	2	2	3	2.33	0
合计	16	32	63	37	73

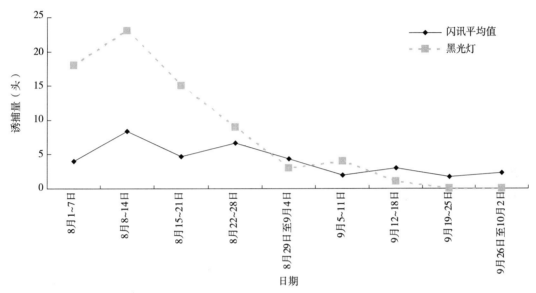

图 2　2016 年达拉特旗监测玉米螟雄蛾记录

4　与黑光灯对比，闪迅性诱实时监测系统具有的优越性

1）快速显示实时数据，省时、省力。相对黑光灯不需要每天取虫，系统自动计数。

2）便捷、简洁，一键式操作，容易从平台随时了解当地虫情动态。

3）诱芯专一性较好，相对黑光测报灯，减少了成虫种类分拣工作量。

4）可按照查询条件精准获取数据信息、分析图表、监测点分布信息等，性诱操作相对简便，可以用于田间预测预报。

5　存在问题及建议

1）气候、安装位置对性诱监测系统有一定影响。

2）自动计数准确性。试验发现自动计数器实诱蛾数与计数器显示数据有一定差异，显示数据大于实际诱蛾数量。分析原因可能为成虫飞入后，多次碰触计数感应器，或因湿度过大或水滴造成计数大，或其他杂虫飞入使显示数据大于实际诱蛾数量。

3）目前试验的性诱监测工具多数只具备诱测作用，对诱测到的在调查过程中飞掉的成虫，不仅使调查不准确，同时不能起到防治作用。

6　总结

2016 年的虫情测报工作已经结束，一年来通过虫情测报灯与闪迅监测系统结合田间调查对全旗各种病虫害发生、为害情况进行了认真细致的记载，通过科学的分析，做出正确预测，及时发出情报，有效地指导了大田防治，为全旗农牧民的全面增产增收做出了贡献。明年，达拉特旗农技推广中心将针对工作中存在的不足之处，不断改进，不断创新，使明年的测报工作上一个新的台阶。

参考文献

陈继光，宋显东，王春荣，等，2016.玉米田机械收获、整地对玉米螟虫源基数影响调查研究［J］.中国植保导刊，36（6）：44-47.

贾改琴，李文连，周慧玲，等，2016.达拉特旗玉米生产现状及玉米产业发展对策［J］.现代农业，475（1）：67-68.

杨秀君，曾娟，2016.玉米螟标准化性诱监测器及其自动计数系统的监测效果浅析［J］.中国植保导刊，36（11）：50-53.

重大害虫远程实时监测系统诱测玉米螟效果初报

李华[1]　罗国君[1]　李绍杰[1]　宫瑞杰[2]

(1. 内蒙古自治区宁城县植保植检站　宁城 024200；

2. 内蒙古自治区赤峰市植保植检站　赤峰 024000)

摘要： 闪讯害虫远程实时监测系统是利用性诱剂的专一性特性及现代物联网和高端电子信息技术，针对靶标害虫进行定向诱集监测的一套系统。该系统集害虫诱捕、数据统计、数据传输和数据分析为一体，实现了害虫测报与防治指导的自动化和智能化。为了验证该系统的稳定性和准确性，进一步丰富和完善害虫监测方法、提高监测预警准确性，推进害虫远程实时监测技术规范化、简约化、自动化。2016 年，在全国农业技术推广服务中心的支持下宁城县开展了性诱剂监测工具及自动计数系统试验示范，首先通过试验验证闪讯害虫远程实时监测系统在亚洲玉米螟监测中诱集亚洲玉米螟数量及其计数的准确性，进而与传统螟虫类诱捕器对亚洲玉米螟的诱集数据相比较相关性。试验结果表明，该系统自动计数较准确，诱测效果良好，与传统螟虫类诱捕器监测结果吻合度较高，能较好地反映玉米螟各代种群数量动态。

关键词： 害虫远程实时监测系统；玉米螟；监测；性诱剂

　　玉米为宁城县主要粮食作物。近几年，全县玉米播种面积约 6.3 万 hm^2。亚洲玉米螟 [*Ostrinia furnacalis*（Guenée）] 是影响玉米生产的重要害虫，分布广泛，为害严重。利用玉米螟性诱剂测报虫情和诱杀防治成虫，具有灵敏度高、准确性好、使用简便、费用低廉等优点，已是防治中不可缺少的组成部分，并被越来越多的地区所采用。然而，关于远程实时自动记载、传输和监控玉米螟的研究报道较少。闪讯害虫远程实时监测系统是利用性诱剂的专一性特性及现代物联网和高端电子信息技术，针对靶标害虫进行定向诱集监测的一套系统。该系统集害虫诱捕、数据统计、数据传输和数据分析为一体，实现了害虫测报与防治指导的自动化和智能化。2016 年，在全国农业技术推广服务中心的支持下，宁城县开展了性诱剂监测工具及自动计数系统试验示范，验证该系统自动计数的准确性和诱测效果，收集建议并进行产品改进。

1　材料与方法

1.1　供试材料

　　试验设备为北京依科曼生物技术有限公司生产的闪讯害虫远程实时监测系统 1 台，型号为 3SJ-1。该系统包括害虫诱捕器、环境监测器、数据处理和传输系统、供电系统、支架、避雷针和软件处理系统等。亚洲玉米螟性诱芯由宁波纽康生物技术有限公司提供。

1.2　试验作物及监测对象

　　试验作物为玉米，监测对象为亚洲玉米螟。

1.3　试验田基本情况

　　试验设在赤峰市宁城县病虫测报站监测场，地理坐标为 41°47′94″N，119°18′14″E，海拔 584m。试验区地势平坦，为内蒙古东北部一季作物种植区，玉米螟一、二代发生较重。

1.4 田间诱捕器放置

试验示范区域内，供试闪讯害虫远程实时监测系统一台，普通屋式诱捕器两个。闪讯和屋式诱捕器的布局成正三角形，诱捕器间的距离约为50m。每个诱捕器与田边距离为10m以上（图1）。当玉米株高30～100cm时，诱捕器放置高度约80cm，其他情况，低于植株冠20～30cm。

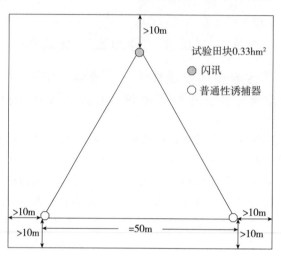

图1 闪讯害虫远程实时监测系统及对照普通性诱捕器田间放置示意

1.5 亚洲玉米螟性诱芯更换间隔时间

为了保证亚洲玉米螟性诱芯的诱集效果，诱芯统一采取低温封闭冷藏，每隔一个月更换一次诱捕器内的性诱芯。

1.6 调查方法及分析

从2014年到2016年，每年的6月中旬开始一直持续到8月底，对亚洲玉米螟的主要发生期进行系统监测。在整个监测期逐日记录闪讯害虫远程实时监测系统、普通屋式诱捕器诱捕、诱杀亚洲玉米螟的数量，每日查虫时间为8：00，结果记入闪讯害虫远程实时监测系统、普通性诱捕器诱捕诱杀情况记载表，计数后清空诱捕器。试验数据进行统计分析。

2 结果与分析

2.1 各个诱捕器间玉米螟捕获数量对比分析

图2给出了2014—2016年对两个普通类型的诱捕器和闪讯害虫远程实时监测系统设备6月初到8月末连续监控诱捕的玉米螟数量之间的关系。直观上发现，每年中的三者捕获数量的规律基本相近。通过统计学分析发现，3个诱捕器捕获量无显著性差异（T-test，$p < 0.05$），反映三者具有较好的一致性。说明同期各影响因素都会显性反映在诱捕数量上。

另外，通过3个捕获器的数量可以看出捕获器安放的位置较为合理。田间玉米螟的数量分布较为均匀，能够反映出该试验田的害虫诱杀情况。为后续分析玉米螟的发生发展规律提供了较可靠的试验依据。

对于不同的年份，各个诱捕器的诱捕数量并不存在绝对的优势。例如，对于2014年，诱捕器2的诱捕数量整体最高，同时诱捕峰值也发生在诱捕器2上；对于2015年，诱捕器2的诱捕数量略高于其他两个诱捕设备；而在2016年，诱捕器1捕获数量整体占优，同时峰值发生在诱捕器1上。整体而言，闪讯的诱捕数量在各年份中都低于其他两个诱捕器，这主要是由于闪讯诱捕器只捕获雄性玉米螟，而不捕获雌性玉米螟。

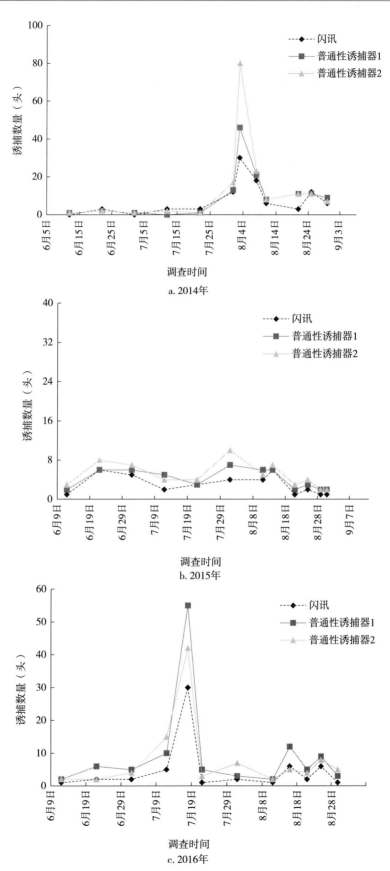

图 2 普通类型诱捕器和闪讯害虫实时监测系统玉米螟诱捕数量对比

2.2 不同时期各诱捕器玉米螟捕获数量分析

从图 2 中可以看出，一方面，不同年份中的玉米螟捕获数量分布具有较大的差异；另一方面，同一年份中不同的时期玉米螟捕获量也不相同。具体而言，在 2014 年中，各诱捕器的玉米螟捕获峰值出现在 8 月上旬，其他时期捕获数量相对平稳。而在 2015 年，玉米螟的捕获量整体平稳，并未出现明显的峰值。在 2016 年，玉米螟的捕获峰值相对出现较早（约在 7 月中旬），相比 2014 年，峰值捕获量提前将近 15～20d。这种现象的出现很有可能是受到了气候等因素的影响。

为了更准确地分析不同时间段中玉米螟的诱捕数量，表 1 至表 3 分别给出了 2014—2016 年 6～8 月的各诱捕器监测情况。从整体来说，根据各年份的诱捕数量具体值，由于前期阶段（6 月上旬到 7 月上旬）闪讯害虫远程实时监测系统设备需要安装调试以及阴雨天气的影响，亚洲玉米螟发生较轻，田间虫量少。而进入 7 月中下旬后，亚洲玉米螟田间发生量开始增大，田间性诱剂陆续诱集到亚洲玉米螟（注：2015 年由于受到气候的影响，主要作用因素为干旱，使得该变化趋势相对不明显）。7 月中下旬到 8 月中旬为亚洲玉米螟发生的高峰期。而 8 月中旬以后，亚洲玉米螟田间发生量基本成下降趋势，说明玉米螟对农作物的影响逐渐减弱。

表 1 2014 年 6～8 月不同诱捕器监测情况对比

调查日期	闪讯诱捕数量（头）	普通性诱捕器诱捕数量（头）		
		诱捕器 1	诱捕器 2	平均
2014 年 6 月 12 日	0	1	1	1
2014 年 6 月 22 日	3	2	2	2
2014 年 7 月 2 日	0	1	1	1
2014 年 7 月 12 日	3	0	2	1
2014 年 7 月 22 日	3	1	1	1
2014 年 8 月 1 日	12	13	17	15
2014 年 8 月 3 日	30	46	80	63
2014 年 8 月 8 日	18	21	23	22
2014 年 8 月 11 日	6	8	8	8
2014 年 8 月 21 日	3	11	11	11
2014 年 8 月 25 日	12	11	11	11
2014 年 8 月 30 日	6	9	7	8

表 2 2015 年 6～8 月不同诱捕器监测情况对比

调查日期	闪讯诱捕数量（头）	普通性诱捕器诱捕数量（头）		
		诱捕器 1	诱捕器 2	平均
2015 年 6 月 12 日	1	2	3	2.5
2015 年 6 月 22 日	6	6	8	7
2015 年 7 月 2 日	5	6	7	6.5
2015 年 7 月 12 日	2	5	4	4.5
2015 年 7 月 22 日	3	3	4	3.5
2015 年 8 月 1 日	4	7	10	8.5
2015 年 8 月 11 日	4	6	5	5.5
2015 年 8 月 14 日	6	6	7	6.5
2015 年 8 月 21 日	1	2	3	2.5
2015 年 8 月 25 日	2	3	4	3.5
2015 年 8 月 29 日	1	2	2	2
2015 年 8 月 31 日	1	2	2	2

表 3 2016 年 6～8 月不同诱捕器监测情况对比

调查日期	闪讯诱捕数量（头）	普通性诱捕器诱捕数量（头）		
		诱捕器 1	诱捕器 2	平均
2016 年 6 月 12 日	1	2	2	2
2016 年 6 月 22 日	2	6	2	4
2016 年 7 月 2 日	2	5	4	4.5
2016 年 7 月 12 日	5	10	15	12.5

（续）

调查日期	闪讯诱捕数量（头）	普通性诱捕器诱捕数量（头）		
		诱捕器 1	诱捕器 2	平均
2016 年 7 月 18 日	30	55	42	48.5
2016 年 7 月 22 日	1	5	3	4
2016 年 8 月 1 日	2	3	7	5
2016 年 8 月 11 日	1	2	2	2
2016 年 8 月 16 日	6	12	5	8.5
2016 年 8 月 21 日	2	5	4	4.5
2016 年 8 月 25 日	6	9	8	8.5
2016 年 8 月 30 日	1	3	5	4

另外，从田间监测的 2014—2016 年实际调查数据来看，2014 年 6 月下旬到 7 月中旬闪讯害虫远程实时监测系统诱虫量相比普通性诱捕器平均诱虫量相差不大。但是进入 7 月下旬，随着亚洲玉米螟发生高峰期的到来，闪讯系统的诱虫量相对与普通性诱捕器诱虫量的平均值略显不足，整体来看监测玉米螟发生的波峰图基本吻合，试验示范结果见图 3。同样，2015 年以及 2016 年同样显现出闪讯监控系统与普通性诱捕器平均诱虫量相差不大，整体趋势相同。综上，闪讯系统均监测出亚洲玉米螟暴发的高峰时期，基本同普通性诱捕器监测数据相吻合。

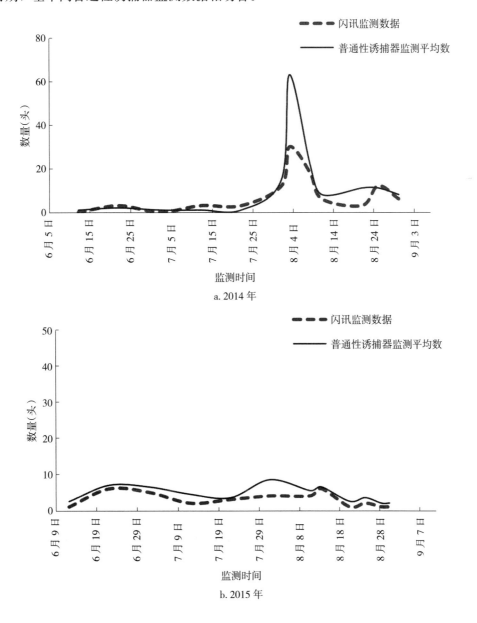

a. 2014 年

b. 2015 年

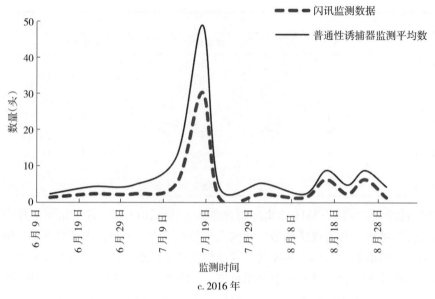

图3 不同年份6~8月亚洲玉米螟监测曲线

3 讨论

玉米螟性诱监测具有高度的灵敏性、准确性、专一性、环境友好性等优点，已广泛应用于测报。由以上试验示范结果可知，闪讯害虫远程实时监测系统针对玉米田的亚洲玉米螟的监测与常规性诱芯监测及田间虫害发生情况基本保持一致，吻合程度较好，自动计数虫量与普通屋式性诱捕器虫量无显著差异，计数准确性较高，效果良好。通过实地示范使用及调查验证，闪讯害虫远程实时监测系统操作简便，能够达到解决害虫监测数据远程自动上报与传输的功能。结果表明，该系统的逐日诱虫量与普通屋式性诱捕器无显著差异，其受光源、天气等环境因素影响较小，而普通屋式性诱捕器和测报灯受大风、大雨等极端气象因素的影响较大。该系统可有效地控制玉米螟的为害，同时节约成本，提高经济效益，在生产上应用有利于提高农产品质量，改善生态环境；在测报上应用该技术，具有高度的灵敏性、专一性、环境友好性等优点，对推进害虫测报简易化、多元化，不断提高害虫监管数量和预报水平有一定的作用。

值得注意的是性诱芯的质量、存放时间的长短会影响诱虫的数量及监测结果。闪讯害虫远程实时监测系统还需要进一步加强性诱剂诱集量与田间监测对象实际发生情况关系的研究，建立相应的监测预警指标，以便进一步指导防治。随着闪讯害虫远程实时监测系统工具的性能不断改进和完善，可进一步提高诱捕器的结构和性能，完善远程数据分析及利用，在害虫监测应用方面可替代测报灯进行玉米螟预测预报。该系统作为先进、实用、简便的现代新型测报工具，具有广阔的推广应用前景。

参考文献

陈炳旭，陆恒，董易之，等，2010. 亚洲玉米螟性诱剂诱捕器诱捕效果研究［J］. 环境昆虫学报，32（3）：419-422.

陈磊，赵秀梅，刘洋，等，2013. 性诱剂诱捕器对玉米螟的田间防治效果［J］. 黑龙江农业科学（10）：57-59.

胡代花，杨晓伟，韩鼎，等，2015. 不同性诱剂对亚洲玉米螟的引诱效果及田间应用初探［J］. 农药学学报，17（1）：101-105.

刘春，肖晓华，杨昌洪，等，2016. 害虫远程实时监测系统在二化螟监测上的应用［J］. 南方农业，10（6）：244-246.

刘万才，刘杰，钟天润，等，2015. 新型测报工具研发应用进展与发展建议［J］. 中国植保导刊，35（8）：40-42.

曾娟，杜永均，姜玉英，等. 2015. 我国农业害虫性诱监测技术的开发和应用［J］. 植物保护，41（4）：9-15.

基于性诱的闪讯害虫远程实时监测系统
在玉米螟监测预警中的应用浅析

金白乙拉[1]　包春花[2]　陈丽芳[1]　海礼平[1]

（1. 内蒙古自治区科尔沁左翼中旗农业技术推广中心　保康镇 029399；
2. 内蒙古自治区科尔沁左翼中旗舍伯吐镇农业技术推广站　舍伯吐镇 029322）

摘要： 采用北京依科曼生物技术有限公司生产的闪讯害虫远程实时监测系统监测亚洲玉米螟，试验结果表明，基于性诱的闪讯害虫远程实时监测系统自动计数准确、诱测效果良好，与传统性诱及智能虫情测报灯诱蛾数据对比峰值一致、吻合度较高，能较好地反映玉米螟各代种群数量动态。

关键词： 闪讯害虫远程实时监测系统；玉米螟；性诱剂；应用

　　玉米螟又叫玉米钻心虫，是为害科尔沁左翼中旗玉米的主要害虫，它不仅影响玉米的品质，造成的产量损失也相当严重，一般为害较轻的年份玉米产量损失 5%～10%，为害较重年份可达 10%～20%，而加强测报、准确预警是玉米螟科学防控的基础。2016 年科尔沁左翼中旗在上级业务部门的大力支持下，开展了闪讯害虫远程实时监测系统与传统性诱及智能虫情测报灯诱蛾试验，探索简单、易行、实用的新型测报工具，提高测报工作的监测预警能力。基于性诱的闪讯害虫远程实时监测系统为集害虫性诱捕和自动计数、远程传输数据及数据分析于一体的新一代害虫自动测报系统，能够实现玉米螟的定向诱集、实时报传、远程监测及预警自动化。玉米螟性诱剂是人工合成的性外激素，具有专一、灵敏、无毒害、无残毒、不伤天敌、经济高效等特点，在害虫防治尤其是辅助测报中的作用越来越大。

1　试验示范目的

　　1）验证闪讯害虫远程实时监测系统在亚洲玉米螟监测中诱集玉米螟成虫数量及其计数的准确性。

　　2）对比闪讯害虫远程实时监测系统与普通性诱、智能虫情测报灯等常规监测工具的诱测效果，包括诱虫量、诱虫曲线（峰型）等。

　　3）检验闪讯害虫远程实时监测系统在实际使用过程中存在的问题，收集建议并进行产品改进。

2　试验示范参与单位

　　内蒙古自治区科尔沁左翼中旗农业技术推广中心植保植检站。

3　试验示范地点基本情况介绍

3.1　示范地点

　　内蒙古自治区科尔沁左翼中旗国家区域测报站（保康镇）病虫测报基地。

3.2　监测作物及对象

　　玉米，亚洲玉米螟。

3.3 试验示范时间

亚洲玉米螟成虫发生期进行系统监测，时间为 2016 年 6 月 20 日至 9 月 10 日。

4 试验示范供试设备及材料

4.1 试验示范工具

闪讯害虫远程实时监测系统（由北京依科曼生物技术有限公司提供）、玉米螟性诱芯（由宁波纽康生物技术有限公司提供）。

4.2 对照工具

普通屋式性诱捕器（由北京依科曼生物技术有限公司提供）、智能虫情测报灯（由河南佳多公司提供）。

5 试验示范设计

5.1 试验示范地选择

同一示范地内种植同一玉米品种，且种植时间、种植密度、水肥管理和虫害发生情况基本一致。

5.2 试验示范规模

选择同一种植品种区域进行试验示范，试验面积约 1.33hm²。试验示范区域及周边约 0.33hm² 范围内不使用任何防治药剂。

5.3 试验示范方法

5.3.1 试验田间布置方法

试验示范区域内，供试闪讯害虫远程实时监测系统一台，普通屋式性诱捕器两个，智能虫情测报灯一台。智能虫情测报灯与闪讯设备相距 100m，闪讯和普通屋式性诱捕器的布局成正三角形，诱捕器间的距离约为 50m。每个诱捕器与田边距离为 10m 以上（图 1）。当玉米株高 30～100cm 时，诱捕器放置高度约 80cm，其他情况，低于植株冠 20～30cm。

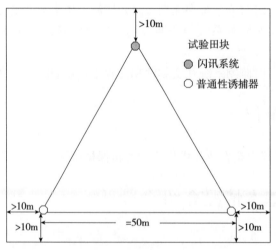

图 1　闪讯害虫远程实时监测系统及对照普通性诱捕器田间放置

5.3.2 玉米螟性诱芯更换间隔时间

为了保证玉米螟性诱芯的诱集效果，诱芯统一采取低温封闭冷藏，每隔一个月时间更换一次诱捕器内的性诱芯。

5.4 试验示范时间及调查

从 2016 年 6 月 20 日开始一直持续到 9 月 10 日，对亚洲玉米螟的主要发生期进行系统监测。在整个监测期逐日记录闪讯、普通性诱捕器及智能虫情测报灯诱捕亚洲玉米螟的数量，每日查虫时间为 9：00～11：00，结果记入表 1。

表 1　亚洲玉米螟监测期间不同诱捕器诱测情况

调查日期	闪讯系统诱捕数量（头）	普通性诱捕器诱捕数量（头）			智能测报灯（雄蛾）诱捕数量（头）
		诱捕器 1	诱捕器 2	平均	
2016 年 6 月 20 日	1	0	1	0.5	7
2016 年 6 月 21 日	2	1	0	0.5	8
2016 年 6 月 22 日	1	0	0	0	4
2016 年 6 月 23 日	3	1	1	1	5
2016 年 6 月 24 日	1	0	0	0	4
2016 年 6 月 25 日	5	1	1	1	30
2016 年 6 月 26 日	0	0	0	0	12
2016 年 6 月 27 日	0	0	0	0	10
2016 年 6 月 28 日	0	0	0	0	9
2016 年 6 月 29 日	0	1	0	0.5	7
2016 年 6 月 30 日	0	0	0	0	5
2016 年 7 月 1 日	0	0	0	0	8
2016 年 7 月 2 日	0	0	0	0	4
2016 年 7 月 3 日	0	0	0	0	8
2016 年 7 月 4 日	0	0	0	0	9
2016 年 7 月 5 日	1	0	0	0	7
2016 年 7 月 6 日	0	0	0	0	8
2016 年 7 月 7 日	0	0	0	0	6
2016 年 7 月 8 日	0	0	0	0	5
2016 年 7 月 9 日	0	0	0	0	3
2016 年 7 月 10 日	1	0	0	0	4
2016 年 7 月 11 日	0	0	0	0	3
2016 年 7 月 12 日	1	1	0	0.5	4
2016 年 7 月 13 日	1	0	0	0	0
2016 年 7 月 14 日	1	0	0	0	0
2016 年 7 月 15 日	0	0	0	0	1
2016 年 7 月 16 日	0	0	0	0	1
2016 年 7 月 18 日	1	0	0	0	0
2016 年 7 月 20 日	0	0	0	0	3
2016 年 7 月 22 日	0	0	1	1	0
2016 年 7 月 23 日	1	0	0	0	0
2016 年 7 月 24 日	0	1	0	1	0
2016 年 7 月 25 日	0	0	0	0	1
2016 年 7 月 26 日	2	1	1	1	3
2016 年 7 月 27 日	1	0	1	0.5	0
2016 年 7 月 28 日	1	1	0	0.5	0

（续）

调查日期	闪讯系统诱捕数量（头）	普通性诱捕器诱捕数量（头）			智能测报灯（雄蛾）诱捕数量（头）
		诱捕器1	诱捕器2	平均	
2016年7月29日	4	2	1	1.5	4
2016年7月30日	26	2	4	3	9
2016年7月31日	0	0	0	0	6
2016年8月2日	3	0	1	0.5	4
2016年8月3日	1	0	0	0	2
2016年8月4日	1	0	0	0	0
2016年8月7日	2	0	1	0.5	30
2016年8月8日	0	0	0	0	22
2016年8月9日	3	1	0	0.5	40
2016年8月10日	0	0	0	0	25
2016年8月11日	0	0	0	0	19
2016年8月12日	0	0	1	0.5	13
2016年8月13日	3	0	1	0.5	35
2016年8月14日	4	0	1	0.5	36
2016年8月15日	3	1	0	0.5	31
2016年8月16日	7	2	1	1.5	14
2016年8月17日	5	1	1	1	10
2016年8月18日	0	1	0	0.5	8
2016年8月19日	1	0	1	0.5	10
2016年8月20日	0	0	0	0	6
2016年8月21日	2	0	1	0.5	7
2016年8月22日	6	1	0	0.5	15
2016年8月23日	5	2	0	1	22
2016年8月24日	3	1	0	0.5	10
2016年8月25日	1	0	0	0	0
2016年8月26日	2	0	0	0	11
2016年8月27日	4	1	2	1.5	15
2016年8月28日	2	0	0	0	9
2016年8月29日	3	0	1	0.5	18
2016年8月30日	0	1	0	0.5	10
2016年8月31日	0	0	0	0	6
2016年9月1日	38	1	2	1.5	14
2016年9月2日	1	1	0	0.5	5
2016年9月3日	2	0	0	0	5
2016年9月4日	2	1	2	1.5	9
2016年9月5日	1	0	0	0	6
2016年9月6日	14	1	2	2	15
2016年9月7日	1	0	0	0	7
2016年9月8日	2	0	2	1	12
2016年9月9日	3	1	1	1	8
2016年9月10日	1	0	0	0	4

根据玉米螟监测期间不同诱捕器诱测情况制作亚洲玉米螟监测曲线，如图2所示。

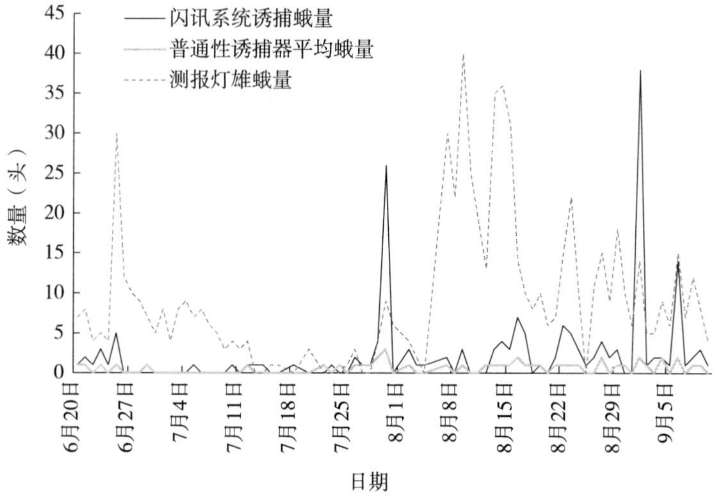

图2　2016年试验期间不同诱捕器对亚洲玉米螟监测曲线

6　试验示范结果与分析

1）从表1看，设备正常使用后自6月20日开始陆续诱集到亚洲玉米螟，6月25日诱测数量增多，闪讯系统诱测5头，普通性诱捕器诱测1头，智能虫情测报灯诱测数量为30头，亚洲玉米螟成虫有明显的蛾高峰期。7月30日亚洲玉米螟诱测数量突然猛增，闪讯系统诱测26头，普通性诱捕器诱测3头，智能虫情测报灯诱测9头。8月9日亚洲玉米螟诱测数量增多，闪讯系统诱测3头，普通性诱捕器诱测1头，智能虫情测报灯诱测40头，呈现明显的蛾高峰。8月27日开始诱测数量又一次增多，9月1日达到高峰,闪讯系统诱测38头，普通性诱捕器诱测2头，智能虫情测报灯诱测14头。

2）在测报站试验基地，同一示范地内种植同一玉米品种，且种植时间、种植密度、水肥管理和虫害发生情况基本一致的条件下，亚洲玉米螟的主要发生期6月20日至9月10日，不同诱捕器诱蛾总数分别为：闪讯害虫远程实时监测系统诱蛾180头，普通性诱捕器诱蛾30头，智能虫情测报灯诱蛾711头。闪讯害虫远程实时监测系统诱蛾与普通性诱捕器诱蛾相比诱蛾数量明显多，与智能虫情测报灯相比诱蛾数量差距较大。

不同诱捕器诱测成虫数量差异较大，分析认为有以下几个原因：一是由于受到农业种植结构调整的影响。2016年，测报站观测场没有安排种植玉米，周边农田玉米种植面积也相对减少，而且观测场附近有房屋阻隔，形成狭小相对独立的空间，不利于亚洲玉米螟成虫迁飞，虫口基数较少。二是智能虫情测报灯与仪器相距虽然有100m，但也存在亚洲玉米螟更偏好上灯的可能性，有限的虫量被智能灯诱杀。三是普通性诱捕器受到刮风下雨等不利因素的影响较大，诱捕数量不稳定。

针对这些情况，将仪器安装在周围开阔、种植玉米面积较多的农田，充分发挥设备效能。另外，由于考虑到亚洲玉米螟的主要发生期气温较高，诱芯衰变快的情况，适当缩短诱芯更换时间，充分发挥诱芯的诱捕作用。

随着亚洲玉米螟发生高峰期的到来，闪讯系统的诱虫量与2个对照组诱虫量的平均值略有偏差，从整体来看监测虫害发生的波峰图基本吻合，试验示范结果见图2。

3）结合表1和图2综合显示，在亚洲玉米螟暴发的几个高峰时期，闪讯系统能够监测出亚洲玉米螟暴发的高峰时期，同普通性诱捕器监测数据与智能虫情测报灯监测数据图形基本相吻合，但诱虫数量差异较大。

7　评价与建议

由以上试验结果可知，闪讯害虫远程实时监测系统针对玉米生长期的重大害虫亚洲玉米螟的监测与普通性诱捕器监测、智能虫情测报灯诱蛾及田间虫害发生情况略有差别，但亚洲玉米螟成虫暴发期峰值一致，吻合度较高，能较好地反映亚洲玉米螟种群数量动态。其诱测计数稳定、可靠，诱捕效果理想，自动化程度较高，可自动记载和远程传输，预警较准确，能够减轻基层测报员的劳动强度，可以辅助或取代传统测报办法。

鉴于闪讯设备放置性诱剂时候由于洞口比较小，放置困难且放置移动卡卡槽有点紧，建议生产公司在研究方面有所突破。

总之，进一步探索与研究闪讯害虫远程实时监测系统在害虫性诱中的应用，加强性诱剂诱集量与田间监测实际发生情况关系的研究，丰富和完善亚洲玉米螟监测方法，建立相应的监测预警指标，推进监测预警技术的规范化、自动化，提高监测预警水平，科学指导防治工作。

参考文献

刘春，肖晓华，杨昌洪，等，2016. 害虫远程实时监测系统在二化螟监测上的应用 [J]. 南方农业，10（6）：244-246.

徐爱仙，杨方文，徐建武，等，2016. 闪讯害虫远程实时监测系统在蔬菜害虫监测应用初探 [J]. 湖北植保（1）：44-45.

曾娟，杜永均，姜玉英，等，2015. 我国农业害虫性诱监测技术的开发和应用 [J]. 植物保护，41（4）：9-15.

张振铎，李国忠，李耀光，等，2010. 玉米螟性诱剂田间诱捕效果初报 [J]. 吉林农业科学，35（2）：30-32.

闪讯害虫远程实时监测系统监测小菜蛾、斜纹夜蛾试验

宁锦程

（云南省峨山县植保植检站　峨山 653200）

摘要： 2016 年 3 月，峨山县植保植检站在峨山县双江街道沐勋村委会安装了两台闪讯害虫远程实时监测系统，系统安装后开始试运行。根据田间作物种植情况，于 2016 年 4 月 14 日至 5 月 22 日开展小菜蛾、斜纹夜蛾发生量实时监测，通过 38d 的连续实时监测，小菜蛾系统诱测数据 145 头，人工计数 120 头，数据平均偏差 20.8％；斜纹夜蛾系统诱测数据 106 070 头，人工计数 1 538 头，平均数据偏差 6 796.6％。经实际使用，闪讯害虫远程实时监测系统信息化和自动化程度高，但对于害虫的精确计数尚存不足，结合人工计数能反应田间害虫发生趋势，可以在害虫监测工作中推广。

关键词： 闪讯害虫远程实时监测系统；小菜蛾；斜纹夜蛾；监测

云南省峨山县 2016 年蔬菜种植面积约 0.54 万 hm²，随种植结构调整蔬菜种植面积逐年增加，峨山县蔬菜种植以叶菜、花菜、番茄、菜豌豆为主，近年来蔬菜小菜蛾、斜纹夜蛾发生面积及为害程度有不断增长的趋势，2016 年峨山县小菜蛾发生面积 500hm²，斜纹夜蛾发生面积 133.3hm²，因小菜蛾、斜纹夜蛾而造成的农作物产量损失达 2.11t。2016 年 4 月峨山县植保植检站按峨山县植保田间观测场及应急药械库项目要求，在峨山县双江街道沐勋村委会安装了两台闪讯害虫远程实时监测系统，对小菜蛾、斜纹夜蛾发生情况进行了为期 38d 的实时远程监测，通过监测及时掌握小菜蛾、斜纹夜蛾在峨山县的发生发展情况，为指导田间防治提供指导。

1　监测材料及监测地点

1.1　监测设备

监测设备采用北京依科曼生物技术有限公司生产的闪讯害虫远程实时监测系统，型号 3JS-03，设备数量 2 台。

1.2　监测诱芯

北京依科曼生物技术有限公司生产的小菜蛾、斜纹夜蛾性诱剂诱芯。

1.3　监测地点

监测地设在峨山县双江街道沐勋村，峨山县植保田间观测场，监测点属山区坝子，监测点位于 102°25′48.36″E，24°9′43.71″N，海拔 1 534m，监测地点地势平坦，监测期间周边田块种植叶菜、菜豆、豌豆、油菜等作物。监测点北偏东 100m 处有河流自西向东流过。

1.4　监测时间及监测对象

监测时间为 2016 年 3～5 月（设备调试期期间）；监测对象为小菜蛾、斜纹夜蛾。

1.5　监测方法

在监测期内使用闪讯 3JS-03 型害虫远程实时监测系统，对监测对象进行不间断监测，监测数据

由监测设备自动记录，并对日诱虫量、周诱虫量、月诱虫量及诱虫量做出分布曲线。在监测期内每7d对设备所诱虫量进行人工计数，比较每周设备记录虫量与真实诱虫量的差异。

1.6 监测期间气象情况

按监测点田间小气候记录，监测期间监测点平均气温 20.55℃，最低气温 11.6℃，最高气温 29.6℃；平均相对湿度 87%，最低相对湿度 23%，最高相对湿度 88%；降水 15 次，降水量 39.7mm。

2 监测结果

2.1 小菜蛾田间实时监测结果

2016 年 4 月 14 日监测设备安装完成后开始监测小菜蛾田间发生情况，监测时间持续到 2016 年 5 月 21 日，之后监测设备数据上报异常，结束监测。

从表 1 可以看出，小菜蛾设备诱测计数量与人工实际计数量均有差异，最低差异为开始监测的前几天（2016 年 4 月 14～27 日），每 7d 设备自动计数量与人工实际计算量相差 1 头，相差 7.7%，最大差异为 2016 年 5 月 19～21 日，设备计数量 52 头，人工实际计算数量为 35 头，设备计数量与人工计算数量相差 17 头，相差达 48.6%。在 37d 的监测期内，编号为 0000464 的闪讯害虫远程实时监测系统共计诱测小菜蛾 145 头，人工实际监测数量为 120 头，相差达 25 头，平均相差率 20.8%。

表 1　峨山县闪讯害虫实时监测系统小菜蛾监测数据周统计

区域	监测地点	设备号	害虫种类	监测时间	设备监测数量（头）	人工监测数量（头）
峨山县	双江街道沐勋村	00000464	小菜蛾	2016-4-14～2016-4-20	17	16
峨山县	双江街道沐勋村	00000464	小菜蛾	2016-4-21～2016-4-27	12	11
峨山县	双江街道沐勋村	00000464	小菜蛾	2016-4-28～2016-5-4	22	20
峨山县	双江街道沐勋村	00000464	小菜蛾	2016-5-5～2016-5-11	15	13
峨山县	双江街道沐勋村	00000464	小菜蛾	2016-5-12～2016-5-18	27	25
峨山县	双江街道沐勋村	00000464	小菜蛾	2016-5-19～2016-5-21	52	35
合计	双江街道沐勋	00000464	小菜蛾		145	120

从图 1 可以看出，在监测设备工作正常，计数偏差不大的情况下，可以看出小菜蛾日发生量及发生趋势分布。

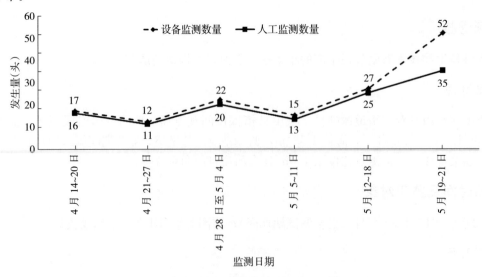

图 1　2016 年小菜蛾每 7d 发生量趋势

2.2　斜纹夜蛾实时监测结果

2016 年 4 月 14 日开始，使用闪讯 3JS-03 型害虫实时监测系统 00000449 号机对斜纹夜蛾进行监测，设备运行后前 14d 工作正常，自动计数与人工计数最大偏差 28.6%，最小偏差 7.5%，但在开机监测 14d 之后出现数据记录错误，监测测试结束（表 1）。

表 2　峨山县闪讯害虫实时监测系统斜纹夜蛾监测数据周统计

区域	监测地点	设备号	害虫种类	监测时间 （年-月-日）	设备监测 数量（头）	人工监测 数量（头）
峨山县	双江街道沐勋村	00000449	斜纹夜蛾	2016-4-14～2016-4-20	369	287
峨山县	双江街道沐勋村	00000449	斜纹夜蛾	2016-4-21～2016-4-27	317	295
峨山县	双江街道沐勋村	00000449	斜纹夜蛾	2016-4-28～2016-5-4	4 665*	311
峨山县	双江街道沐勋村	00000449	斜纹夜蛾	2016-5-5～2016-5-11	29 644*	271
峨山县	双江街道沐勋村	00000449	斜纹夜蛾	2016-5-12～2016-5-18	46 655*	223
峨山县	双江街道沐勋村	00000449	斜纹夜蛾	2016-5-19～2016-5-21	24 420*	151
合计	双江街道沐勋村	00000449	斜纹夜蛾		106 070*	1 538

注：＊为设备自动数据计数错误。

3　结果分析

通过使用闪讯 3JS-03 型害虫实时监测系统，对小菜蛾进行田间发生量进行监测的过程中，自动监测设备设计理念较好，能够极大减轻测报人员的工作量，在设备正常工作的情况下，自动计数虽有偏差，偏差幅度最高 48.6%，最低 6.3%，平均偏差 19.4%，在实际监测过程中结合人工计数，进行数据校正，还是可以看出监测对象的发生量及发生趋势。

4　讨论

闪讯 3JS-03 型害虫实时监测系统为新型害虫测报工具，目前峨山县田间观测场项目还没有通过验收，观测场设备还处于试运行期，对于新型测报工具的使用还不熟悉，还需要进一步学习使用及调试，2016 年 8 月开始峨山县植保植检站田间观测场供电线路出现问题，造成设备无法工作，目前正在协调解决。2017 年田间观测场设备正式投入使用后，峨山县植保植检站计划再使用两台闪讯 3JS-03 型害虫实时监测系统继续对小菜蛾、斜纹夜蛾进行周年发生量及发生趋势的监测。

玉米螟远程实时监测系统监测结果试验总结

邱廷艳[1]　梁锐[1]　宫瑞杰[2]

(1. 内蒙古自治区喀喇沁旗植保植检站　喀喇沁旗 024400；
2. 内蒙古自治区赤峰市植保植检站　赤峰 024000)

摘要： 玉米螟远程实时监测系统是病虫测报自动化、智能化，提升测报能力的新型测报工具，本文利用两年来使用这一监测系统所获得的数据和对数据的分析应用，翔实地介绍了玉米螟远程实时监测系统在生产实践中的应用和取得的经济效益。

关键词： 玉米螟；闪讯；监测

玉米是喀喇沁旗的主栽作物，每年的种植面积在 3 万 hm² 以上，占全旗农作物总播种面积的 54%。玉米螟是玉米上的重要害虫，一般年份减产 10%～20%，大发生年份减产 30%～50%，为害严重的地块玉米秸秆上株株都有虫，玉米倒伏严重，严重影响了玉米的产量和品质。从 2012 年起，喀喇沁旗开始试验、示范推广玉米螟的绿色防控技术，主要推广田间释放赤眼蜂防治一、二代玉米螟，防治效果很不理想，总是找不准释放赤眼蜂的关键时间，也就是预测不准在喀喇沁旗什么时间是玉米螟成虫羽化的高峰期，挂蜂卡的时间和田间玉米螟卵量的高峰期不能吻合，导致防治效果低。2015 年在内蒙古自治区植保植检站和赤峰市植保植检站的大力支持下安装了一台闪讯玉米螟远程实时监测系统，对玉米螟进行实时监测，预测其发生高峰期。

1　材料与方法

1.1　材料

北京依科曼生物科技有限公司生产的闪讯玉米螟实时监测系统；北京中捷四方生物科技股份有限公司生产的桶式玉米螟田间诱捕器。

1.2　方法

闪讯玉米螟实时监测系统直接安装在大片玉米地的地头；桶式玉米螟田间诱捕器在田间安装 9 个，每 3 个诱捕器为一组，分为 3 个组，每组之间相距 50m 以上，每个诱捕器之间相距 10m 以上，安装在玉米地外的低矮作物或杂草地内。监测系统和诱捕器分别安装在同一个乡镇的相邻的两个村。

1.3　调查内容及方法

闪讯玉米螟实时监测系统安装后，每天在电脑或手机上就能看到上一天内每个时间段的诱蛾量，还能看到不同时段的温度、湿度等气象因子。桶式玉米螟诱捕器需要有专人每天早上对 9 个诱捕器内诱到的虫进行清点，记录每个诱捕器诱到的蛾量。

2　调查结果与分析

从表 1、表 2 看，2015 年闪讯玉米螟实时监测系统的诱虫高峰期出现在 6 月 17～19 日，单灯诱虫量平均达到 19.6 头，过了 2d，又出现了一个小高峰，单灯诱虫量平均达到 17.6 头；一代玉米螟成虫高峰期出现在 7 月 15～21 日，单灯平均诱虫量达到 22.1 头。

玉米螟诱捕器的诱虫第一个高峰期出现在 6 月 24～25 日，单诱捕器平均诱蛾量是 3.2 头，第二个高峰期出现在 7 月 29～31 日，平均单诱捕器诱蛾量是 5 头。第二个高峰期一直持续到 8 月 8 日，从 8 月 4～8 日，平均单诱捕器诱蛾量是 3.7 头，诱蛾量明显低于监测系统的诱蛾量，一代玉米螟的成虫高峰期持续时间很长，持续达半个月。有人工操作的误差存在，准确率低。

从表 3、表 4 看，2016 年闪讯玉米螟实时监测系统的诱虫高峰期出现在 6 月 21～27 日，单灯诱虫量平均达到 3.7 头。7 月 21 日测报灯坏了，没有监测到一代玉米螟的成虫高峰期。

玉米螟诱捕器的诱虫第一个高峰期出现在 6 月 20～25 日，单诱捕器平均诱蛾量是 2.2 头，第二个高峰期出现在 7 月 13～19 日，平均单诱捕器诱蛾量是 2.7。8 月 18～26 日又出现了第三个高峰期，平均单诱捕器诱蛾量是 3.1 头。

表 1　2015 年闪讯玉米螟实时监测系统诱虫数量调查

调查日期	玉米螟数（头）	调查日期	玉米螟数（头）	调查日期	玉米螟数（头）
6 月 5 日	0	6 月 24 日	17	7 月 13 日	6
6 月 6 日	0	6 月 25 日	3	7 月 14 日	0
6 月 7 日	0	6 月 26 日	1	7 月 15 日	32
6 月 8 日	0	6 月 27 日	1	7 月 16 日	13
6 月 9 日	0	6 月 28 日	10	7 月 17 日	59
6 月 10 日	11	6 月 29 日	6	7 月 18 日	0
6 月 11 日	1	6 月 30 日	3	7 月 19 日	11
6 月 12 日	10	7 月 1 日	0	7 月 20 日	20
6 月 13 日	4	7 月 2 日	0	7 月 21 日	20
6 月 14 日	9	7 月 3 日	0	7 月 22 日	0
6 月 15 日	19	7 月 4 日	0	7 月 23 日	0
6 月 16 日	5	7 月 5 日	0	7 月 24 日	0
6 月 17 日	24	7 月 6 日	0	7 月 25 日	0
6 月 18 日	20	7 月 7 日	0	7 月 26 日	0
6 月 19 日	15	7 月 8 日	0	7 月 27 日	0
6 月 20 日	6	7 月 9 日	0	7 月 28 日	0
6 月 21 日	6	7 月 10 日	0	7 月 29 日	11
6 月 22 日	19	7 月 11 日	0		
6 月 23 日	14	7 月 12 日	37		

表 2　2015 年诱捕器诱虫数量调查

调查日期	9 台诱捕器诱到的玉米螟数（头）	平均一台诱捕器诱到的玉米螟数（头）	调查日期	9 台诱捕器诱到的玉米螟数（头）	平均一台诱捕器诱到的玉米螟数（头）
6 月 22 日	12	1.3	6 月 28 日	12	1.3
6 月 23 日	16	1.7	6 月 29 日	0	0
6 月 24 日	26	2.8	6 月 30 日	12	1.3
6 月 25 日	34	3.7	7 月 1 日	1	0.1
6 月 26 日	7	0.8	7 月 2 日	1	0.1
6 月 27 日	13	1.4	7 月 3 日	5	0.6

（续）

调查日期	9台诱捕器诱到的玉米螟数（头）	平均一台诱捕器诱到的玉米螟数（头）	调查日期	9台诱捕器诱到的玉米螟数（头）	平均一台诱捕器诱到的玉米螟数（头）
7月4日	8	0.9	8月1日	30	3.3
7月5日	8	0.9	8月2日	20	2.2
7月6日	28	3.1	8月3日	9	1.0
7月7日	21	2.3	8月4日	35	3.9
7月8日	30	3.3	8月5日	23	2.6
7月9日	33	3.7	8月6日	36	4
7月10日	59	6.5	8月7日	47	5.2
7月11日	33	3.7	8月8日	23	2.6
7月12日	49	5.4	8月9日	10	1.1
7月13日	14	1.6	8月10日	9	1
7月14日	25	2.8	8月11日	5	0.6
7月15日	25	2.8	8月12日	18	2
7月16日	28	3.1	8月13日	15	1.7
7月17日	23	2.6	8月14日	13	1.4
7月18日	4	0.4	8月15日	14	1.5
7月19日	10	1.1	8月16日	10	1.1
7月20日	17	1.9	8月17日	13	1.4
7月21日	13	1.4	8月18日	29	3.2
7月22日	21	2.3	8月19日	10	1.1
7月23日	14	1.6	8月20日	5	0.6
7月24日	4	0.4	8月21日	7	0.8
7月25日	4	0.4	8月22日	10	1.1
7月26日	9	1	8月23日	11	1.2
7月27日	10	1.1	8月24日	10	1.1
7月28日	17	1.9	8月25日	17	1.9
7月29日	30	3.3	8月26日	11	1.2
7月30日	67	7.4	8月27日	19	2.1
7月31日	36	4	8月28日	34	3.8

表3 2016年闪讯玉米螟实时监测系统诱虫数量调查

调查日期	玉米螟数（头）	调查日期	玉米螟数（头）	调查日期	玉米螟数（头）
6月5日		6月26日	1	7月17日	3
6月6日		6月27日	1	7月18日	4
6月7日		6月28日	4	7月19日	0
6月8日		6月29日	0	7月20日	1
6月9日		6月30日	3	7月21日	2
6月10日		7月1日	2	7月22日	1
6月11日		7月2日	1	7月23日	2
6月12日		7月3日	2	7月24日	4
6月13日		7月4日	0	7月25日	3
6月14日		7月5日	1	7月26日	5
6月15日	1	7月6日	0	7月27日	1
6月16日	1	7月7日	1	7月28日	0
6月17日	0	7月8日	1	7月29日	0
6月18日	1	7月9日	0	8月1日	0
6月19日	0	7月10日	1	8月2日	0
6月20日	1	7月11日	0	8月3日	0
6月21日	2	7月12日	1	8月4日	0
6月22日	3	7月13日	0	8月5日	1
6月23日	5	7月14日	2	8月6日	1
6月24日	8	7月15日	0	8月7日	0
6月25日	1	7月16日	0	8月8日	0

表 4　2016 年诱捕器诱虫数量调查

调查日期	9 台诱捕器诱到的玉米螟数（头）	最多一台诱捕器诱到的玉米螟数（头）	调查日期	9 台诱捕器诱到的玉米螟数（头）	最多一台诱捕器诱到的玉米螟数（头）
6 月 16 日	0	0	7 月 20 日	1	1
6 月 17 日	3	2	7 月 21 日	2	1
6 月 18 日	0	0	7 月 22 日	2	1
6 月 19 日	0	0	7 月 23 日	2	1
6 月 20 日	4	2	7 月 24 日	5	2
6 月 21 日	7	3	7 月 25 日	5	2
6 月 22 日	4	1	7 月 26 日	4	2
6 月 23 日	7	3	7 月 27 日	1	1
6 月 24 日	4	2	7 月 28 日	2	1
6 月 25 日	7	2	7 月 29 日	5	1
6 月 26 日	1	1	7 月 30 日	2	1
6 月 27 日	4	1	7 月 31 日	2	1
6 月 28 日	2	1	8 月 1 日	3	1
6 月 29 日	2	1	8 月 2 日	2	1
6 月 30 日	6	2	8 月 3 日	4	1
7 月 1 日	0	0	8 月 4 日	7	2
7 月 2 日	0	0	8 月 5 日	6	2
7 月 3 日	5	1	8 月 6 日	7	2
7 月 4 日	6	2	8 月 7 日	7	1
7 月 5 日	5	2	8 月 8 日	4	1
7 月 6 日	7	1	8 月 9 日	6	1
7 月 7 日	5	1	8 月 10 日	6	1
7 月 8 日	7	1	8 月 11 日	5	1
7 月 9 日	8	2	8 月 12 日	7	1
7 月 10 日	6	2	8 月 13 日	7	2
7 月 11 日	8	2	8 月 14 日	6	2
7 月 12 日	4	1	8 月 15 日	7	2
7 月 13 日	9	2	8 月 16 日	9	3
7 月 14 日	7	3	8 月 17 日	5	2
7 月 15 日	10	4	8 月 18 日	15	3
7 月 16 日	11	3	8 月 19 日	13	4
7 月 17 日	6	2	8 月 20 日	10	3
7 月 18 日	7	2	8 月 21 日	15	5
7 月 19 日	8	3	8 月 22 日	17	4

3　小结

通过两年来对闪讯玉米螟实时监测系统和桶式玉米螟田间诱捕器的试验应用，闪讯玉米螟实时监测系统使用方便、省工，能够准确地对玉米螟的发生做出预测预报，指导玉米螟的绿色防控工作。2016 年喀喇沁旗在闪讯玉米螟实时监测系统的预测结果指导下，把握准了田间释放赤眼蜂的时间，使全旗 0.67 万 hm² 的玉米螟绿色防控整乡推进工作取得了较好的效果，单独释放赤眼蜂防治一代玉米螟幼虫示范区平均防治效果达到 61.98%，挽回产量损失 4.96%，投入产出比达到 1∶24；单独释放赤眼蜂防治一代、二代玉米螟幼虫示范区，平均防治效果是 71%，挽回产量损失率是 5.46%，投入产出比为 1∶17.2。释放赤眼蜂防治＋玉米螟性诱捕器防治一代、二代玉米螟幼虫示范区，平均防效达到 80.3%，挽回产量损失率是 7.43%，投入产出比为 1∶7.4。

桶式玉米螟田间诱捕器作为测报工具使用很费工、费力，需要有专人的调查和记录，每年增加人工费用 2 000～3 000 元。同时人工记录受很多因素的影响，会出现误差，不能及时反馈调查结果，不能及时地指导防治，不适宜用于测报，但可以进行田间大面积的防治。2016 年喀喇沁旗做了 33.33hm² 的玉米螟性诱捕器防治玉米螟的示范田，平均防控效果达到 80% 以上，是一项较好的玉米螟绿色防控技术措施。

闪讯害虫远程实时监测系统监测黏虫试验初报

于凤艳

（内蒙古自治区赤峰市松山区植保植检站 松山区 024005）

摘要：为了验证闪讯害虫远程实时监测系统的准确性，进一步完善害虫监测方法、提高监测预警准确性，推进害虫远程实时监测技术规范化、自动化，松山区进行了黏虫诱蛾器与闪讯害虫远程实时监测系统的对比试验，两种诱捕器诱虫效果与实际发生情况基本吻合，该测报工具值得推广应用。

关键词：闪讯害虫远程实时监测系统；黏虫诱蛾器；对比试验

闪讯害虫远程实时监测系统是北京依科曼生物技术有限公司推出的新一代害虫自动测报系统，本系统主要运用电子机械技术、无线传输技术、互联网技术、生物信息素技术，针对靶标害虫进行定向诱集监测及预警的一套系统。该系统集害虫诱捕和自动计数、环境信息采集、数据传输、数据分析于一体，实现了害虫的定向诱集、分类统计、实时报传、远程监测、虫害预警和防治指导的自动化、智能化。为了验证该系统的准确性，进一步丰富和完善害虫监测方法、提高监测预警准确性，实现数据信息采集自动化和病虫预报工作现代化，推进害虫远程实时监测技术规范化、简约化，赤峰市松山区于 2016 年 5~8 月，采用闪讯害虫远程实时监测系统与普通黏虫诱蛾器作对比，监测二、三代黏虫发生动态，现初报如下：

1　试验内容

1.1　试验地点基本情况

试验田设在赤峰市松山区穆家营镇衣家营子村（赤峰丰田种子公司试验地），地势平坦，土壤肥力中等偏上，土壤类型为沙壤土。试验地内种植同一玉米品种，且种植时间、种植密度、水肥管理和虫害发生情况基本一致，虫害每年正常发生。试验面积约 $0.67hm^2$。试验示范区域及周边约 $0.33hm^2$ 范围内不使用任何防治药剂。

1.2　试验时间

试验时间为 2016 年 5 月 10 日至 8 月 20 日，试验是对黏虫成虫的主要发生期的蛾峰进行系统监测。

1.3　试验供试设备及材料

闪讯害虫远程实时监测系统由北京依科曼生物技术有限公司提供；黏虫性诱芯由宁波纽康生物技术有限公司提供；普通黏虫诱蛾器及糖醋诱杀液由赤峰市松山区植保植检站提供。

1.4　试验田间设计

1.4.1　试验设备放置

试验区域内，供试闪讯害虫远程实时监测系统一台，对照黏虫诱蛾器 1 台。两个仪器间的距离约为 150m。

1.4.2 黏虫诱芯和糖醋液更换间隔时间

为了保证黏虫性诱芯的诱集效果，诱芯统一采取低温封闭冷藏，每隔 25～30d 更换一次系统诱捕器内的性诱芯；糖醋液每 3d 更换一次。

1.5 试验调查方法

在整个监测期内每隔 3d 记录闪讯、诱蛾器诱捕黏虫的数量，查虫时间为每日 9：00，闪讯害虫远程实时监测系统诱蛾数据通过网络服务器传输到测报人员的手机上，结果记入害虫远程实时监测系统与普通诱蛾器诱杀情况记载表，分析黏虫成虫发生动态。具体情况如表 1 所示，因环境因素，7 月 3～14 日监测中断，无数据。

表1　2016 年 5～8 月两种诱捕器每 3d 累计诱蛾情况对比

查虫时间	闪讯诱捕数量（头）	诱蛾器诱捕数量（头）
5 月 10～12 日	1	0
5 月 13～15 日	0	0
5 月 16～18 日	0	0
5 月 19～21 日	2	7
5 月 22～24 日	12	21
5 月 25～27 日	2	3
5 月 28～30 日	2	6
5 月 31 日至 6 月 2 日	7	22
6 月 3～5 日	4	19
6 月 6～8 日	7	19
6 月 9～11 日	2	9
6 月 12～14 日	1	0
6 月 15～17 日	1	0
6 月 18～20 日	3	8
6 月 21～23 日	0	0
6 月 24～26 日	2	2
6 月 27～29 日	2	7
6 月 30 日至 7 月 2 日	10	9
7 月 15～17 日	0	0
7 月 18～20 日	0	0
7 月 21～23 日	1	3
7 月 24～26 日	1	2
7 月 27～29 日	0	0
7 月 30 日至 8 月 1 日	0	3
8 月 2～4 日	1	0
8 月 5～7 日	1	0
8 月 8～10 日	1	0
8 月 11～13 日	0	0
8 月 14～16 日	4	3
8 月 17～19 日	1	1
8 月 20 日	0	0

2　试验结果与分析

松山区 2016 年二代黏虫为轻发生，三代黏虫没发生。进入 5 月中旬后，黏虫成虫田间发生量开始增大，田间闪讯和诱蛾器陆续诱集到黏虫成虫，5 月 20～22 日为二代黏虫成虫第一个高峰期，3d 闪讯累计诱蛾为 12 头、诱蛾器为 21 头；5 月 31 日至 6 月 6 日二代黏虫成虫出现第二个高峰期，6d 闪讯累计诱蛾为 18 头，诱蛾器为 60 头；7 月 21～24 日三代黏虫成虫出现高峰期，3d 闪讯累计诱蛾为 2 头、诱蛾器为 5 头，结果见表 1。

从田间监测实际的调查数据来看，5 月中旬初到 8 月中旬末闪讯害虫远程实时监测系统诱虫量比人工诱蛾器诱虫量小，但诱集到的成虫时间基本吻合，如图 1 所示。

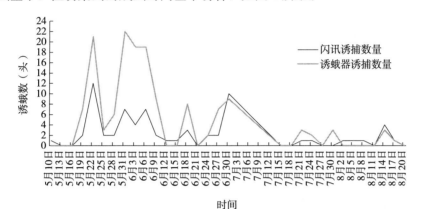

图 1　2016 年 5～8 月二代黏虫监测曲线

结合表 1 和图 1，根据人工诱蛾器监测数据显示，在黏虫成虫暴发的几个高峰时期，闪讯系统均监测出黏虫成虫暴发的高峰时期，同人工监测数据基本相吻合。

3　小结与讨论

由以上试验结果可知，闪讯害虫远程实时监测系统针对黏虫的监测与传统诱蛾器监测基本一致，其诱蛾量峰谷期明显，能真实反映田间黏虫成虫的消长动态。

通过实地的试验使用及调查验证，闪讯害虫远程实时监测系统具有准确的实时远程监测、信息采集、处理保存功能；信息化、自动化程度高，应用于黏虫测报更加省工、省力、实用、高效、准确、先进，因此，建议其作为测报手段大力推广应用。

由于该系统安置在野外，气候环境条件多变，有时系统出现故障，容易造成监测间断；有时有杂物或雨滴进入，在数据传输时出现误差，希望厂家以后更正，以便进一步精确监测。

建议该系统厂家进一步加强性诱芯量、性诱芯存放时间的长短与田间监测对象实际发生情况关系的研究，建立相应的监测预警指标，以便进一步指导防治。

参考文献

徐爱仙，杨方文，徐建武，等 . 2016. "闪讯™"害虫远程实时监测系统在蔬菜害虫监测应用初探［J］. 湖北植保
　（1）：44-49.

2016 年闪讯害虫远程实时监测系统监测
水稻二化螟试验总结

张恒伟　　何剑

（陕西省城固县植保植检站　城固 723200）

摘要： 利用性诱技术来监测害虫是水稻害虫监测预警的有效手段，为了提升水稻二化螟的预测预报水平，城固县植保植检站开展了水稻二化螟远程实时监测试验，并以粘虫板和自动虫情测报灯作为对照，来验证和评估闪讯害虫远程实时监测系统在二化螟测报上应用效果和推广价值，同时对性诱捕器和自动计数系统的专一性、计数准确性进行验证，为进一步推广应用提供数据支撑。

关键词： 实时监测；二化螟；试验

水稻二化螟是陕西省城固县水稻生产上的重要害虫，近年来均为中度至偏重发生，严重影响水稻产量和生产安全。为提高二化螟性诱监测技术水平，总结评价害虫自动化监测效果，实现农作物害虫监测预警技术标准化和智能化，按照陕西省植物保护工作总站的安排，城固县植保植检站于 2016 年 4 月采购了北京依科曼生物技术有限公司生产的闪讯害虫远程实时监测系统设备一套，开展水稻二化螟远程实时监测试验。现将试验情况总结如下：

1　试验材料

1）闪讯害虫远程实时监测系统，由北京依科曼生物技术有限公司生产。

2）普通三角屋粘虫板诱捕器，由北京依科曼生物技术有限公司生产（规格 24cm×18cm×15cm）。

3）虫情测报灯。

2　试验时间、地点及监测对象

试验时间：2016 年 5 月 6 日至 8 月 31 日。

试验地点：城固县龙头镇五星村（县农场）水稻田内。

监测对象：水稻二化螟成虫。

3　试验设置

试验田设置在四周无障碍的县农场水稻片区内，面积 2hm²。安装闪讯害虫远程实时监测系统一套，普通三角屋粘虫板诱捕器（对照）2 个，县测报站院内虫情测报灯一台（县农场附近）。

3.1　诱测工具放置

闪讯害虫远程实时监测系统与 2 个普通三角屋粘虫板诱捕器成正三角形放置，间距为 100m，每个诱捕器与田边距离 5m，每个监测设备放置均高出水稻冠层 10～20cm，虫情测报灯安装在县测报站院内（县农场附近）。

3.2　试验记载

试验记载于 5 月 6 日开始，8 月 31 日结束。每个监测诱捕器均 15d 更换一次诱芯，在整个监测期逐日记录闪讯害虫远程实时监测系统、普通三角屋粘虫板诱捕器及虫情测报灯诱虫数量。同时对闪讯害虫远程实时监测系统诱虫数量进行人工计数，以验证系统计数准确性。每日查虫时间为10：00，结果记入害虫远程实时监测情况记载表。

4　试验结果及分析

4.1　诱虫数量统计

试验各处理于 5 月 6 日开始记载，8 月 31 日结束。经统计，远程实时监测系统累计诱虫数 1 029 头，人工实际记数 647 头；普通三角屋粘虫板诱捕器对照 1 累计诱虫 310 头，对照 2 累计诱虫 270 头；虫情测报灯累计诱二化螟成虫 273 头。

4.2　诱虫效果分析

从监测数据看，远程实时监测系统自动计数与人工实际计数结果差异较大，说明远程实时监测系统自动计数准确性不高，且诱集桶内还会诱集到其他成虫，诱芯的效果和自动计数的准确性有改善空间；从诱虫数量看，远程实时监测系统（人工实际计数）诱虫数量均是普通三角屋粘虫板和虫情测报灯的 2 倍以上，诱虫效果非常明显；从二化螟成虫发生峰值看，远程监测系统自动计数结果表明一代二化螟成虫峰值出现在 5 月 20 日左右，二代二化螟成虫峰值出现在 8 月 8~18 日，与人工记载数据结果相吻合，同时也与普通三角屋粘虫板诱捕器、虫情测报灯及田间调查情况基本吻合。从整体数据看，远程监测系统与普通三角屋粘虫板诱捕器、虫情测报灯诱杀一代二化螟成虫的峰值基本一致（图1）。

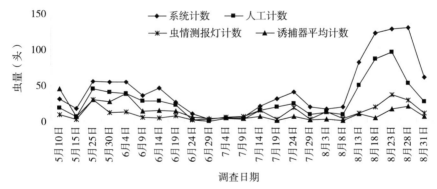

图 1　2016 年城固县二化螟远程监测试验虫量对比
（注：诱捕器平均计数为诱捕器 1、诱捕器 2 计数的平均值）

4.3　监测情况及田间为害分析

从试验监测及田间调查情况来看，二化螟成虫羽化发生极不整齐，羽化时间较长，全程监测中均有成虫出现，世代重叠现象严重。近年来，随着耕作方式的改变，秸秆还田的实施，为二化螟提供了安全的越冬场所，二化螟为害呈上升趋势，给防治工作带来了影响。通过系统的监测，证实二化螟的为害周期较长，防治上应采取狠治一代，挑治二代的措施，切实减轻二化螟的为害。

4.4　水稻生育期与诱虫效果

根据数据资料显示，水稻苗期即 5 月下旬，一代二化螟进入羽化盛期，发蛾持续至 6 月中旬，此期正值水稻秧田移栽大田时段，二化螟诱集数量相对较少。8 月上旬，水稻进入孕穗-抽穗期，植株长势郁闭，冠丛高，不利于二代二化螟的防治，二化螟成虫较为活跃，诱虫量大。

4.5 气象因素与诱虫效果

通过远程数据传送及人工计数比较，温度、降雨等因子对远程实时监测系统不会造成太大的影响；普通三角屋粘虫板诱捕器虽然也是采用性诱方式，但受风力及降雨等外界因素影响较大，幼虫数量和发蛾峰值不明显；虫情测报灯是利用二化螟的趋光性诱集，受气象因素影响较大。

5 存在的问题及建议

5.1 远程实时监测系统性诱剂易受外界气味影响

城固县植保植检站于 2016 年实施远程监测系统项目，整个监测试验中，未收集到二化螟成虫，但集虫桶内出现其他螟虫虫体及苍蝇活体。之后与厂方技术员交流，实地察看，分析是受周边农田堆粪影响性诱效果。

5.2 远程实时监测系统自动计数与人工实际计数结果差异较大

通过逐日监测记载，发现远程实时监测系统自动计数偏高，且集虫桶内还会诱集到其他活体成虫。由于活体成虫的上下窜动，对数据传送上报是否有影响，值得思考。

5.3 远程实时监测系统的诱虫效果有待提升

在整个监测过程中，发现集虫桶内有其他螟虫、苍蝇及蜘蛛存活现象。故远程实时监测系统诱虫效果有待进一步提升。

5.4 建议

通过二化螟性诱自动监测工具的使用，更为翔实地记录了城固县二化螟成虫的始发期、盛发期，进一步掌握了二化螟的发生进度，为监测预警、趋势预报及科学指导二化螟防治工作提供了依据。害虫远程实时监测系统的应用可推进重大病虫害监测预警信息化、自动化进程，建议省站继续扶持害虫远程实时监测，切实提高城固县植保植检站监测预警及防治水平，确保全县农业的可持续发展。

洛南县闪讯害虫性诱自动化监测试验研究

杨慧霞　梁晓青　冀菊梅

（陕西省洛南县农业技术推广中心站　洛南　726100）

摘要： 洛南县 2016 年采用闪讯害虫性诱自动化监测设备进行了诱测玉米螟试验，并进行自动化性诱监测器与其他诱捕测报工具的诱测效果比较，包括峰值期、峰值虫量、总虫量比较，以及系统监测情况与田间为害期比较。在试验基础上给出了应用推广评价，并提出了完善和稳定诱捕器性能的建议。

关键词： 性诱；自动化监测；玉米螟

洛南县位于秦岭东段南麓，属于暖温带南缘季风性湿润气候，海拔高度 800～1 200m，年均气温 11.5℃，年降水量 861.6mm，无霜期 195d。玉米是该县主要农作物之一，常年种植面积约 2 万 hm²，玉米螟是当地为害玉米的常发性害虫，监测主要以人工大田调查为主，费时费力，准确性较低。为提升病虫害监测预警技术水平，逐步实现农作物病虫监测预警技术标准化、智能化，2016 年洛南县农业技术推广中心站在玉米主产区开展了闪讯害虫性诱自动化监测试验研究，为加快新型自动化监测设备的广泛应用与推广提供科学依据。

1　试验地概况

试验地位于洛南县景村镇盈丰村杨房组，面积 1.53hm²，地势平坦，四周空旷，集中连片，种植模式为玉米-小麦（大豆）间套，玉米品种均为改良商玉 2 号。该田块病虫发生程度相当，栽培管理条件一致。

2　试验设备

1）闪讯害虫性诱自动化监测 3SJ-03 设备（北京依科曼生物技术有限公司）。
2）普通性诱捕器。
3）佳多虫情测报灯。
4）橡皮头性诱剂（北京依科曼生物技术有限公司）。

3　试验方法

监测对象：玉米螟。
监测时间：在玉米螟主要发生期（2016 年 5 月 1 日至 8 月 31 日）进行。
监测设备的放置：3 种监测设备置于同一试验田，距路边缘 15m，两个相邻监测设备间距 120m。
放置高度：玉米株高为 30～100cm 时，害虫自动化监测设备的诱捕器放置高度 80cm；其他情况，低于植株冠层 20～30cm；普通性诱捕器放置高度为底部距作物 10～15cm。

4　总结分析

4.1　自动化性诱监测器与其他诱捕测报工具的诱测效果比较

由表 1 可见，闪讯自动化性诱监测系统 5 月 2 日始见成虫，在 6 月 10 日和 7 月 1 日分别出现两个蛾峰期，诱蛾量均为7头，从5月1日至8月31日系统监测总虫量168头；系统人工计数始见期为6月2日，峰值为7月4日，诱蛾量5头，监测期间总诱蛾量为73头。普通诱捕器监测玉米螟成虫始见期为6月4日，峰值为7月2日，诱蛾量6头，监测期总诱蛾量65头。测报灯始见期为6月8日，峰值7月6日，诱蛾量4头，监测期总诱蛾量49头。闪讯自动化性诱监测系统人工计数始见期、峰值、总虫量与普通诱捕器、测报灯基本吻合，而系统自动计数监测数据存在一定误差。

表1　2016年3种监测工具诱测情况汇总

监测工具	始见期	峰 值	峰值虫量（头）	总虫量（头）
闪讯系统自动计数	5月2日	6月10日 7月1日	7 7	168
闪讯系统人工计数	6月2日	7月4日	5	73
普通诱捕器	6月4日	7月2日	6	65
测报灯	6月8日	7月6日	4	49

4.1.1　始见期比较

闪讯系统自动计数监测始见期与人工计数、普通诱捕器、测报灯差异较大（表2）。

表2　闪讯系统始见期与其他方法比较

监测工具	始见期	相差天数
闪讯系统自动计数	5月2日	/
闪讯系统人工计数	6月2日	31d
普通诱捕器	6月4日	33d
测报灯	6月8日	37d

1）闪讯系统人工计数、普通诱捕器、测报灯始见期相差2~6d，差异不大。

2）闪讯系统自动计数监测始见期与闪讯系统人工计数、普通诱捕器、测报灯相差31~37d，差异较大。

4.1.2　峰值、峰值虫量比较

1）闪讯系统自动计数监测出现两个峰值（6月10日和7月1日）（图1），第二个峰值（7月1日）与闪讯系统人工计数、普通诱捕器、测报灯峰值相差1~5d，基本吻合；闪讯系统人工计数、普通诱捕器、测报灯峰值之间相差2~4d，基本吻合。

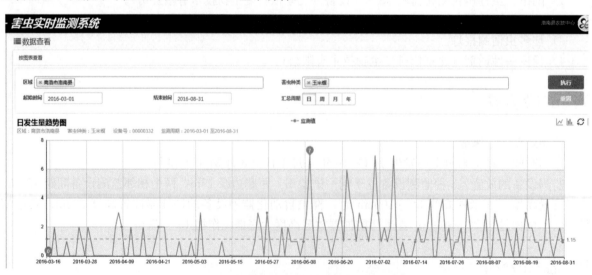

图1　闪讯系统自动计数监测诱蛾峰值曲线

2）闪讯系统自动计数监测峰值虫量（7头）与闪讯系统人工计数（5头）、普通诱捕器（6头）、测报灯峰值（4头）虫量相差1~3头，基本吻合。

4.1.3　总虫量比较

闪讯系统自动计数监测总虫量与闪讯系统人工计数、普通诱捕器、测报灯总虫量相差 95～119 头，差异较大（表 3）。

表 3　闪讯系统监测总虫量与其他方法比较

监测工具	总虫量（头）	相差（头）
闪讯系统自动计数	168	/
闪讯系统人工计数	73	95
普通诱捕器	65	103
测报灯	49	119

4.2　系统监测情况与田间为害期比较

闪讯系统自动计数监测的第二个峰值为 7 月 1 日，大田监测幼虫始见期为 7 月 4 日，两者监测情况基本吻合。

5　应用效果评价

闪讯害虫性诱自动化监测系统性能稳定，设置灵活，操作简便，数据传输及时，监测人员只需每 20d 更换一次诱芯，每天通过手机短信或闪讯害虫监测系统获得监测害虫种类、监测时间、数量、温湿度等监测信息，大大减少了监测人员的工作量。不足之处是闪讯害虫实时监测系统感应器不能识别害虫种类，容易受树叶、其他昆虫等影响，记录数据与实际诱蛾量之间存在误差，有待改善。

第四章

其他新型测报工具试验报告

马铃薯晚疫病监测物联网应用初报

高强[1]　杜仲龙[2]　魏鹏[3]

(1. 甘肃省植保植检站　兰州　730020;
2. 甘肃省临洮县农业技术推广中心　临洮　730500;
3. 甘肃省庄浪县农业技术推广中心　庄浪　744600)

摘要：将田间自动小气候监测仪、孢子自动捕捉培养仪、高清视频监控系统等监测设备通过无线传输设备和光纤接入互联网，后台服务器软件采用 CARAH 模型进行数据分析，自动生成预警信息和防控建议，以此构建马铃薯晚疫病监测物联网。经过开展多项马铃薯晚疫病监测物联网应用试验，甘肃中部马铃薯主产区监测预警系统显示马铃薯晚疫病发生 3 代第五次侵染后，早熟品种夏菠蒂出现中心病株；4 代第一次侵染后，不同中晚熟品种上先后出现中心病株。按 CARAH 预测模型指示确定马铃薯晚疫病防治适期，防效优于常规用药策略。孢子捕捉仪和视频监控用于马铃薯晚疫病监测预报还需进一步探索研究。

关键词：物联网；监测预报；马铃薯晚疫病

当前，我国正处于传统农业向现代农业转型跨越的关键时期，建设现代植保、服务现代农业是现阶段植保工作的主题和历史使命。现代植保的核心是通过信息技术、现代装备技术与植保技术有机融合，实现对农作物有害生物高效、绿色、持久的控制。探索物联网技术在植保领域的应用，是加快建设现代植保体系的有效途径。物联网是在互联网基础上通过射频识别、红外感应、全球定位系统等信息传感设备，按约定的协议，把物品与互联网连接起来，进行信息交换和通信，实现智能化识别、定位、跟踪、监控和管理的新型网络。我国物联网研发水平处于世界前列，具备物联网全产业链研发生产能力，全国宽带和无线通信网络覆盖率高，为各行业物联网发展应用提供了良好基础。

从物联网结构的采集层（感知层）、网络层和应用层这 3 个部分来看，在农作物病虫害测报领域应用物联网技术的条件日趋成熟。温湿度传感器、墒情传感器、自动显微成像、孢子自动捕捉、虫体识别和计数系统等设备能满足多种类型和系统化的病虫害测报原始数据采集需要；互联网、移动通信等网络技术可满足多媒体的测报数据传递需求；应用层面上，智能手机、平板电脑等智能移动终端设备的普及，能方便达到测报信息接收、多媒体查询、远程诊断等功能。目前国内已有农作物重大病虫害实时监测系统、马铃薯晚疫病实时监测系统、农林物联网系统、害虫自动性诱系统等多个物联网系统在测报实践中应用，为农作物病虫害测报走向现代化展现了美好前景。

甘肃是我国西北马铃薯主产区之一，2015 年种植面积 68.2 万 hm²。甘肃也是马铃薯晚疫病常发区，2002—2011 年，全省马铃薯晚疫病平均发生面积 30.59 万 hm²，占年均种植面积的 62.42%，年均产量损失 3 万 t。2012 年全省大发生，发生面积达 58.73 万 hm²，经多次防治后仍造成产量损失 11 万 t。马铃薯晚疫病防控的关键是提前预防，做到"防病不见病"，而准确监测预报是开展科学防控的前提。从 2010 年开始，甘肃开始建设马铃薯晚疫病监测预警系统，至 2012 年，在全省 48 个马铃薯主产县建设了 50 个基于田间自动小气候仪的监测点。2015 年，利用植保工程项目建设了甘肃马铃薯晚疫病远程监测预警物联网，在临洮等 15 个马铃薯主产县（区）建设了监测物联网田间病情采集基点，装备视频监控系统、孢子自动捕捉培养系统、气象因子监测系统，所有仪器通过光纤接入互联网。设在兰州的预警信息处理中心实时监控马铃薯晚疫病病情，通过后台应用软件自动处理分析监测点数据，预测发生趋势，发布预警信息。2016 年，甘肃省植保植检站在临洮、庄浪等地开展了马铃薯晚疫病物联网监测应用相关试验，研究物联网监测设备性能和监测技术。

1　材料与方法

1.1　不同马铃薯品种晚疫病发病情况与 CARHA 模型侵染代次关系

1.1.1　试验材料

供试马铃薯品种为夏菠蒂、陇薯 6 号、庄薯 3 号、陇薯 3 号、陇薯 14 号、冀张薯 8 号 6 个当地主栽品种。陇薯 3 号、陇薯 6 号、陇薯 14 号从甘肃省农业科学院马铃薯研究所引进；庄薯 3 号由庄浪县农业技术推广中心提供；冀张薯 8 号从河北省高寒作物研究所引进。自动小气候观测仪由北京渠道仪器有限公司提供，田间小气候数据处理采用甘肃马铃薯晚疫病监测预警系统（http：//218.70.37.104：7000/gansu）。

1.1.2　试验方法

试验田选在临洮县八里铺镇水渠村中心试验场。2016 年 4 月 23 日播种，垄作双行种植模式，垄高 20cm，株距 20cm，行距 110cm，每 667m² 保苗 6 000 株。试验场安装有一台自动小气候观测仪，监测期设为出苗日期至收获日期。

每个品种一个小区，小区长 15m，宽 6.6m，面积 99m²，种植 6 垄，小区随机排列。自马铃薯出苗（以第一株出苗计）起，开启田间小气候监测仪，在监测预警系统显示 3 代 1 次侵染后，每天田间调查各小区发病情况，记录中心病株出现日期。自田间发现中心病株直至马铃薯收获，每 5d 田间调查 1 次，记录病株率、病叶率和严重度，计算病情指数，预警系统侵染代次、分值由系统自动记录，对比建立田间发病情况与病原菌侵染代次间的关系。

1.2　CARAH 模型预防策略效果评价试验

1.2.1　试验材料

小气候自动观测仪由北京渠道仪器有限公司提供。田间小气候数据处理采用甘肃马铃薯晚疫病监测预警系统（http：//218.70.37.104：7000/gansu）。供试药剂为 58％甲霜·锰锌，由陕西西大华特科技实业有限公司生产。

1.2.2　试验方法

试验田设在庄浪县水洛镇李碾村病虫测报场附近农户地块，海拔 1 613m，地势平坦，肥力均匀，土质为红胶土，每 667m² 底施土肥 3 000kg，尿素 25kg，普钙 50kg，硫酸钾 15kg，每 667m² 播密度 3 763 株。4 月 23 日播种，其他管理措施同大田。测报场安装有一台自动小气候观测仪，设置观测期为出苗日期至收获日期。

采取随机区组法设计，共安排 8 个马铃薯品种，每个品种 3 个处理，1 次重复，小区面积 22m²（5.5m×4m）。处理 1 不使用任何农药（ck），用于观察 8 个品种对马铃薯晚疫病的抗病性；处理 2 按晚疫病预警系统指示用药，最感病品种 3 代首次侵染达到 4～6 分时，首次用药，4 代以后，每代第一次侵染达到 4～6 分时喷药，每次喷药如遇雨补喷；处理 3 按当地传统经验方式施药，分别于发现中心病株后开始喷药，结合天气预报，每 7～10d 用药一次，共 3 次。用药方式为每 667m² 用 58％甲霜·锰锌 100g，对水 30kg，配制成 300 倍液，用电动喷雾器进行均匀喷雾。

马铃薯出苗后，预警系统显示第一次侵染完成后至马铃薯收获前 15d，每周调查一次，每小区 3 点取样，每点选 10 株，调查全部叶片，并详细记载每个品种各处理发病情况（病株率和病情指数）。严重度分级标准：

0 级：全株叶片无病斑；

1 级：个别叶片上有个别病斑；

3 级：全株 1/4 以下的叶片有病斑，或植株上部茎秆有个别小病斑；

5 级：全株 1/4～1/2 的叶片有病斑，或植株上部茎秆有典型病斑；

7 级：全株 1/2 以上的叶片有病斑，或植株中下部茎秆上有较大病斑；

9 级：全株叶片几乎都有病斑，或大部分叶片枯死，甚至茎部枯死。

$$病株率＝发病株数/调查总株数×100\%$$

$$病情指数＝\frac{\Sigma（各级病叶数×相对级数值）}{调查总叶数×9}×100$$

收获后进行测产，核算经济效益。

1.2.3 孢子捕捉量与田间发病情况比较分析

试验田边安装佳多孢子自动捕捉培养系统，可每天自动显微镜检视拍照，照片自动上传到数据处理中心服务器，从物联网系统可方便查看照片。马铃薯出苗（以第一株出苗计）起，每天随机取 10 张显微照片检查是否有马铃薯晚疫病菌孢子（孢子囊），记录孢子数量，中心病株出现后同步调查记录田间发病情况。分析建立田间孢子捕捉量与马铃薯晚疫病发生的关系。

1.2.4 田间病情实时监控情况评价

试验田边安装双路高清视频监控系统，其中一路网络高清球形摄像机可水平方向 360°、垂直方向 90°旋转，可进行 20 倍光学变焦。视频监控系统通过光纤接入互联网，从物联网系统方便查看试验田作物和环境实况。田间调查当日，在室内通过视频监控系统观测试验地马铃薯长势及田间发病情况，记录相关观测结果，并与田间实际调查结果相比较，评价视频监控系统监测相对于田间监测的效果。

2 结果与分析

2.1 6 个品种马铃薯晚疫病中心病株出现时间及对应侵染代次

2016 年，甘肃省大部分地区 7～9 月间旱情严重，抑制了马铃薯晚疫病的流行，全省发生面积和发生程度是近 5 年最轻的年份。临洮监测点 2016 年马铃薯晚疫病在马铃薯生长期内共发生 8 代 20 次侵染，其中，重度以上侵染 5 次。据近几年观测，甘肃省马铃薯晚疫病在早熟品种上最早现病一般在 3～4 代侵染期间，中晚熟品种最早出现病株在 4～5 代侵染期间。试验结果显示，6 个品种马铃薯晚疫病中心病株出现时间及对应侵染代次如表 1，早熟品种夏菠蒂最早发病，对应监测系统侵染代次 3 代以后，其他品种中心病株出现均在 4 代侵染以后。

表 1　2016 年 6 个品种马铃薯晚疫病中心病株出现时间及对应侵染代次（临洮）

品种	夏菠蒂	陇薯 6 号	陇薯 3 号	庄薯 3 号	陇薯 14 号	冀张薯 8 号
日期	7 月 15 日	7 月 26 日	7 月 26 日	7 月 28 日	8 月 5 日	8 月 5 日
侵染代次	3 代 5 次	4 代 1 次	4 代 1 次	4 代 2 次	4 代 2 次	4 代 2 次

2.2 CARAH 模型预防策略应用效果

基于 CARAH 模型的马铃薯晚疫病预警系统在甘肃省多地推广应用 5 年，其预警指示信息与田间发病情况吻合度较高，用以指导大田防治，可提高用药时间的准确性。庄浪县试验结果显示，按预警系统提示喷药与常规喷药方法相比，防效和经济效益明显提高（表 2、表 3）。

表 2　8 个马铃薯品种不同防治策略下产量统计表（庄浪）

品种	小区（22m²）产量（kg）			预警系统与对照比		常规与对照相比		预警系统与常规比	
	不喷药（ck）	预警	常规	每 667m² 增产（kg）	增产率（%）	每 667m² 增产（kg）	增产率（%）	每 667m² 增产（kg）	增产率（%）
克新 2 号	35.3	46.5	40.4	339.4	31.7	154.6	14.4	184.9	15.1
张薯 8 号	54.4	72.8	63.5	557.6	33.8	275.8	16.7	281.8	14.6
陇薯 10 号	87.5	106.2	97.2	566.7	21.4	294.0	11.1	272.7	9.3
庄薯 4 号	73.1	94.7	85.8	654.6	29.5	384.9	17.4	269.7	10.4

（续）

品种	小区（22m²）产量（kg）			预警系统与对照比		常规与对照相比		预警系统与常规比	
	不喷药（ck）	预警	常规	每667m²增产（kg）	增产率（%）	每667m²增产（kg）	增产率（%）	每667m²增产（kg）	增产率（%）
庄薯3号	84.4	101.2	99.9	509.1	19.9	469.7	18.4	39.4	1.3
06-7-8	55.7	72.8	65.7	518.2	30.7	303.0	18.0	215.2	10.8
青薯9号	83.8	113.1	99.0	887.9	35.0	460.6	18.1	427.3	14.2
天薯11号	57.0	75.5	68.9	560.6	32.5	360.6	20.9	200.0	9.6
合计	531.2	682.8	620.4	574.3	28.5	337.9	16.8	236.4	10.1

表3　马铃薯不同防治策略下每667m²经济效益分析表（庄浪）

处理编号	处理内容	产量（kg）	产值（元）	成本（元）	农药投入（元）	人工（元）	利润（元）	与ck相比新增利润（元）
1	不喷药（ck）	2 012.2	2 213.42	440	0	0	1 773.4	/
2	预警	2 586.5	2 845.15	548	48	60	2 297.2	523.73
3	常规	2 350.1	2 585.11	494	24	30	2 091.1	317.69

2.3　田间病情视频监控及孢子自动捕捉培养系统应用

2015年，甘肃省植保植检站在安定等15个监测点安装双路高清视频监控系统，在病害发生期可实时采集田间动态图像，测报人员通过联网电脑查看田间病情，随时掌握马铃薯田间生长情况和晚疫病病情发生动态，同时也为防控决策部门提供直观的病情实况（图1、图2）。

图1　从办公电脑查看15个监测点　　　　　图2　20倍变焦视频图像

孢子自动捕捉培养系统于马铃薯晚疫病监测，2016年庄浪、临洮两地试验均未从显微照片中识别出马铃薯晚疫病菌孢子囊。

3　讨论

目前，在运用物联网技术进行马铃薯晚疫病监测预报中，基于CARAH模型的马铃薯晚疫病预警系统应用较为成熟，其他仪器设备和技术作为辅助监测手段仍有较大探索和发展的空间。如视频监控用于测报，由于视频的平面透视比例问题，与田间实际调查的视野有较大差别，目前只能定性观察，无法定量监测。由于甘肃省2016年夏季旱情严重，马铃薯晚疫病发生轻，孢子捕捉仪未采集到有效的晚疫病菌孢子照片，这项研究还需调整设备和观测方法，进一步试验研究。

物联网技术应用于农作物病虫害监测预报，实现监测仪器对病虫测报相关的环境、作物及有害生物关键因子自动化、系统化采集，部分代替人员调查，减轻测报人员的工作强度。监测数据通过网络便捷传输和共享，通过软件智能处理，生成的预报预警信息可及时推送到用户多媒体终端，使农作物病虫监测预警技术步入自动化、数字化、智能化的新阶段，极具发展前景。

参考文献

贵阳市植保植检站，2016. 马铃薯晚疫病预警及信息发布系统使用技术指南 [M]. 北京：中国农业出版社.

黄冲，刘万才，2015. 试论物联网技术在农作物重大病虫害监测预警中的应用前景 [J]. 中国植保导刊 (10)：55-60.

黄冲，刘万才，张君，2015. 马铃薯晚疫病物联网实时监测预警系统平台开发及应用 [J]. 中国植保导刊 (12)：37-40.

杨俊杰，于铁忠，金贵霞，等，2011. 基于物联网的设施作物智能测控与诊断平台 [J]. 河北省科学院学报，28 (3)：25-28.

赵静，王岩，杨淼，等，2010. 物联网在农业病虫灾害中的应用 [J]. 通信技术 (11)：49-51.

赵中华，车兴壁，张君，2015. 物联网技术在马铃薯晚疫病防控中的应用实践 [J]. 中国植保导刊 (7)：45-47.

马铃薯晚疫病远程监测设备的应用实践

潘鹤梅　储成文　郑辉　张晓梅　张旬丽

（陕西省旬阳县农业技术推广中心　旬阳　725700）

摘要： 为了不断探索适合当地的农作物病虫害监测预警体系，逐步实现农作物病虫监测预警技术标准化、简约化、自动化，提高监测预报准确率，为防治决策提供科学依据，2016 年旬阳县农业技术推广中心引进首套马铃薯晚疫病远程监测预警设备进行试验示范。

关键词： 马铃薯；晚疫病；远程监测；设备；应用

应用新型测报工具是提升病虫害监测预警能力的重要手段，为了准确监测马铃薯晚疫病，2016 年旬阳县农业技术推广中心引进一套马铃薯晚疫病监测预警设备，实施了农作物病虫害自动化监测预警试验示范工作。

1　监测设备购置

1.1　设备购置

旬阳县农业技术推广中心按照试验示范实施要求，结合本县农业生产的实际需要，严格按照政府采购相关程序，购置北京汇思君达科技有限公司研发生产的马铃薯晚疫病监测仪 MLS-1306（无线站）一台。

1.2　设备安装地点

根据近年来旬阳县的马铃薯种植和晚疫病发生情况，旬阳县农业技术推广中心把晚疫病监测系统的试验示范地点确定在构元镇羊山村。马铃薯是当地的主要栽培作物，常年 3 月中下旬播种，7 月上旬收获，连续两年马铃薯晚疫病在当地发生较重。

1.3　设备安装时间

设备于 2016 年 5 月 13 日在提前选定的旬阳县构元镇羊山村（32.87°N，109.43°E）安装调试，当日开始马铃薯晚疫病实时监测。

1.4　设备管护

为便于设备管理和防止人为破坏，特聘请一位当地村民为设备管护员，签订管护合同，明确管护责任和管护费用，以保障设备安全正常使用。

2　监测设备应用

为了验证马铃薯晚疫病监测设备监测结果与大田马铃薯晚疫病发生情况是否一致，在进行设备监测的同时开展了马铃薯晚疫病的田间监测调查，下面对设备监测和田间监测情况进行分析比较。

2.1 田间调查

2.1.1 定点调查

构元镇羊山村，马铃薯（品种：紫花白）于 3 月下旬播种 7 月上旬收获，从 5 月 13 日开始对设备安装点所在地的马铃薯晚疫病进行大田定点调查，5 月 24 日始见晚疫病病株，6 月 6 日病株率增长到 1.17%，病情指数 0.47，6 月 17 日病株率 1.83%，病情指数 0.73，6 月 27 日和 7 月 7 日调查病情基本稳定，病情指数分别为 0.77 和 0.83（表 1）。

表 1　2016 年旬阳县马铃薯晚疫病定点调查情况统计

调查时间	生育期	调查面积（hm²）	调查株数	病株率（%）	病情指数
5 月 13 日	现蕾期	0.35	600	0	0
5 月 24 日	初花期	0.35	600	0.16	0.03
6 月 6 日	初花至盛花期	0.35	600	1.0	0.4
6 月 17 日	盛花期	0.35	600	1.83	0.73
6 月 27 日	终花期	0.35	600	2.0	0.77
7 月 7 日	收获期	0.35	600	2.0	0.83

2.1.2 大田普查

于 6 月下旬至 7 月上旬在城关、构元、铜钱关等地进行了马铃薯晚疫病大田普查，普查统计病田率 27.7%，平均病株率 2.8%，病情指数 1.12，属轻发生年份。病田率、平均病株率同 2015 年相比分别下降 2.3、7.4 个百分点（图 1）。

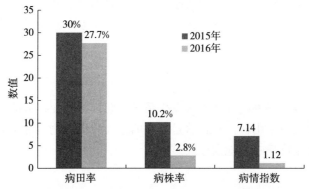

图 1　2015—2016 年旬阳县马铃薯晚疫病发生情况比较

2.2 设备监测

从 5 月 13 日启用马铃薯晚疫病监测系统，到 7 月 10 日当地马铃薯收获结束，监测系统中马铃薯晚疫病侵染曲线显示，马铃薯晚疫病共有 6 代，累计 13 次侵染。

3　监测结果分析

1）设备预警结果与田间病害始见期基本一致。设备监测数据显示 5 月 15 日开始侵染，大田调查 5 月 24 日始见发病叶片，这和病原菌侵入到显症的规律比较吻合。

2）病害流行高峰期与设备监测结果基本一致。将马铃薯晚疫病监测仪监测的病原菌侵染代次与田间晚疫病发生情况统计对比，计入表 2。从表 2 统计结果显示，监测设备提供的晚疫病病原菌侵染高峰期与田间马铃薯晚疫病流行高峰期一致。

表2　马铃薯晚疫病监测仪监测结果和田间发病情况对比

设备监测结果	田间发病情况
从5月27日至6月16日，完成了第二代的2次侵染、第三代的5次侵染和第四代的两次侵染，累计完成8次侵染过程，平均2.6d完成一次侵染	6月6日调查病株率和病情指数分别是5月24日调查的6.3倍和13.3倍。 6月17日调查病株率和病情指数分别较6月6日调查增长了56.4%和55.3%

3）病害后期流行速度减慢、大田发生程度轻的特点和设备监测结果也较一致。设备监测显示6月13~23日共11d内病害无新侵染发生，6月23日至7月7日仅有2次侵染，6月27日和7月7日的两次定点调查病害基本稳定和设备监测结果一致，同时6月下旬至7月上旬的大田普查结果和定点监测也基本一致。

4　应用效果及建议

1）通过2016年试验示范证实，马铃薯晚疫病监测仪MLS-1306（无线站）的监测结果与2016年当地马铃薯晚疫病发生实况基本一致，其监测结果对分析预测晚疫病发生趋势、指导大田防治提供了可靠的参考依据。

2）开展马铃薯晚疫病监测预警试验示范是旬阳县继开展农业害虫远程监测技术研究之后，首次开展的农业病害远程监测预警技术研究。在试验示范过程中，从该设备开始启用以来，测报人员可通过手机和电脑设备实时查询马铃薯晚疫病侵染情况、了解晚疫病防治指导意见、掌握防治药剂动态等相关信息，对马铃薯晚疫病的监测和指导防治发挥了积极作用。

3）试验示范结果证实马铃薯晚疫病监测预警系统是先进实用的农业病虫监测设备，建议继续加强试验示范，累积监测资料，总结分析当地马铃薯晚疫病发生流行规律。

上海地区高空测报灯监测迁飞性害虫试验结果初报

沈慧梅[1]　武向文[1]　郭玉人[1]　卫勤[2]　何吉[2]　王华[2]　曹云[2]

(1. 上海市农业技术推广服务中心　上海 201103；
2. 上海市奉贤区农业技术推广中心　奉贤 201400)

摘要： 通过 2014—2016 年连续 3 年高空测报灯监测迁飞性害虫，得到以下结果：①上海地区高空测报灯监测到的迁飞性害虫主要种类包括黏虫、小地老虎、稻纵卷叶螟 3 种，棉铃虫全年灯下虫量很少。②高空测报灯下黏虫空中种群呈现春秋双峰，全年分别在 4～5 月、8～9 月出现两个灯下高峰；小地老虎在上海地区 3～10 月灯下均可以查到成虫蛾，峰次不明显；稻纵卷叶螟全年峰期明显，按照灯下诱虫数量可分为 3 个阶段。③高空灯下诱集到的成虫雌雄性比年度间、季节间差异大，没有明显的规律性。④高空测报灯监测的黏虫、稻纵卷叶螟种群动态消长与田间调查数据可相互印证，在大尺度、长时间序列研究害虫迁飞规律方面具有重要的意义。

关键词： 高空测报灯；黏虫；稻纵卷叶螟；小地老虎；种群动态

　　上海地区迁飞性害虫主要包括褐飞虱、白背飞虱、稻纵卷叶螟、黏虫、小地老虎等，其中，褐飞虱、白背飞虱、稻纵卷叶螟在上海不能越冬，每年发生种群全部由南方迁入。黏虫、小地老虎在上海地区有越冬可能，但主要以南方迁入为主。2014—2016 年本中心承担了全国农业技术推广服务中心高空测报灯监测迁飞性害虫的任务，结合上海当地迁飞性蛾类害虫的发生情况，连续 3 年针对黏虫进行重点监测。鉴于高空测报灯对诱集夜间迁飞的蛾类害虫较好的诱集作用，在监测黏虫种群动态的同时，还记录了灯下小地老虎、棉铃虫、稻纵卷叶螟的种群动态消长，在此将 3 年来高空测报灯下诱集到的迁飞性害虫种类、数量、性比以及卵巢解剖结果做汇报，并结合黏虫、稻纵卷叶螟田间监测情况做初步分析。

1　试验方法

1.1　高空测报灯诱测试验

　　高空测报灯由全国农业技术推广服务中心统一提供。高空测报灯的光源为 1 000V 金属卤化物灯，其由探照灯、镇流器、微电脑控制器、铁皮漏斗、支架和集虫网袋等部件组成，使用 220V 交流电源。灯具安装在上海奉贤区青村镇观测场，周围是农田，无大型建筑以及树木遮挡，视野开阔且无强光干扰。

　　观测点由专人负责，根据全国农业技术推广服务中心要求，2014 年 2～4 月、8～9 月开灯。2015年与 2016 年开灯时间为 2～10 月，期间每日观察记录黏虫、小地老虎和棉铃虫、稻纵卷叶螟等迁飞蛾类害虫雌蛾、雄蛾数量，高峰期进行雌蛾卵巢解剖，详细记录各级卵巢发育比例。并同时观测记录降雨、风力等天气现象。

1.2　传统测报调查方法

　　黏虫监测方法：糖醋酒钵诱集成虫和稻草把诱卵。①糖醋酒液诱钵法。每年 2 月 20 日开始，诱液按照红糖：醋：酒：水＝3：3：1：10 的比例配制，每块试验田放 2 钵，相距大于 200m，诱钵有盖，晚开早盖，每隔 3d 换一次糖醋酒液，记录诱集总蛾量，分雌雄。②稻草把诱卵法。每年 2 月 20 日开始，每把 5 根稻草对折，折处朝上缚在小竹竿上，每个监测点设置草把两组，每组 10 把，每隔 5～10m 插一把，草把高出麦苗。每 3d 更换草把 1 次，记录诱集到的卵块数。

稻纵卷叶螟测报方法：灯诱和田间赶蛾。①灯诱。从 6 月 1 日开始，20W 黑光灯下逐日记录灯下稻纵卷叶螟蛾量，分雌雄。②田间赶蛾，从 6 月 1 日开始，选择长势茂盛的主要类型水稻田 1 块，每天沿田埂固定 66.7m²，宽度不超过 1m 赶蛾，计数起飞蛾量，当蛾量突增时网捕 20 头以上雌蛾进行卵巢解剖并记录结果。

2　试验结果

2.1　高空测报灯下诱测到的迁飞性害虫种类

依照试验方案，2014 年只针对黏虫记录，2014 年上海奉贤高空测报灯开灯时段为 2～4 月、8～9 月，全年总计开灯 150d，累计诱集黏虫 171 头。2015 年监测对象增加了棉铃虫和小地老虎，根据前一年诱集结果将高空测报灯开灯时段调整为 2～10 月，中间不间断，除去发生故障的 5d 外，全年开灯 268d，诱集黏虫 646 头、小地老虎 454 头、棉铃虫 3 头，总计 1 103 头。2016 年开灯时间仍为 2～10 月，灯下监测种群调整为黏虫、小地老虎和稻纵卷叶螟，全年累计开灯 248d，诱集到黏虫 392 头、小地老虎 601 头、稻纵卷叶螟 11 392 头，总计诱虫 12 385 头（表 1）。

表 1　2014—2016 年上海奉贤高空测报灯下监测对象及数量

年份	黏虫	小地老虎	稻纵卷叶螟	棉铃虫	备注
2014	171 头	未监测	未监测	未监测	开灯 150d
2015	646 头	454 头	未监测	3 头	开灯 273d，灯损坏 5d
2016	392 头	601 头	11 392 头	未监测	开灯 274d，灯损坏 26d

2.2　黏虫种群动态监测

2.2.1　上海地区高空测报灯下黏虫蛾量呈规律的双峰型，4 月中旬至 5 月出现第一高峰，8 月下旬至 9 月上旬出现第二高峰，其他时段高空灯下蛾量少

根据高空灯监测结果，上海黏虫空中种群动态波动较为规律，呈春秋双峰型。2014—2016 年均表现为 2 月中下旬黏虫蛾灯下始见，3 月灯下出现少量蛾，4～5 月有较大蛾峰。2015 年、2016 年 5 月蛾量最大，6～7 月，灯下蛾量减少，直至 8 月，尤其是 8 月下旬至 9 月上旬蛾量再次增加，10 月之后蛾量回落（图 1）。

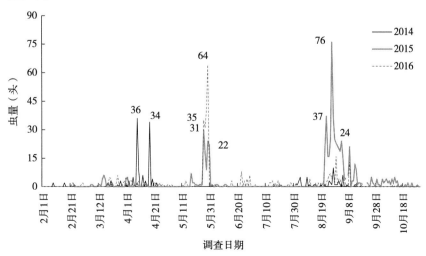

图 1　2014—2016 上海地区高空测报灯下黏虫种群动态消长

2.2.2 高空测报灯下黏虫始见期与田间基本一致，2～4月蛾峰与田间糖醋液诱集结果一致，大发生年高空测报灯下全年蛾量也高于常年

2015年黏虫在上海发生较重，3～4月田间糖醋液诱集到的蛾量与卵块数均高于2014年和2016年同期（表2），高空测报灯下2015年2～4月累计蛾量反而少，但结合全年累计蛾量，2015年明显高于2014年和2016年同期，主要表现为2015年8月后期黏虫回迁种群基数明显高于2014年和2016年同期（表3）。

表2　2014—2016年2～4月高空测报灯下黏虫蛾量与田间诱集虫卵量对比

	2014年		2015年		2016年	
	糖醋液诱钵	高空测报灯下	糖醋液诱钵	高空测报灯下	糖醋液诱钵	高空测报灯下
始见期	2月24日	2月9日	2月26日	2月23日	2月22日	2月22日
累计蛾量（头）	30	130	94	60	21	104
累计卵块	20		232		12	

2.2.3 高空测报灯下诱集黏虫种群雌雄性比年度间差异大，无明显规律性

根据数据分析，2014年高空灯下黏虫雌蛾所占比例较低，2015年几个大的峰次中雌蛾比例低，但其他时间段雌蛾比例较高；2016年全年空中种群雌蛾比例均高。但在累计虫量超过100头的几个月，如2014年4月，2015年5月、8月，2016年5月雌虫所占比例均低（表3）。

表3　2014—2016年上海地区高空测报灯下黏虫逐月诱集虫量雌雄性比

月份	2014年		2015年		2016年	
	虫量（头）	雌虫比例（%）	虫量（头）	雌虫比例（%）	虫量（头）	雌虫比例（%）
2月	5	20	2	50	1	0
3月	9	44	21	57	28	57
4月	116	29	37	54	75	56
5月	\	\	119	41	185	48
6月	\	\	5	80	27	52
7月	\	\	2	50	20	85
8月	39	23	295	26	64	72
9月	13	0	143	44	31	55
10月	\	\	43	86	3	100
全年累计	171	24.6	646	39.2	392	66.9

2.3 高空测报灯下小地老虎种群动态

根据2015—2016年连续两年的数据结果，小地老虎高空测报灯下种群从3月一直延续到9月，峰期波动不如黏虫和稻纵卷叶螟明显，按照灯下诱虫数量可分为3月中旬至4月中旬、5月中旬至6月中旬、8月下旬至9月上旬3个阶段（图2）。

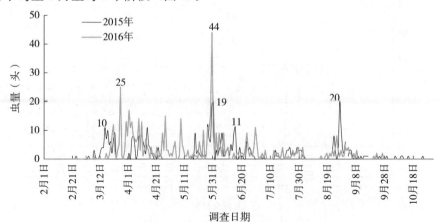

图2　上海地区2015—2016年小地老虎高空测报灯下种群动态

小地老虎高空测报灯下逐月累计蛾量与性比规律性不明显，除 3 月雌蛾性比连续两年均较高外，其他月份尚未表现出明显规律性（表 4）。

表 4　2015—2016 年高空测报灯下小地老虎逐月累计蛾量与性比

月份	2015 年			2016 年		
	雌虫（头）	雄虫（头）	雌虫比例（%）	雌虫（头）	雄虫（头）	雌虫比例（%）
3 月	45	29	60.8	63	27	70.0
4 月	39	49	44.3	82	83	49.7
5 月	41	47	46.6	76	79	49.0
6 月	30	52	36.6	38	57	40.0
7 月	18	20	47.4	27	8	77.1
8 月	19	42	31.1	27	13	67.5
9 月	7	10	41.2	10	11	47.6
10 月	5	0	100.0	0	0	0.0

2.4　高空测报灯下稻纵卷叶螟种群动态与田间赶蛾结果一致

稻纵卷叶螟高空灯下记录从 2016 年 6 月开始，高空种群动态可分为 3 个阶段，6 月下旬至 7 月初为初始迁入阶段；7 月中旬至 7 月下旬为第一迁入峰；8 月中旬至 9 月上旬为主峰期，9 月之后灯下蛾量明显回落，与田间赶蛾趋势整体一致，但与田间赶蛾数据相比时间上有 2~3d 的时差。如高空灯下四（2）代蛾峰最高日出现在 7 月 18 日，而高空灯下蛾峰从 7 月 18 日开始一直延续到 7 月 23 日，持续时间长。峰期比田间赶蛾数据更加明显，五（3）代蛾峰也是如此（图 3）。

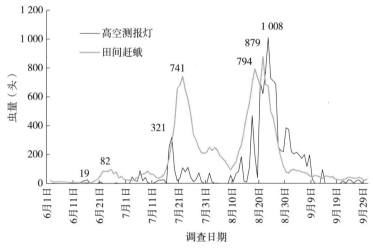

图 3　2016 年上海地区稻纵卷叶螟田间逐日每 667m² 蛾量与高空灯下种群动态对比

2.5　高空测报灯下，黏虫、小地老虎雌蛾卵巢发育级别存在差异

峰期黏虫雌蛾解剖结果显示，每年 4~5 月高峰日雌蛾卵巢以低级别为主，8 月则以低级别较多（表 5），符合迁飞昆虫"卵子发生-飞行共轭"现象。而小地老虎的卵巢发育与黏虫完全不同，在 3~4 月则高级别卵巢为主，5 月之后低级别卵巢比例上升（表 6）。

表 5　高空灯下黏虫不同时段雌蛾卵巢解剖结果

年份	时间段	卵巢发育级别比例（%）				
		一级	二级	三级	四级	五级
2014	4 月 6~10 日			33.3	66.7	
	4 月 18~20 日				85.7	14
2015	5 月 27~30 日	8.4	76.7	15.0		
2016	8 月 27~30 日	8.5	48.6	30.3	11.4	1.4

表6　高空测报灯下小地老虎雌蛾卵巢解剖结果

年份	时间段	卵巢发育级别比例（%）				
		一级	二级	三级	四级	五级
2015	4月14日			57.1	28.6	14.3
2016	3月21～26日		35.7	37.4	16.1	10.8
	4月1～10日	11.1	30.5	14.1	6.7	37.6
	5月8日	57.1	14.3	28.6		
	5月28～30日	49.5	36.0	13.0	1.4	

3　分析讨论

3.1　上海地区黏虫4～5月多为北迁种群，8～9月为回迁路过种群

上海地处30°～31°N，在1月4℃等温线以南，历史上属于李光博先生提出的"黏虫五代多发区"，存在黏虫越冬种群。根据多年来田间实际监测数据，每年黏虫成蛾在2月下旬出现（田间糖醋液诱集一般从2月下旬开始），高空测报灯下也在2月开灯，数据显示黏虫最早可在2月上旬出现，可以与田间糖醋液诱集数据印证，而灯下雌蛾解剖结果也证实，黏虫4～5月灯下雌蛾卵巢发育一级、二级占优势，与迁飞昆虫所表现的"卵子发生-飞行共轭"现象吻合，这些灯下诱捕到的黏虫成虫有可能是北迁过路虫源，也有可能是本地羽化迁出虫源。8月之后卵巢解剖结果各个级别均有，但还是以二级、三级数量最多，符合黏虫迁飞过程中生理特性的变化。

上海地区每年8月下旬至9月中旬高空多盛行偏北风，因此，8～9月高空测报灯下的黏虫蛾峰和稻纵卷叶螟蛾峰应该为北方回迁虫源。2014年黏虫回迁虫源较少，2015年回迁虫源种群数量高，2016年虽然春季北迁虫源较少但秋季回迁虫源还是显著高于2014年。

3.2　高空测报灯有优势也有局限，传统的黏虫糖醋酒液诱钵、稻草把诱卵简单高效，稻纵卷叶螟田间赶蛾测报方法短期内不可替代

高空测报灯虽然可以监测迁飞昆虫的全年种群消长动态，在种群长时间序列、大尺度范围变化上有优势，但在黏虫监测预报方面，还是传统的糖醋液诱集成虫、稻草把诱卵块更加简单高效，也便于与历史数据相比较。上海地区黏虫主要在4月下旬至5月上旬为害小麦，5月中旬后小麦逐渐黄熟收割，黏虫大多数北迁，水稻田很少发生黏虫为害。因此监测的重点是3～4月越冬代成虫的数量和卵量。2016年本市开展的黏虫性诱剂试验，比传统的糖醋液诱集到成虫数量多，峰期也更加明显（图4），

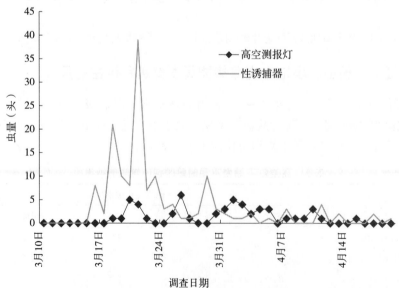

图4　上海地区2016年3～4月黏虫性诱虫量与高空测报灯诱集虫量对比

但性诱试验诱集到的均为雄虫，无法开展雌蛾卵巢解剖工作，卵块的诱集工作更是无法进行，因此，性诱器监测技术上没问题，方法上还需要试验探讨，目前看来传统的糖醋液诱集、稻草把诱卵技术还无法被替代。

3.3 上海高空测报灯下棉铃虫数量极少，小地老虎种群动态与黏虫有差异，具体原因还需要结合田间调查做进一步调查证实

2014—2016年上海高空测报灯下诱到的棉铃虫虫量极少，2015年全年只有3头。除黏虫外，小地老虎数量也较多。历史上，上海地区棉花种植面积较多，棉铃虫曾经为主要监测对象，种植制度改革后，当前上海没有棉花种植面积，棉铃虫已不在列入本地监测对象，小地老虎在上海也仅为害蔬菜，目前只作为蔬菜害虫进行监测。根据王荫长先生20世纪80年代研究结果，长江流域地区小地老虎和黏虫越冬代成虫蛾存在同步迁入效应，表现在越冬代成虫种群数量消长一致、雌雄性比一致、卵巢发育进度一致，上海地处1月等温线4～10℃范围内，是小地老虎次要越冬区，4月出现迁出峰。根据高空测报灯下连续3年（2年）监测结果，黏虫与小地老虎的早期灯下雌蛾卵巢解剖均以高级别为主，这特征与前人结果相符；但性比和种群消长方面的特征不太一致（表5、表6）。

罗礼智研究指出，黏虫的飞行在产卵前期开始，但成虫的卵巢发育可以与迁飞同步，并不严格遵循"卵子发生-飞行共轭"，但上海地区高空测报灯下黏虫4月、5月种群基本符合迁飞昆虫迁入种群特征。且前人开展的小地老虎的田间调查表明，前期迁入种群雌蛾解剖高级别卵巢占多数，与本文高空测报灯下解剖数据吻合。黏虫在上海有两个明显的峰期，一个出现在4～5月，一个出现在8～9月，但是小地老虎则没有这么明显，蛾峰小且多。另外有学者研究结果认为小地老虎雄虫飞行能力比雌虫更强，早期观测到的小地老虎成虫以雄虫较多，上海连续2年的高空灯下数据显示3月高空种群中雌蛾比例较高，与其并不相符。其他月份性比方面也没有显示出规律性。

随着全球变暖趋势越来越明显，上海及周边地区栽培模式比20世纪都有了较大改变，蔬菜面积增加，复种指数较高，温室比例较大，这些因素在一定程度上影响小地老虎的种群动态，但具体影响在哪些方面除了高空测报灯监测外还需进一步田间试验来证实。

参考文献

江幸福，罗礼智，2005. 黏虫迁出与迁入种群的行为和生理特性比较 [J]. 昆虫学报，48（1）：61-67.

李光博，王恒祥，胡文绣，1964. 黏虫季节性迁飞为害假说及标记回收试验 [J]. 植物保护学报，3（2）：101-110.

刘绍友，李馥葆，张雅林，1983. 小地老虎卵巢发育进度与虫源性质的分析 [J]. 昆虫知识，20（5）：212-215.

罗礼智，李光博，胡毅，1995. 黏虫飞行与产卵的关系 [J]. 昆虫学报，38（3）：284-289.

谭兴林，林华峰，1987. 小地老虎卵巢发育进度及虫源性质分析 [J]. 安徽农业科学，31（7）：76-78.

王荫长，1980. 小地老虎与黏虫发蛾期同步现象的探讨 [J]. 植物保护学报，7（4）：247-251.

张智，2013. 北方地区重大迁飞性害虫的监测与种群动态分析 [D]. 北京：中国农业科学院.

高空测报灯监测玉米田 3 种
主要害虫效果研究

尚秀梅　卫雅斌

（河北省滦县农牧局　滦县 063700）

摘要： 在河北省滦县应用高空测报灯和佳多自动虫情测报灯对黏虫、棉铃虫、小地老虎 3 种玉米田主要害虫进行监测，比较两种光源的诱集效果。结果表明高空测报灯有效监测期长于佳多自动虫情测报灯，高空测报灯监测黏虫等迁飞性害虫数量变化规律与佳多自动虫情测报灯的虫量变化规律基本一致，但高空测报灯诱蛾量高，害虫消长曲线更明显且受天气影响较小，对迁飞性害虫的监测敏感度和迁飞变化优于佳多自动虫情测报灯。

关键词： 黏虫；棉铃虫；小地老虎；高空测报灯；虫情测报灯

为进一步掌握黏虫等迁飞性害虫的迁飞规律，河北省滦县植保站在全国农业技术推广服务中心支持下，设立高空测报灯对滦县玉米田主要害虫黏虫、棉铃虫、小地老虎进行监测调查，以探索新型测报工具对迁飞性害虫的诱集效果，为做出准确的预测预报提供科学依据。

1 材料与方法

1.1 试验地点及试验工具

滦县高空测报灯设于滦州镇后明碑村北滦县国有原种场，周围种植作物有小麦、春玉米、花生、谷子、大豆和夏玉米等，附近有 40 000m² 梨树园 1 个。

对照工具为佳多自动虫情测报灯，位于小马庄镇西晒甲坨村村南，周围种植作物有小麦、春玉米、夏玉米、花生、谷子、大豆、马铃薯等，附近有 66 670m² 蔬菜大棚。

1.2 试验时间

高空测报灯监测时间为 2016 年 4 月 27 日至 10 月 20 日。

对照佳多自动虫情测报灯监测时间为 2016 年 3 月 30 日至 10 月 20 日。

1.3 监测种类

高空测报灯监测种类以黏虫为主，兼顾棉铃虫、小地老虎等迁飞性害虫；佳多自动虫情测报灯以黏虫、棉铃虫、玉米螟为主，兼顾地老虎、金龟子等多种害虫。

2 结果与分析

2.1 结果数据比较

2.1.1 黏虫诱集结果对比

始见日对比：高空测报灯在 4 月 27 日，早于去年的 5 月 12 日；佳多自动虫情测报灯在 4 月 22 日，早于去年的 5 月 31 日。

虫量最多的月份对比：高空测报灯为 6 月 154 头，去年是 7 月 16 613 头；佳多自动虫情测报灯为 6 月 98 头，去年是 9 月 726 头。

虫量最多的日期对比：高空测报灯为 6 月 8 日（20 头），为滦县一代黏虫蛾峰日，去年是 7 月 24 日，为滦县二代黏虫蛾峰日；佳多自动虫情测报灯为 6 月 10 日（15 头），为滦县一代黏虫蛾峰日，去年是 9 月 10 日 197 头，为滦县三代黏虫蛾峰日。

终见日对比：高空测报灯在 10 月 14 日，早于去年的 10 月 17 日；佳多自动虫情测报灯在 9 月 29 日，晚于去年的 9 月 25 日（图 1）。

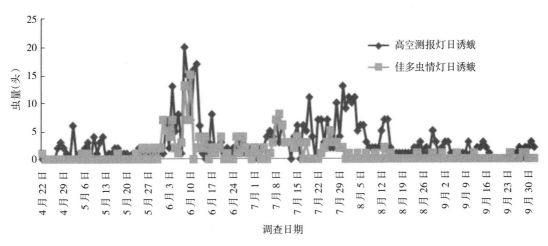

图 1　滦县灯诱黏虫日诱蛾消长曲线

2.1.2　棉铃虫诱集结果对比

始见日对比：高空测报灯在 4 月 27 日，早于去年的 4 月 29 日；佳多自动虫情测报灯在 4 月 22 日，早于去年的 4 月 29 日。

虫量最多的月份对比：高空测报灯为 7 月 33 623 头，去年是 8 月 30 415 头；佳多自动虫情测报灯为 7 月 965 头，去年是 9 月 1 445 头。

虫量最多的日期对比：高空测报灯为 7 月 23 日 7 380 头，为滦县二代棉铃虫蛾峰日，去年是 8 月 6 日 8 250 头，为滦县二代棉铃虫蛾峰日；佳多自动虫情测报灯为 7 月 15 日 104 头，为滦县二代棉铃虫蛾峰日，去年是 9 月 10 日 192 头，为滦县三代棉铃虫蛾峰日。

终见日对比：高空测报灯在 10 月 18 日，与去年的 10 月 17 日时间相当，佳多自动虫情测报灯在 10 月 4 日，早于去年的 10 月 9 日（图 2）。

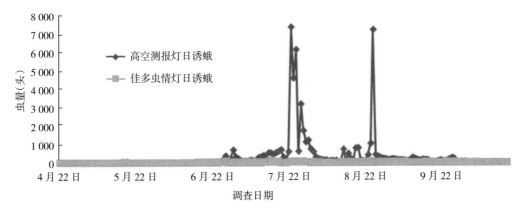

图 2　滦县灯诱棉铃虫日诱蛾消长曲线

2.1.3　小地老虎诱集结果对比

始见日对比：高空测报灯在 4 月 27 日，早于去年的 4 月 29 日，佳多自动虫情测报灯在 4 月 22 日，早于去年的 5 月 1 日。

虫量最多的月份对比：高空测报灯为 7 月 2 013 头，去年是 8 月 3 608 头；佳多自动虫情测报灯为 7 月 141 头，去年是 8 月 181 头。

虫量最多的日期对比：高空测报灯为 6 月 30 日 416 头，为滦县一代小地老虎蛾峰日；佳多自动虫情测报灯为 7 月 18 日 25 头，为我县二代小地老虎蛾峰日，去年是 6 月 22 日 20 头，为滦县一代小地老虎蛾峰日。

终见日对比：高空测报灯在 10 月 18 日，晚于去年的 10 月 12 日，佳多自动虫情测报灯在 10 月 4 日，晚于去年的 9 月 14 日（图 3）。

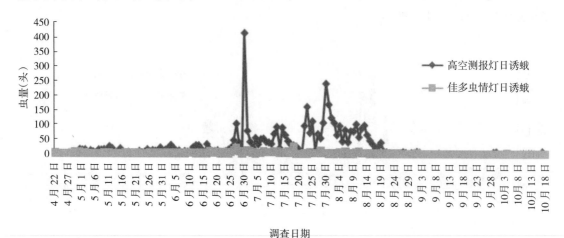

图 3　滦县灯诱小地老虎日诱蛾消长曲线

2. 2　高空测报灯有效监测期长于佳多自动虫情测报灯

在始见日对比中，黏虫、棉铃虫和小地老虎，高空测报灯均在 4 月 27 日（开灯日），均晚于佳多自动虫情测报灯（已经开灯 30d）2d。在终见日对比中，高空测报灯黏虫、棉铃虫和小地老虎的终见日分别迟于佳多自动虫情测报灯 16、14 和 14d。从数据分析，高空测报灯尤其对于黏虫始见日和终见日的监测更明显；高空测报灯更灵敏，有效监测时间更长。

2. 3　高空测报灯可以为预测黏虫等迁飞性害虫大田发生情况提供有效虫源数据支持

以 2016 年三代黏虫虫源（即二代黏虫成虫）为例，通过对高空测报灯的诱集数据分析，特别是通过对黏虫总量和雌雄数量对比分析，可以确定滦县区域内三代黏虫虫源（即二代黏虫成虫）蛾峰日在 7 月 30 日，结合 2016 年 7~8 月气象资料（即降水量较常年偏多，平均气温接近常年）分析，特别是关注 7 月下旬蛾峰日前后几天的降雨和气流云图走势分析，气象条件不利于黏虫迁入。再结合诱集黏虫卵巢解剖情况，以及蛾峰后 3~5d 开始调查大田落卵量和幼虫虫量的数据综合分析，预测 2016 年三代黏虫幼虫轻发生，为害时期在 8 月上中旬。而 2016 年三代黏虫幼虫的发生为害情况则与预测一致。

2. 4　高空测报灯监测黏虫等迁飞性害虫数量变化规律与佳多自动虫情测报灯的数量变化规律基本一致，但高空测报灯诱蛾量高，害虫消长曲线更明显

高空测报灯能够监测到高空（500~1 000m 高度）的迁飞性害虫，特别是到 10 月，佳多自动虫情测报灯和黑光灯都已经诱集不到黏虫等害虫时，高空测报灯依然能监测其动态，能明确监测出迁飞性害虫成虫动态规律及迁飞状况。高空测报灯能明显减少并有效控制监测区域内害虫为害，节约防治成本。据诱集数据显示，使用高空测报灯诱集黏虫、棉铃虫和小地老虎等迁飞性害虫最多一天达 7 765 头，而佳多自动虫情测报灯诱集黏虫、棉铃虫和小地老虎等害虫最多一天达 424 头，高空测报灯的诱杀数量远远大于佳多自动虫情测报灯。同时，高空测报灯还诱集当地害虫如玉米螟等监测目标以外的害虫数量也很大，对迁出、过境、迁入虫群均具有较强的诱捕作用。

2. 5　高空测报灯诱集虫量受迁入虫源数量影响较大，佳多自动虫情测报灯则受天气影响较大

通过 2015 年虫量最多的月份对比分析，黏虫、棉铃虫高空测报灯虫量最多的月份分别为 7 月

和8月；佳多自动虫情测报灯都在9月。2015年虫量最多的日期对比，黏虫和棉铃虫高空测报灯分别为7月24日和8月6日，佳多自动虫情测报灯都是9月10日。分析原因：①受天气因素影响。2015年7～8月，是滦县雨日最多、雨水最集中的月份，由于高空测报灯雨日也开灯，受天气影响小，因此7～8月诱集虫量较多；而佳多自动虫情测报灯遇雷雨天气自动断电，受天气影响较大，因此7～8月诱集虫量较少。2015年滦县9月份雨水明显少于7～8月，天气晴好日期多，因此佳多自动虫情测报灯9月诱集虫量较多。②受外地虫源迁入影响。2015年7月，滦县三代黏虫幼虫的大量虫源为从我国东北迁飞过来的成虫，加上高空测报灯受天气影响小的因素，致使高空测报灯7月诱集黏虫虫量较多；高空测报灯诱集三代棉铃虫幼虫虫源最多的月份在8月（主要集中在8月上中旬），结合虫量最多的日期（8月6日）综合分析，笔者认为滦县三代棉铃虫幼虫虫源可能有外地虫源迁入。

另通过2016年虫量最多的月份和日期的对比分析，黏虫和棉铃虫高空测报灯和佳多自动虫情测报灯诱集虫量最多的月份均分别为6月和7月；虫量最多的日期对比，黏虫和棉铃虫，高空测报灯分别是6月8日和7月23日，佳多自动虫情测报灯分别是6月10日和7月15日。通过对比分析，也再次印证了高空测报灯诱集虫量受天气因素影响。分析原因：①受天气因素影响。2016年6～7月，是滦县雨日最多、雨水最集中的月份，雨日达21d，6～7月雨日占监测期总雨日的52.5%，降水量达359.4mm，6～7月雨量占监测期总雨量的54.18%，由于高空测报灯雨日也开灯，受天气影响小，因此6～7月其诱集虫量较多。②受外地虫源迁入影响。滦县三代黏虫幼虫的大量虫源为从我国东北迁飞过来的成虫，但是，2016年滦县三代黏虫幼虫的虫源迁入量小，主要因7月下旬（蛾峰日）降雨日气流的走势是由南向北，而非由北向南，致使高空测报灯7月诱集黏虫虫量较少。分析2016年高空测报灯和佳多自动虫情测报灯虫量最多月份一致和虫量最多日期接近的原因是，2016年的黏虫，是近5年来虫量最低的一年，因此，高空测报灯没能显示其诱集量大的优势，同时，2016年佳多自动虫情测报灯在雨天也开灯，其诱集量受天气因素影响略有降低。

3 结论与讨论

3.1 高空测报灯在迁飞性害虫的监测上具有明显优势

以黏虫为例，2015年高空测报灯黏虫有效监测期达155d，2016年达170d；而佳多自动虫情测报灯有效监测期2015年115d，2016年113d。另外，由于黏虫的迁飞受气流影响较大，如2015年7月滦县多雨水对流天气，当时滦县三代黏虫幼虫虫源大量都是从东北随气流迁入；而2016年7月尽管滦县多雨且雨量较大，但因气流走势相反，未能携带东北方向的虫源迁入，导致2016年三代黏虫幼虫虫源很少。因此高空测报灯诱集的黏虫数据能够比较准确反映当地当时虫源数量，可为黏虫预测预报提供准确的数据支持。

3.2 佳多自动虫情测报灯更适合本地害虫的监测

佳多自动虫情测报灯应用于滦县农作物害虫监测已3年，其诱集到的害虫种类多（为害本地农作物主要害虫有玉米螟、黏虫、棉铃虫、地老虎、金龟子、造桥虫、天蛾、金针虫、蝼蛄等20多种），数量多（较以前的黑光灯多），活虫逃逸少，且诱集数量少于高空测报灯，也便于分类，节省分类时间和人力，也便于科学、系统、及时、准确地分析虫情动态。

参考文献

付晓伟，2016. "渤海湾通道"迁飞性昆虫群落结构及种群动态研究［D］. 北京：中国农业科学院.

胡高，吴秋琳，武向文，等，2014. 东北二代黏虫大发生机制：1978年个例分析［J］. 应用昆虫学报（4）：927-942.

姜玉英，刘杰，曾娟，2016. 高空测报灯监测黏虫区域性发生动态规律探索［J］. 应用昆虫学报，53（1）：191-199.

梁文斌，陈华，沈田辉，等，2006. 佳多自动虫情测报灯在测报中应用效果评价［J］. 中国植保导刊，26（7）：35-36.

潘蕾，吴秋琳，陈晓，等，2014. 华北三代黏虫大发生虫源的形成［J］. 应用昆虫学报（4）：958-973.

邵振润，孙雅杰，1993. 澳大利亚迁飞性害虫的研究与治理 [J]. 世界农业 (9)：28-29.

施翔宇，封洪强，李建东，等，2013. 黏虫、棉铃虫和小地老虎振翅频率的比较 [J]. 植物保护 (2)：31-35.

施翔宇，封洪强，刘中芳，等，2010. 实验条件下黏虫、棉铃虫和小地老虎的定向行为比较 [J]. 植物保护，36 (4)：60-63.

孙立德，1991. 喀左县农作物主要害虫发生中长期预报模式及防治决策的研究 [J]. 气象与环境学报，7 (1)：16-22.

高空测报灯监测黏虫等迁飞性害虫试验情况报告

贺春娟　刘凤　尹冰　解国丽

（山西省万荣县植物保护检疫站　万荣 044200）

摘要： 2014—2016 年连续 3 年开展高空测报灯监测黏虫等迁飞性害虫试验，通过认真系统观测、雌虫卵巢解剖，结合虫情测报灯诱测等，明确了高空测报灯对重大迁飞性害虫具有较强的诱捕作用，是监测迁飞性害虫的有效工具。同时掌握了黏虫在该地区的发生为害规律，1 年发生 3 代，成虫发生始期在 4 月初，全年发生盛期在 7 月中下旬至 8 月中旬，8 月下旬后虫量锐减，终见期在 10 月上旬。为进一步明确区域性虫源关系，提高大区域监测和预报水平，保障农业生产安全提供了可靠依据。

关键词： 高空测报灯；虫情测报灯；监测；迁飞性害虫；黏虫；发生规律

高空测报灯能有效地诱集到空中迁飞性昆虫，并反映出其种群动态规律。为做好黏虫、棉铃虫等重大迁飞性害虫监测，探索有效监测手段和方式，掌握其区域性发生为害动态规律，同时为全国农业技术推广服务中心进一步明确全国各区域虫源关系，提高大区域监测和预报水平，保障农业生产安全提供可靠依据。根据全国农业技术推广服务中心和山西省植保植检总站的安排，万荣县被确定为高空测报灯监测迁飞性害虫试验监测点。万荣县植物保护检疫站严格按照试验方案从 2014 年 7 月开始至 2016 年 10 月底，坚持认真进行观测记载、雌虫体解剖、标本采集等工作，并结合虫情测报灯诱测、大田调查等开展试验工作。

1 试验设计

1.1 试验工具

高空测报灯：光源为 1 000W 卤化物灯，由探照灯、镇流器、漏斗和支架等部件组成，220V 交流电。由全国农业技术推广服务中心统一提供。

对照：虫情测报灯（由河南佳多公司生产）。

1.2 试验设计

高空测报灯和虫情测报灯均设在万荣县解店镇芦邑村病虫观测场内（35°N，110°E），周边无高大建筑物、强光源干扰和树木遮挡，主要农作物为果树、小麦、玉米等。两灯间距 200m 左右。

2 试验方法

2.1 试验时间

2014 年 7 月 8 日至 10 月 30 日，2015 年、2016 年的 4 月 1 日至 10 月 30 日。

2.2 观测害虫的种类

以黏虫为主，兼顾小地老虎、棉铃虫等。

2.3 试验方法

2.3.1 观测记载诱虫

在观测期内，逐日观测记载高空测报灯和虫情测报灯下诱蛾数量，进行雌雄分类。同时观测降雨、风力等气象条件。

2.3.2 雌蛾卵巢发育级别调查

根据诱到的雌成虫数，每 3d 进行一次黏虫雌蛾卵巢发育级别解剖检查，迁飞高峰期每次随机抽查 20 头，其他时期抽查 5~10 头。雌蛾数量不足时诱到的雌蛾全部解剖。

2.3.3 标本采集

在每月的 1 日、11 日、21 日分别随机采集 20 头完整的黏虫、棉铃虫、小地老虎虫体单头单管保存，并将同一日保存管放入同一个标本袋中，标明采集地、诱虫时间、采集人，放入-20℃冰箱中保存。每月月底向中国农业科学院植物保护研究所邮寄。

2.3.4 虫情传输

及时向全国农业技术推广服务中心测报处和山西省植保植检总站测报科报送信息，每 10d 报送一次，高峰期每周或即时上报。

3 结果分析

3.1 诱蛾种类

经过 3 年的观测记载，发现高空测报灯诱到的成虫种类主要为迁飞性害虫黏虫、棉铃虫、小地老虎，以及二点委夜蛾，平均占全年总诱蛾量的 48.6%，其次为甜菜夜蛾、玉米螟、天蛾等，鳞翅目成虫占全年总诱蛾量的 65% 以上。同时还可诱到大量的金龟子、金针虫、步甲等鞘翅目昆虫，占 25% 以上，以及少量的蝼蛄、蟋蟀等直翅目昆虫，占 6% 左右。

3.2 诱蛾量比较

从表 1 可以看出，3 年来高空测报灯所诱蛾量远远高于虫情测报灯。2014 年、2015 年、2016 年高空灯下黏虫数量分别是虫情测报灯的 5.47、2.63、1.27 倍，棉铃虫分别是 22.09、2.80、3.56 倍，小地老虎分别是 3.23、2.45、1.66 倍，二点委夜蛾分别是 6.52、7.03、3.41 倍（2016 年高空测报灯由于镇流器老化维修更换，6 月 20 日至 7 月 4 日停止诱虫，对诱虫量有所影响）。

表 1 主要种类诱蛾量比较（头）

成虫种类	2014 年		2015 年		2016 年	
	虫情测报灯	高空测报灯	虫情测报灯	高空测报灯	虫情测报灯	高空测报灯
黏虫	260	1 423	596	1 568	541	689
棉铃虫	547	12 081	1 847	5 165	1 359	4 833
小地老虎	144	465	273	668	190	315
二点委夜蛾	103	672	891	6 264	1 205	4 106

3.3 黏虫成虫发生规律监测

2014 年从 7 月上旬开始进行高空测报灯诱测，2015 年、2016 年严格按照方案要求于 4~10 月每天认真观测记载。为了便于比较，把 2014—2016 年高空测报灯和虫情测报灯下诱蛾量按每旬诱蛾总量统计汇总出来，如图 1、图 2 所示。

从图 1、图 2 可看出，3 年来两灯诱蛾规律基本吻合，全年诱蛾盛期均在 7 月中下旬至 8 月中旬。2014 年两灯下黏虫成虫全年发生盛期均在 7 月中下旬至 8 月中下旬，2015 年均在 7 月中旬至 8 月中

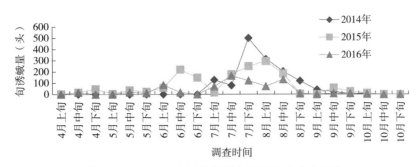

图 1 2014—2016 年高空测报灯诱集黏虫成虫情况

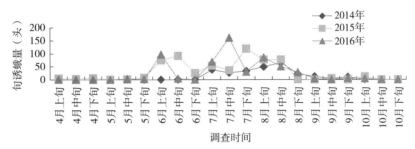

图 2 2014—2016 年虫情测报灯诱集黏虫成虫情况

旬，2016 年均在 7 上旬至 8 月中旬。同时从图 1、图 2 均可看出，黏虫一年中有 3 个发生盛期，年发生代数为 3 代。其中一代成虫盛期在 6 月上中旬，二代成虫盛期在 7 月中下旬至 8 月中旬，8 月下旬后蛾量均明显减少，三代成虫盛期不太明显，基本处于 9 月中下旬。

3.4 黏虫各代成虫诱测情况比较

3.4.1 黏虫一代成虫诱测情况

从表 2 可看出，2015—2016 年两灯一代黏虫诱蛾情况基本吻合。一代成虫始见期均在 4 月上旬；峰日 2015 年均在 6 月中旬，2016 年均在 6 月上旬；盛期 2015 年高空测报灯在 6 月中下旬，虫情测报灯在 6 月上中旬，2016 年高空测报灯在 6 月上中旬，虫情测报灯在 6 月上旬。

表 2 2015—2016 年两灯一代黏虫成虫诱测情况

观测时间：4 月 1 日至 6 月 20 日

年份	始见日		累计蛾量（头）		雌雄比		峰日		峰日虫量（头）		盛期	
	Ⅰ	Ⅱ	Ⅰ	Ⅱ	Ⅰ	Ⅱ	Ⅰ	Ⅱ	Ⅰ	Ⅱ	Ⅰ	Ⅱ
2015	4 月 4 日	4 月 3 日	409	191	1∶1	1.3∶1	6 月 19 日	6 月 18 日	43	15	6 月 14～24 日	6 月 7～19 日
2016	4 月 7 日	4 月 4 日	147	122	1.3∶1	1.3∶1	6 月 6 日	6 月 3 日	33	22	6 月 6～13 日	6 月 3～10 日

注：Ⅰ代表高空测报灯，Ⅱ代表虫情测报灯。

3.4.2 黏虫二代成虫诱测情况

从表 3 中可看出，两灯下二代黏虫成虫盛期在 7 月上中旬至 8 月上中旬，盛期较长。2014 年二代黏虫高空测报灯诱蛾量远远大于虫情测报灯，且虫情测报灯下诱蛾盛期、高峰日不明显，每日蛾量一直徘徊在 3～5 头，而高空测报灯下蛾盛期和高峰期明显；2015 年高空测报灯诱蛾量仍远远大于虫情测报灯，两灯下成虫发生盛期基本吻合，高空测报灯出现两次高峰期，峰日明显；2016 年由于高空测报灯镇流器老化烧坏，于 6 月 21 日至 7 月 5 日处于维修之中，停止诱蛾，对诱蛾总量影响较大。但两灯下诱蛾盛期和蛾峰日仍基本吻合，且均出现两次高峰期。

表3　2014—2016年两灯二代黏虫成虫诱测情况

观测时间：2014年7月8日至8月20日，2015年、2016年的6月21日至8月20日

年份	累计蛾量（头）		雌雄比		峰日		峰日虫量（头）		盛期	
	I	II	I	II	I	II	I	II	I	II
2014	1 224	219	1.5：1	1.5：1	7月26日	—	136	—	7月9日至8月3日	不明显
2015	1 069	370	1.2：1	1.3：1	7月20日 8月3日	7月21日	57 104	35	7月17至22日 7月29日至8月15日	7月21日至8月6日
2016	515	398	1.3：1	1.3：1	7月20日 8月12日	7月10日 8月10日	39 37	33 15	7月7～22日 7月29日至8月15日	7月8～19日 7月28日至8月14日

注：I代表高空测报灯，II代表虫情测报灯。

3.4.3　黏虫三代成虫诱测情况

2014年8月中下旬两灯下成虫均为连续发生，二三代成虫不好区分。从表4中可看出，2015年三代黏虫发生盛期高空测报灯在9月中下旬，虫情测报灯不明显。2016年两灯均无明显的发生盛期。三年中灯下黏虫成虫的终见日均为10月上旬，最迟为10月10日。

表4　2014—2016年两灯三代黏虫成虫诱测情况

观测时间：8月21日至10月30日

年份	累计蛾量（头）		雌雄比		峰日		峰日虫量（头）		盛期		终见日	
	I	II	I	II	I	II	I	II	I	II	I	II
2014	199	41	1.6：1	1.6：1	8月24日	8月22日	29	5	8月21日至9月3日	—	10月5日	10月10日
2015	100	35	1.2：1	3.4：1	9月20日	9月27日	15	10	9月12～27日	—	10月7日	10月6日
2016	27	21	1.7：1	1.4：1	9月20日	8月29日	5	4			10月4日	10月3日

注：I代表高空测报灯，II代表虫情测报灯。

3.5　雌蛾卵巢发育级别调查

从表5中看出，一代成虫卵巢发育进度以一至三级为主，二代成虫一级较少，三至四级居多，三代成虫一至二级较多，虽然2014年三代成虫五级较多，但9月下旬至10初时以一至二级为主。

表5　2014—2016年黏虫成虫卵巢发育进度调查

代别	年份	解剖雌蛾数（头）	卵巢发育进度级别比例（%）				
			一级	二级	三级	四级	五级
一代（4月1日至6月20日）	2014	—	—	—	—	—	—
	2015	61	11.48	37.70	32.79	9.84	8.20
	2016	34	52.94	44.12	2.94	0	0
二代（6月21日至8月20日）	2014	102	13.72	20.59	22.54	21.57	21.57
	2015	127	8.66	11.02	27.55	21.25	31.50
	2016	111	3.60	25.23	40.54	27.92	2.7
三代（8月21日至10月30日）	2014	56	8.92	8.92	10.71	21.42	50
	2015	40	50	10	0	0	0
	2016	8	37.5	25	25	12.5	0

3.6　标本采集

严格按照要求每10d采集一次黏虫、棉铃虫、小地老虎标本，保存在冰箱里。2014年8月中国农业科学院植物保护研究所来万荣县进行了为期5d的观测记载，并提取了一定量的标本，进行课题研究。2015—2016年每月月底向中国农业科学院植物保护研究所邮寄一次标本。

3.7　虫情传输

每10d及时向全国农业技术推广服务中心测报处和山西省植保植检总站测报科报送诱虫信息，高峰期每周或即时上报。2014年7月至2016年10月共报送信息60余次。

4　小结

1）高空测报灯比虫情测报灯诱蛾种类多、数量大，诱蛾高峰期明显，能及时有效监测迁飞性害虫黏虫、棉铃虫、小地老虎等的田间种群动态，其数量变化规律与自动虫情测报灯的虫量变化规律基本一致，对迁出、过境、迁入虫群均具有较强的诱捕作用。

2）迁飞性暴发性害虫黏虫一年在万荣县基本发生3代，一代成虫始见期在4月上旬，盛期在6月上中旬，二代成虫盛期在7月中下旬至8月中旬，8月下旬后蛾量均明显减少，三代成虫盛期不太明显，基本处于9月中下旬。10月中旬后基本诱捕不到成虫。

3）迁入的一代黏虫卵巢发育进度以1～2级为主，即将迁出的三代黏虫卵巢发育进度仍以1～2级为主。

4）高空测报灯易发生故障，对全年诱虫情况造成一定的影响，有待进一步改进。

参考文献

姜玉英，刘杰，曾娟，2016. 高空测报灯监测黏虫区域性发生动态规律探索［J］. 应用昆虫学报，53（1）：191-199.

刘万才，丁伟，姜玉英，2010. 主要农作物病虫害测报技术规范应用手册［M］. 北京：中国农业出版社.

2016 年高空测报灯监测黏虫等迁飞性害虫试验总结

魏敏

（甘肃省庄浪县农技中心植保站　庄浪　744600）

摘要：庄浪县作为全国农业技术推广服务中心设置的高空测报灯观测点，通过 5～9 月系统监测逐日诱蛾量，掌握了黏虫、小地老虎等迁飞害虫种群的发生动态，并通过与自动虫情测报灯诱测效果对比，掌握了黏虫种群数量变动规律，证实了高空测报灯是害虫监测预警工作中一种有效的手段和方法。

关键词：高空测报灯；黏虫；监测

以常规自动虫情测报灯监测为依据，对高空测报灯诱集 500m 或以上高空的迁飞性害虫（如黏虫、小地老虎等）田间种群动态和虫量突增情况等变化规律进行持续监测，借以分析迁飞性昆虫的虫源性质及各地虫源关系。

1 试验材料与方法

1.1 试验材料

高空测报灯（宁波纽康公司）、自动虫情测报灯（河南佳多公司）。

1.2 试验地点

2016 年试验继续在水洛镇李碾植保田间观测场内实施，经纬度为 35°14′25.61″N,106°04′23.64″E，海拔 1 658m，场内种植马铃薯（青薯 9 号）0.1hm²，5 月上旬播种，10 月上旬收获，观测场附近种植网棚及日光温室脱毒种薯，四周为大棚蔬菜和农田，种植马铃薯、玉米、小麦等大田作物，场地环境空旷开阔，周边无高大建筑物、强光源干扰和树木遮挡，监测条件良好。

1.3 试验方法

测报灯具安装在李碾观测场内，四周有围栏设置，安装高空测报灯，以佳多自动虫情测报灯作为对照，两灯相距 20m，灯具均设 40cm 高台基坐，配备 220V 交流电源。高空测报灯接虫时仍采用铁皮桶加毒瓶（20%氯氟敌敌畏乳油）进行诱虫，每月及时更换一次毒瓶。

1.4 观测时间和对象

观测时间：2016 年 5 月 1 日至 9 月 30 日每日 10：00 左右。

观测对象：黏虫、小地老虎。

2 试验结果

2.1 记载逐日诱虫量

从 5 月 1 日开始开灯监测，至 9 月 30 日，每日记载高空测报灯诱集黏虫、小地老虎、玉米螟的雌、雄成虫数量及单种诱虫数量的迁飞高峰期，同时观测逐日降雨、风力和月亮等天气现象的强度，均按强、中、弱记载（表1）。

2.2　蛾量高峰日确定

以单种昆虫日诱虫量出现突增至突减之间的日期，记为该种昆虫的迁飞高峰期。详细记载始见日、见蛾天数、总蛾量、主要蛾峰日及诱蛾量等。

2.3　雌蛾卵巢发育级别判定

因操作中对具体解剖方法、级别的判定等技术条件不足，因此未能进行虫源关系及性质的鉴定。

2.4　试验操作说明

7月17～20日，因县城线路检修停电，此间无观测数据。监测中发现，高空测报灯时有白天自动开灯现象，可能原因是时控开关程序紊乱。

3　结果分析

3.1　诱蛾量分析

由表1可知，2016年从5月1日准时开灯，高空测报灯黏虫始见日为5月26日，地老虎从5月1日开灯即见蛾。在5～9月153d内，高空测报灯黏虫和小地老虎见蛾天数分别为18d和97d，总诱蛾量分别为42头和1 567头，与虫情测报灯见蛾天数基本相近，但诱蛾量分别比虫情测报灯高出68％和64％。与2015年同期相比，高空测报灯黏虫、小地老虎见蛾天数分别减少43d和49d，总诱蛾量分别减少95.3％和48.7％。

表1　5～9月测报灯诱蛾量统计

诱蛾种类	诱测工具	始见日	见蛾天数（d）	2015年总蛾量（头）	2016年总蛾量（头）	2015年		2016年	
						蛾峰日	诱蛾量（头）	蛾峰日	诱蛾量（头）
黏虫	高空测报灯	2016-5-26	18	385	42	—	—	—	—
	虫情测报灯	2016-5-26	17	327	25	—	—	—	—
小地老虎	高空测报灯	2016-5-1	94	3 055	1 567	2016-5-12	104	2016-5-24	92
	虫情测报灯	2016-5-1	97	1 854	953	2016-5-12	61	2016-5-24	61

3.2　蛾量消长动态

统计结果表明，高空测报灯和虫情测报灯诱测的黏虫从2016年5月26日明显蛾峰日始见期开始均为零星偶见，9月下旬后再未见蛾，整个监测期内无明显蛾峰日出现。小地老虎从5月上旬至7月上旬诱测蛾数量平稳增减，5月中下旬地老虎连续两次出现较为明显的蛾峰日，但与2015年相比，峰日出现较少，峰次不明显。小地老虎诱蛾量从7月中旬明显减弱，至9月上旬开始再未见蛾。

3.3　实际发生情况

2016年庄浪县二代黏虫始见期偏晚，测报灯具诱测数量少，田间仅为零星发生程度，与2015年及历年同期相比，总体发生量异常偏轻，主要原因是2016年全县总体气候环境异常，强对流、阶段性低温、风日、干旱等极端天气较多，对黏虫成虫的迁入、产卵和孵化不利。